中国西南古建筑典例图文史料

镇远青龙洞古建筑群

ZHENYUAN QINGLONGDONG GUJIANZHUQUN

张兴国 郭璇 陈蔚 总主编
张兴国 廖屿荻 汪智洋 编著

重庆大学出版社

序

中国国土广袤，地貌、气候多样，决定了其建筑体系下各地建筑呈现出丰富的地域特征，反映了文化的多元性。四川盆地、云贵高原，地形复杂、气候多变，该区域内的传统建筑取材丰富、形态多姿，是我国民族和地域建筑的宝库。《中国西南古建筑典例图文史料》书系囊括了西南地区最具有代表性的古建筑的案例，其中包括：世界文化遗产、中国石窟寺的奇葩——大足石刻，我国明代官式建筑的经典案例平武报恩寺，西南禅宗祖庭梁平双桂堂，以及民间祠庙会馆建筑和摩崖风景建筑的杰作镇远青龙洞。这些古建筑均具有极其重要的历史、文化和艺术价值。而该书系以翔实的史料、丰富的图文，全面记录了这些珍贵的文化遗产，揭示了其价值，因而具有重要的文献价值和学术意义。

重庆大学建筑城规学院作为全国历史最悠久的八所建筑院系之一，创办该院系的老一辈学者早在20世纪30年代就参与了中国营造学社对西南地区传统建筑的调查与研究，为创建中国的建筑史学、探索中国建筑史研究方法作出了历史贡献，培养了不少人才并组成了中国建筑科学院建筑历史研究所重庆分所，其研究成果十分丰富、学术积淀深厚、地域特色鲜明，并积累了大量的传统建筑实测资料。《中国西南古建筑典例图文史料》是重庆大学建筑城规学院建筑历史与理论研究所多名专家学者近三十年来对西南地区的文物古迹和历史建筑的调查研究成果以及多年来该学院师生对古建筑测绘、研究的成果集合。这些成果不但是师生们辛勤劳动的结晶，而且是十分珍贵的重要历史文献。今将这些珍贵资料汇编成书系出版，具有重要的学术意义。特别是“五·一二”汶川大地震后，这些古建筑测绘资料将是西南地区古建筑保护与修复的重要、可靠的图文史料依据，为今后的进一步深入研究提供了可靠的研究基础。

愿书系的出版激发更多有识之士和民间大众对我国建筑遗产的珍视和保护之情。

晋宏逵

2013年夏初于故宫博物院

丛书序

西南地区悠久的历史上曾经有过光辉灿烂的建筑文化。云南元谋遗址，重庆大溪遗址，成都三星堆遗址、金沙遗址，都反映出西南地域优秀的建筑文化成就；东汉的崖墓、汉阙、画像石与画像砖，反映了早期中国建筑形制及其优秀的建筑文化技术水平；唐宋摩崖石刻中的建筑形象，折射出西南地区佛教建筑的高峰水平。西南地域辽阔，地形地貌复杂，民族民俗文化丰富，明清以来遗存的古典建筑呈现多元化和地域化特色。

西南地区遗存的古典建筑，是极为丰富的文化遗产和技术遗产。但古建筑的设计施工主要靠世袭工匠言传身教，尤其是地方性民间性的古建筑，更是靠经验积累相传，少有文献记载，更无图纸档案留存。要系统整理这笔巨大的遗产，需要大量而艰苦的田野调查，尤其是准确的建筑测绘资料整理。从20世纪上半叶起，梁思成、刘敦桢等大批建筑界前辈，为中国建筑研究和测绘调查奠定了良好的基础。

西南地区的古建筑调查测绘，可追溯到20世纪30年代末40年代初，中国营造学社先辈们对云南、四川古建筑的调查研究。调查研究类型涉及寺观、衙署、祠庙、会馆、城堡、桥梁、民居、塔幢、崖墓、墓阙等，并在《中国营造学社会刊》发表《云南一颗印》《宜宾旧州坝白塔宋墓》《旋螺殿》《四川南溪李庄宋墓》《云南之塔幢》《成都清真寺》等文，应是最早公开出版的西南古建筑研究成果。后来不少营造学社的先辈到高校执教，如梁思成、刘敦桢等，是高校古建筑研究和人才培养的先驱。这里值得一提的是叶仲玑先生，他就有过中国营造学社的工作经历，来到重庆建筑工程学院建筑系任首届系主任，营造学社的精神在建筑系无形延续。

新中国成立以来的古建筑测绘，主要由全国建筑高校承担起来。重庆建筑工程学院是当时西南地区唯一拥有建筑系的高校。结合教学和科研工作，建校之初就建立了建筑历史研究室，并成立中国建筑科学院建筑历史研究所重庆分所。研究室的学者来自全国各地，辜其一、叶启燊、邵俊仪、吕祖谦、吕少怀、余卓群、白佐民、尹培桐、罗裕锟、杨嵩林、万钟英等，是建筑历史研究室开创以来的老一辈学者，他们对西南地区历史建筑研究作出了贡献，并培养了大批从事建筑历史理论研究的人才，他们的精神深深影响着建筑历史理论研究的后来者。

建筑历史研究室的老一辈们，对历史建筑研究有锲而不舍的精神，扎根西南地区几十年甚至默默奉献一生。担任首届历史研究室主任的辜其一先生，在极其困难的20世纪60年代，几乎走遍了巴蜀大地，坚持巴蜀地区的汉唐古建筑研究，系统调查整理巴蜀的东汉崖墓建筑，绘制出测绘图文手稿两大册，他在"文革"中含冤而去，可惜没能最终整理出版；幸喜的是他早期调查整理的摩崖石刻中的唐宋建筑，通过《文物》杂志发表，成为研究巴蜀唐宋建筑可贵的图文史料。叶启燊、邵俊仪等先生，系统开展了四川民居的调查测绘，他们还深入川西高原的羌藏地区、大凉山的彝族山区，开展对少数民族建筑的调查研究，部分资料已整理出版，叶启燊先生所著的《四川藏族住宅》是其中重要的研究成果。曾师从于刘敦桢的邵俊仪先生，调查整理发表了《重庆吊脚楼民居》学术论文，在传统吊脚楼民居荡然无存的重庆城区，其图文史料价值显得尤其珍贵。

几十年来，结合教学与科研工作，建筑系的师生测绘了上百项古建筑，并留下大量测绘图文资料档案。平武报恩寺、成都杜甫草堂、成都武侯祠、成都望江公园、眉山三苏祠、峨眉山寺庙群、青城山道观、大足圣寿寺、潼南大佛寺、涞滩二佛寺、镇远青龙洞、重庆湖广会馆、梁平双桂堂、重庆老君洞道观等，都是这些年来有代表性的古建筑测绘项目。这些测绘资料成果，成为国家及地方文物保护单位的必备资料档案，更为文物保护修复设计提供了技术支持。2008年的汶川大地震，平武报恩寺遭到地震的摧残，师生们30年前的测绘资料，其用于修复设计的价值凸显。近20年来，结合民居研究、历史文化名城名镇保护，开展了民居建筑群、古镇古村落的测绘调查。重庆双江民居、贵州镇远民居、习水土城古镇、四川古蔺太平古镇、四川肖溪古镇、重庆东溪古镇、重庆涞滩古镇等，都是这一时期具有代表性的测绘研究成果。

由于诸多原因，几十年的研究成果，较多的留存在档案室，甚至不同程度地损坏缺失，没能公开整理出版，甚为遗憾。国家出版基金项目的资助，激励我们将这些研究成果整理出版。《中国西南古建筑典例图文史料》首批整理了四川平武报恩寺、贵州镇远青龙洞、重庆梁平双桂堂、重庆大足石刻与古建筑群等测绘资料，并由重庆大学出版社组织出版。这四组古建筑群的测绘时间跨越了30年，代表不同时期的测绘资料成果，反映不同历史时期和地域特色的建筑。平武报恩寺是巴蜀明代的建筑原物，反映了典型的北方官式建筑风格风貌，对其的测绘是恢复高考后的第一届即七七级学生在教师指导下完成的；贵州镇远青龙洞是一组具有特色的摩崖式古建筑群，建筑群依附于陡峭的崖壁，出挑吊脚，凌空飞架，是山地建筑空间组织和营造技术的优秀典例；大足石刻是中国南方佛教石窟寺的杰出代表，大足圣寿寺是一组丘陵山地古建筑群，建筑布局结合坡地起伏变化，逐步往后升高，群体空间轮廓线尤为突出，其山门运用牌楼门式处理手法，在巴蜀地区的佛教建筑群中具有代表意义；测绘于21世纪初的梁平双桂堂，被誉为“西南禅宗祖庭”，其空间组合既强调佛教寺院的轴线空间序列，又巧妙结合民间院落空间组织特色，在建筑营造技术上，巧妙运用石木组合构架技术，建筑的地域特色浓厚，是佛教建筑地域化特色的典型例证。

《中国西南古建筑典例图文史料》所呈现的，仅是几十年测绘成果的一部分，我们希望以此为契机将整理、出版工作继续进行下去。西南地区的古建筑类型极其丰富，有价值的建筑遗产远远不止这些，需要更多团队和有志于古建筑的研究人员去抢救和整理，一系列完整的西南古典建筑图文史料才将会展现于世。

《中国西南古建筑典例图文史料》的出版，得到东南大学建筑学院齐康院士、故宫博物院前副院长晋宏逵先生、重庆市名城专委会主任何智亚先生、中国三峡博物馆馆长程武彦先生、重庆市文物局前副总工程师吴涛先生等专家和学者的支持和积极推荐，特此表示感谢！

《中国西南古建筑典例图文史料》，涉及几百位建筑专业学生的辛勤劳动，他们既学习又奉献。资料的整理、出版，更是对从事古建筑研究的老一辈研究学者的最好纪念。

重庆大学建筑城规学院
建筑历史与理论研究所

前言

起源于贵州而注入湖南沅水的㵲阳河，全长400余公里，流经镇远古城㵲阳镇地段，山峦起伏而河水碧清，千年古镇文化底蕴深厚。与古镇一水相隔的对岸，有平行河岸而独立挺拔的中和山，悬崖峭壁，自然风光独特。明代中期以来，佛教寺院、道教宫观、纪念祠堂等，在悬崖断壁上不断兴建发展，顺崖壁展开的亭台楼阁起伏连绵，有如仙山楼阁而美丽如画，这就是著名的青龙洞古建筑群。

青龙洞古建筑群由中元禅院、紫阳书院、青龙洞、万寿宫、魁星楼等建筑组成，在这独特的山水环境中，形成儒、释、道融合共生的空间格局。不同文化功能的建筑群，在选址布局规律的基础上，又能结合地形巧妙融入山水环境之中。

万寿宫是祠庙会馆建筑，由万寿宫、许真君祠、文公祠等建筑组成。选址于场地相对开阔的崖壁底部，以适应传统院落空间布局。万寿宫与许真君祠以多进院落并列连通，形成沿河展开的巨大院落群。建筑外沿有开敞的滨河大道，可提供文化、商业活动高度集中的空间场所。

中元禅院以佛教文化为主体，选址在高敞的靠崖台地上。主体建筑大佛殿布局于台地前面，正面与㵲阳河上的古桥、楼阁遥相呼应，构成明显的空间轴线关系，体现以佛教建筑为主体的空间布局特色。大佛殿台地的背面有陡峭崖壁为屏障，崖壁内有利用天然岩洞布局的佛教殿堂，前、后殿堂之间，通过爬山步道和架空廊道，与高低错落的亭、台、殿、阁串联起来，形成独具特色的山地寺庙园林空间环境。

因紫阳书院而得名的紫阳洞，由圣人殿、考祠、老君殿等建筑组成，是以儒家文化为主的群体空间环境。建筑群选址于高悬的崖壁半腰之上，在由下向上外倾的崖壁中部形成凹退平台，建筑靠崖围绕平台布局，并运用架空、出挑等手法扩大庭院空间，形成对外视觉景观良好、对内环境雅静的空间场所。

崖壁南端最高处是青龙洞建筑群，在中和山最险峻的崖壁地段。如刀斧所劈的崖壁高悬于山巅，崖壁内有天然岩洞相互穿插。殿堂楼阁或靠崖而立、或整体悬挑其上、或吊脚凌空，建筑穿梭于登山梯道与洞窟之间，独显天仙楼阁般的道家建筑风貌。

青龙洞的建筑，其巧在山地特色的空间环境营造，在极其受限的地形上创造出丰富的空间环境，归纳起来有如下典型的营造手法：其一是靠崖与悬挑手法，建筑依附崖壁而立，梁架等构件锚固于崖壁之中；更为大胆的是整个楼阁与崖壁悬挑锚固，形成悬挂的空中楼阁，这是青龙洞最具特色的营造手法。其二是退台靠崖与出挑结合的方法，在十分有限的场地条件下，建筑靠内依附崖壁逐层往后退台，靠外临江又层层向外悬挑，形成下小上大的楼阁空间，底部最小进深二至三米，上部进深可达八至十米，既争取了上部空间，又创造出稳定而壮观的外部空间形态。其三是架空与连廊的空间营造手法，利用局部吊脚或整个楼阁架空，以适应高低不平的自然地形环境，下部空间道路畅通，奇山怪石得以保存。用架空连廊的方法，将沟壑、断崖相隔的楼阁连接起来，既满足空间联系的需求，又营造出空中楼阁般的环境氛围。

青龙洞古建筑群的入口空间，妙在适应地形环境的起承转合。其一是利用庭院空间的转换过渡手法。典型建筑如万寿宫，受地形环境的限制，传统的戏楼入口不能面向道路广场，而在戏楼一侧用围墙组合成庭院，通过正面牌楼门进入庭院，转折九十度后进入庄严对称的戏楼入口，入口空间层次更加丰富。其二是利用地形高差垂直转换的入口手法，在垂直陡峭的崖壁台地，利用吊脚的下部空间，通过爬山梯道进入上层台地入口空间。最典型的是圣人殿，入口依靠崖壁栈道、栈桥，进入吊脚楼下空，而后转向靠崖梯道进入上层台地的入口空间，具有曲径通幽而豁然开朗的空间特色。其三是穿越变换的空间手法，利用建筑与崖壁之间形成的夹缝通道，并穿过层层天然洞窟，形成复杂多变的空间转换，这也是青龙洞神奇奥妙的入口空间手法。玉皇殿入口是其典型案例，采用分层入口的空间组织方法，靠崖的多层楼阁式建筑几乎各层都有室外接地平台，这样可利用台地或架空栈桥水平进入各层，既减少内部垂直交通的空间占用，也可满足楼层的独立功能安排，这是山地建筑经济适用的入口空间组织特色。

青龙洞建筑的构筑技术，反映经济适用与巧妙结合地形地貌的空间构筑技术。青龙洞的木构建筑构架，完全按照空间的需求决定构架形式，抬梁构架与穿斗构架混合使用是其特色。抬梁式构架主要用在殿堂当心间，以满足佛、道活动的大空间需求；而隔墙和山墙则普遍采用穿斗式构架，相对于抬梁构架，其材料断面小而取材方便，构架的整体性能也得到加强。其次是天平地不平的构架方法，是指上部空间的楼层在同一标高层上，与地面接触的立柱适应地形高差而长短不齐，完全根据地形高差来调整柱的长短，这是与地形环境和谐共生的营造技术。还有梁枋与崖壁水平铆合的半边梁架，梁架靠外的一半按照抬梁构架或穿斗构架的形态以梁柱体系传递荷载，而靠崖一端则将梁枋水平铆合在崖壁之中，崖壁代替立柱传递荷载，这样的构筑技术形成摩崖建筑独特的内部空间技术特色。

地域文化特色的檐下空间处理：传统建筑的檐下构件具有结构和装饰的双重意义，官式建筑与民间建筑有不同的装饰表达方法，民间建筑又反映不同的地域特色。青龙洞古建筑的檐下空间以如意斗栱和轩棚装饰为特色。如意斗栱以四十五度方向布置的木方格网层层向外出挑，转角处以斗和升式的垫块层层交错叠加，构造方法简单而造型丰富。青龙洞的重要楼阁如万寿宫戏楼、魁星楼等都采用如意斗栱的装饰。青龙洞古建筑的屋檐出挑深度不大，直接以挑枋承托檐口荷载而不采用斜撑的方法。檐下普遍运用“S”形曲面的轩棚装饰，檐下空间曲线优美而简洁干练，这是青龙洞建筑群独有的檐下装饰艺术。

民俗文化特色的门窗装饰艺术：青龙洞古建筑的门窗装饰也反映出浓厚的民风民俗特色。玲珑的门窗装饰除采用西南地区装饰特点的几何图案外，更具特色之处便是运用民俗寓意浓厚的文字组合图案，以及反映不同文化内涵的龙凤、鸟兽等透雕图案，建筑之美与文化之美有机结合。如圣人殿的门窗隔扇以“福”“禄”“寿”“喜”等反映儒家文化的系列文字组成，吕祖殿的门窗以麒麟、龙凤等图案整体透雕，并用表面贴金强调重点装饰图案，金碧辉煌而具有强烈的视觉冲击效果。

青龙洞古建筑群经几百年的发展演变，形成现在的规模特色，其建筑也反映出不同的阶段特征，其中甚至有近二十年重建或复原建设的建筑，但总体上保持了历史建筑的风格风貌与传统文化技术的传承。20世纪80年代末，青龙洞古建筑群被列为第三批国家重点文物保护单位。按照文物保护的基本要求，古建筑测绘资料的保存是不可缺少的环节。1993年夏，重庆建筑工程学院建筑系的师生结合古建筑测绘教学实践任务，受贵州省镇远县文物管理部门的委托，对青龙洞古建筑群展开全面的测绘工作。结合镇远古建筑的历史文化特点，还选择测绘了历史文化价值较高的相关祠庙、会馆及民居。为了资料保存的长久性和完整性，2013年以来，重庆大学建筑城规学院（原重庆建筑工程学院建筑系）的师生又将测绘成果绘制成计算机图形文件，结合《中国西南古建筑典例图文史料》国家出版基金项目的出版要求进行编辑整理。在整理和编辑过程中，精简了专业性太强的文字、数据和标注说明，增加了实物照片和简要的文字介绍，希望能更真实形象地表达传统建筑的空间环境和营造技术特色，以提高图文史料的可读性和普适性，以满足不同研究方向和兴趣爱好者的阅读选择。

重庆大学建筑城规学院
建筑历史与理论研究所

目录

院落群体测绘图

舞阳河与青龙洞古建筑群

青龙洞古建筑群俯瞰

青龙洞古建筑群与山水环境

青龙洞古建筑群夜景

青龙洞古建筑群牌楼门入口

许真君祠侧入口

青龙洞崖壁题刻（一）

青龙洞崖壁题刻（二）

青龙洞崖壁题刻（三）

青龙洞崖壁题刻（四）

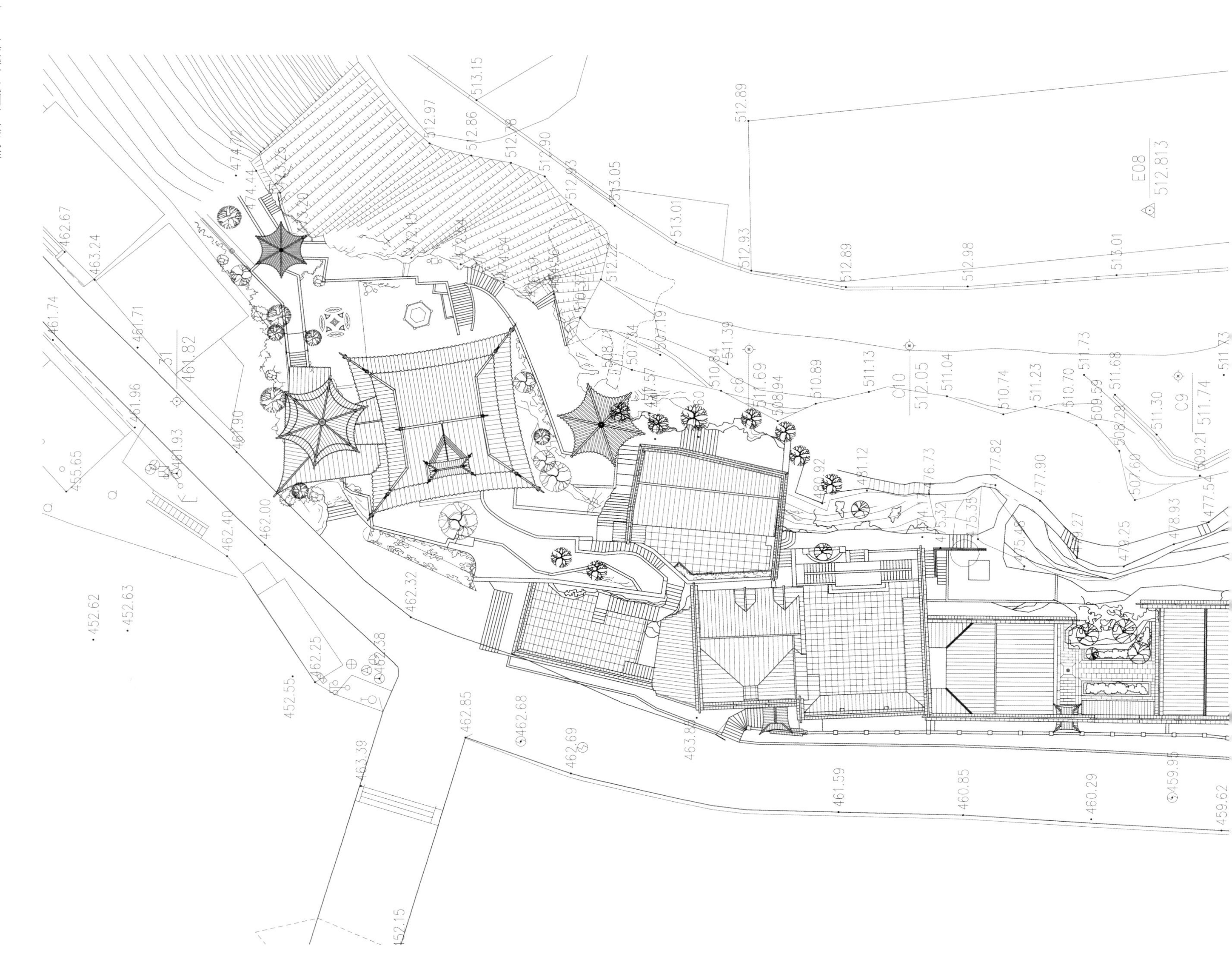

青龙洞古建筑群总平面图

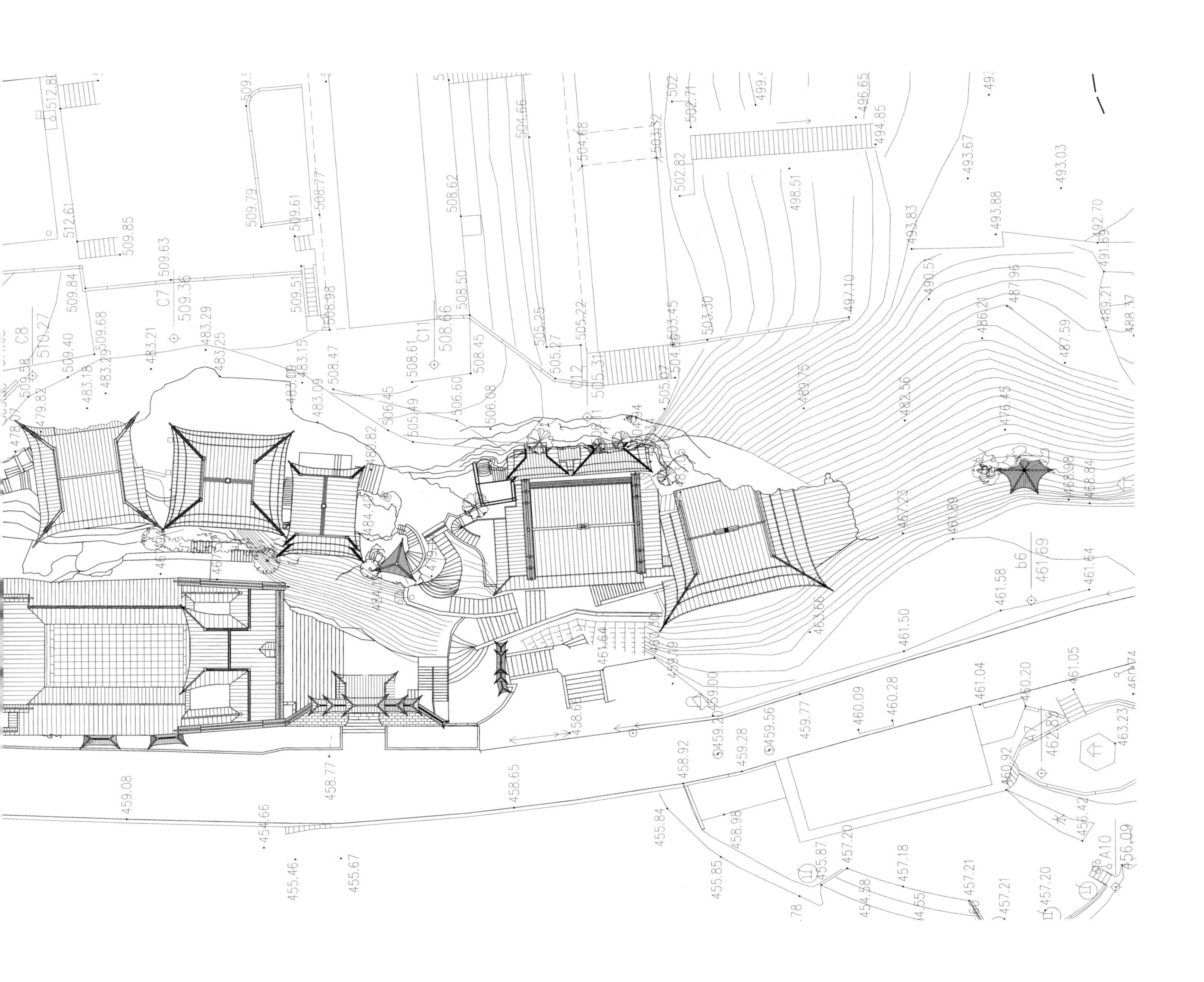

0 2 4 6 8 10m

青龙洞古建筑群沿江立面图

0 2 4 6 8 10m

青龙洞万寿宫、圣人殿组群剖视图

0 1 2 3 4 5m

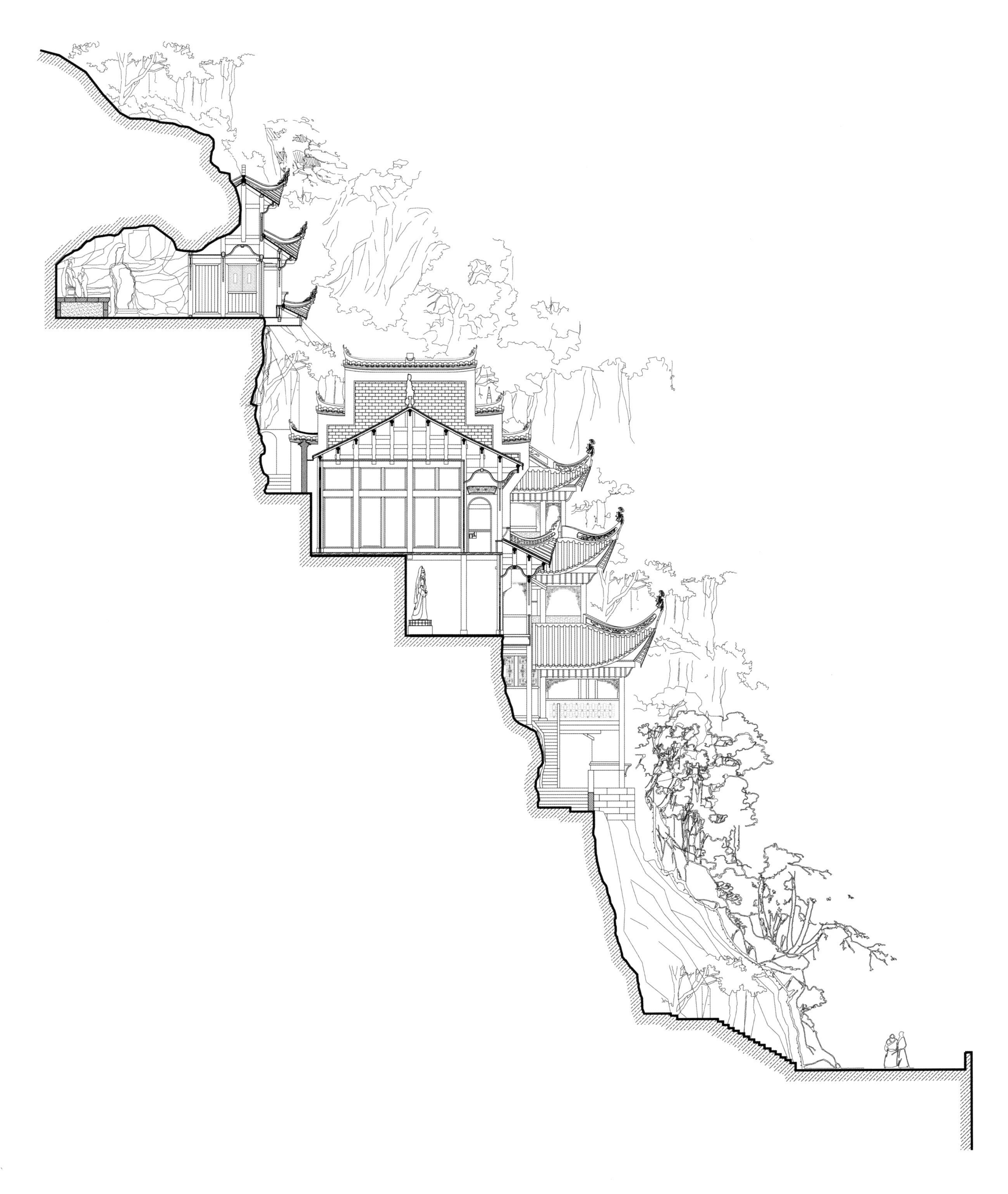

青龙洞观音殿、玉皇殿组群剖视图

0 1 2 3 4 5m

是真南海
觀音殿

详细建筑测绘图

万寿宫建筑群

万寿宫建筑群是由江西会馆、许真君祠、文公祠等组成的祠庙会馆建筑群体。万寿宫与许真君祠紧密相连，平行中和山布局，紧靠崖壁台地，两组建筑之间通过院落空间相互沟通联系，外观整体风格统一和谐。万寿宫背面靠崖台地上是纪念文天祥的文公祠，与许真君祠通过崖壁梯道垂直沟通。整个建筑群均采用封火墙围合，移民建筑风格和典型的祠庙会馆建筑风格尤为突出。

万寿宫建筑群

万寿宫建筑群俯视

万寿宫

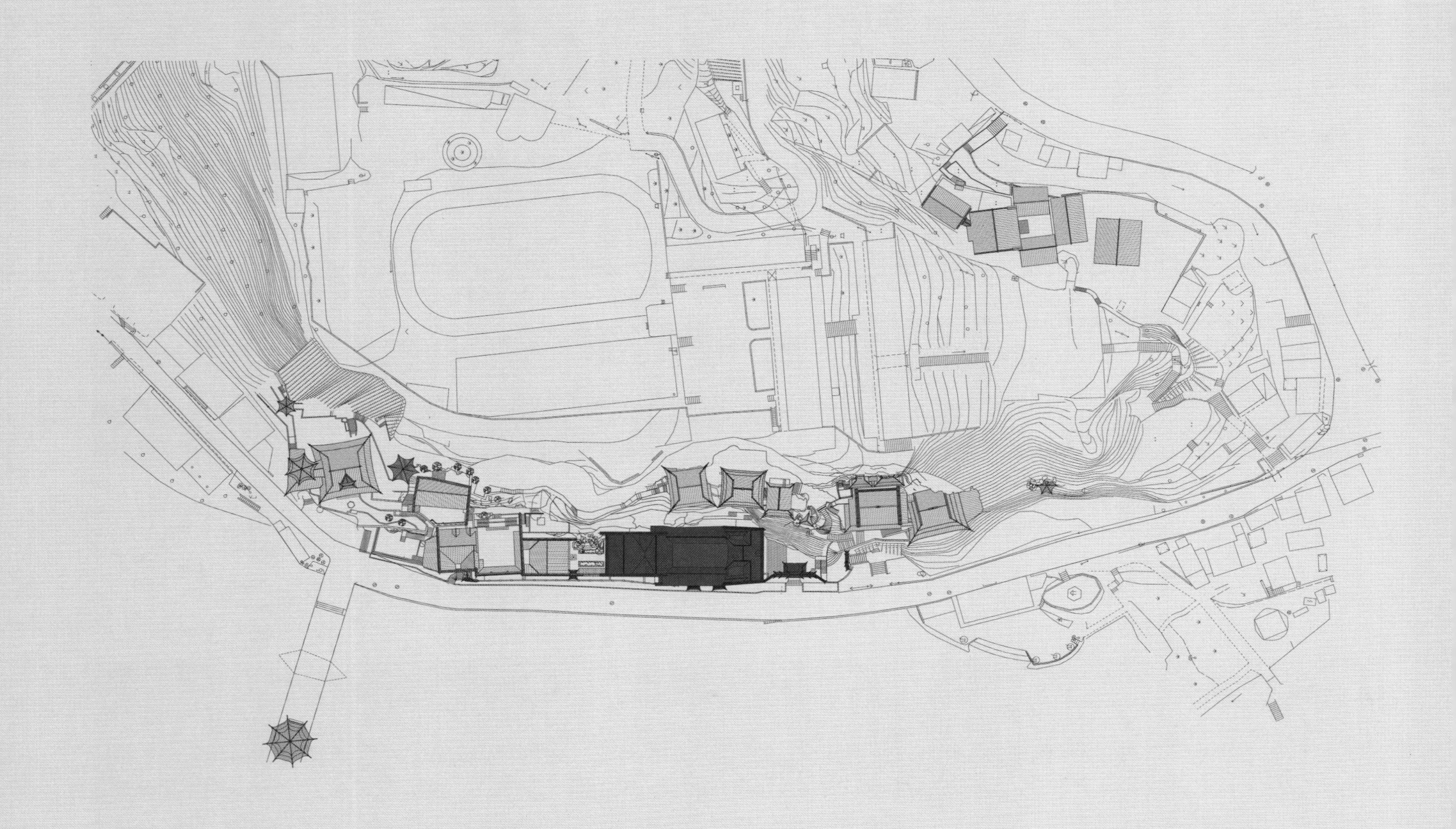

万寿宫又称江西会馆，始建于清中叶，清光绪二十八年重建。会馆由戏楼、看厅、议事大厅和厢房组成，形成长方形的院落空间。建筑平行崖壁布局，厢房面向道路和濑阳河而处于主立面。戏楼入口位于一侧，通过面向道路的牌楼门进入，经过庭院转换可进入戏楼式山门。戏楼歇山式屋顶，翼角起翘高挑轻盈，檐下装饰如意斗栱；台口饰以二龙戏珠和戏曲故事为题材的精美浮雕；天棚为八边形藻井，雕饰华丽的龙凤和麒麟为题材的浮雕图案。看厅与议事大厅之间以小天井采光通风，其间不设门窗相互贯通，构成面阔三间10.9米，进深14.47米的通敞厅堂；穿斗与抬梁结合的组合式构架，当心间为抬梁构架，两侧山墙面用穿斗构架；小天井两侧各饰八边形藻井，雕饰精美的龙凤图案。

万寿宫山门与戏楼入口

万寿宫院落俯视（一）

万寿宫院落俯视（二）

万寿宫入口与爬山路径

万寿宫牌楼门入口

万寿宫牌楼门雕刻

万寿宫山门匾额题刻

万寿宫牌楼门屋顶装饰艺术

万寿宫戏楼

万寿宫厢房与正厅

万寿宫戏楼八角藻井

万寿宫戏楼额枋与台口浮雕

万寿宫与许真君祠总平面图

0 2 4 6 8 10m

万寿宫与许真君祠临河立面图

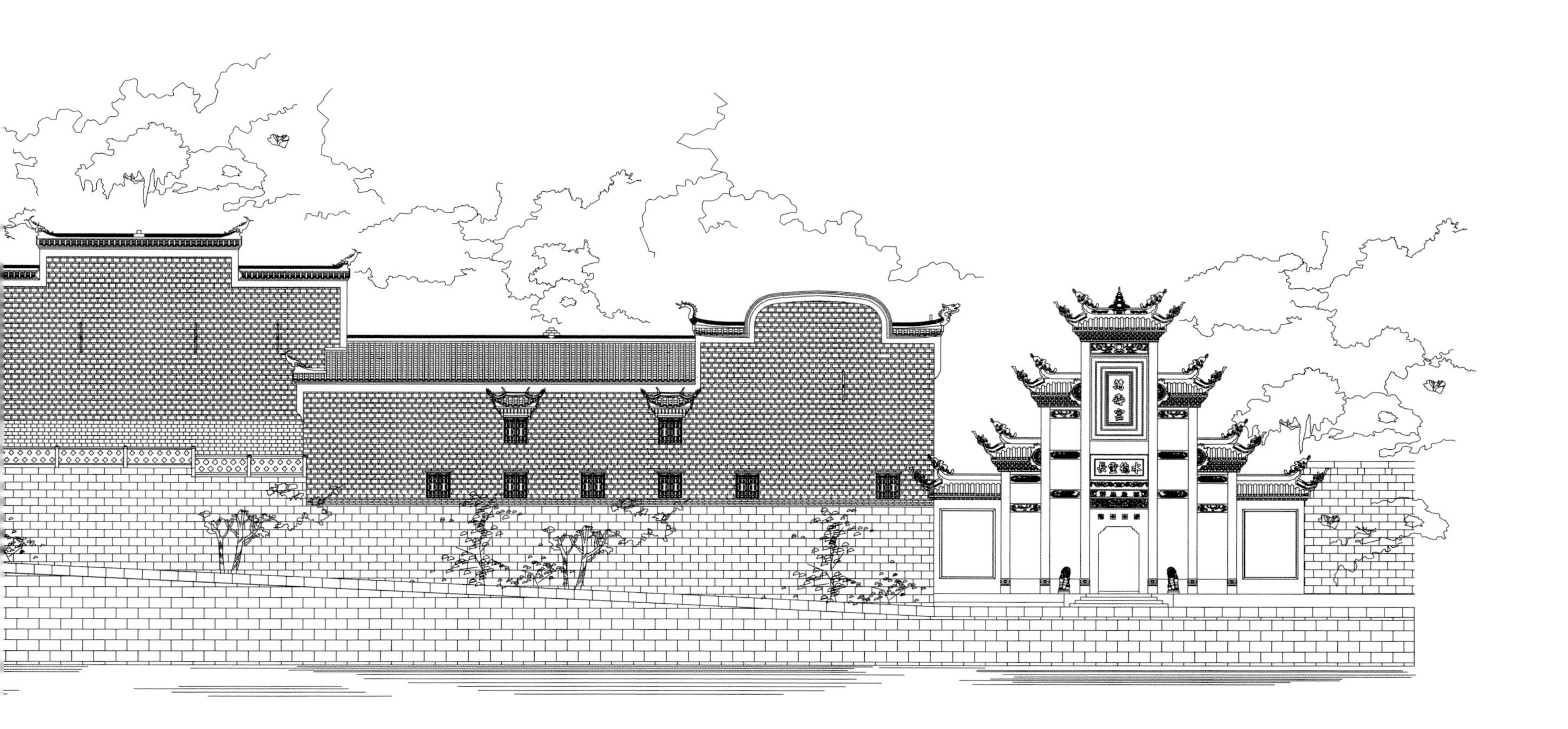
0 2 4 6 8 10m

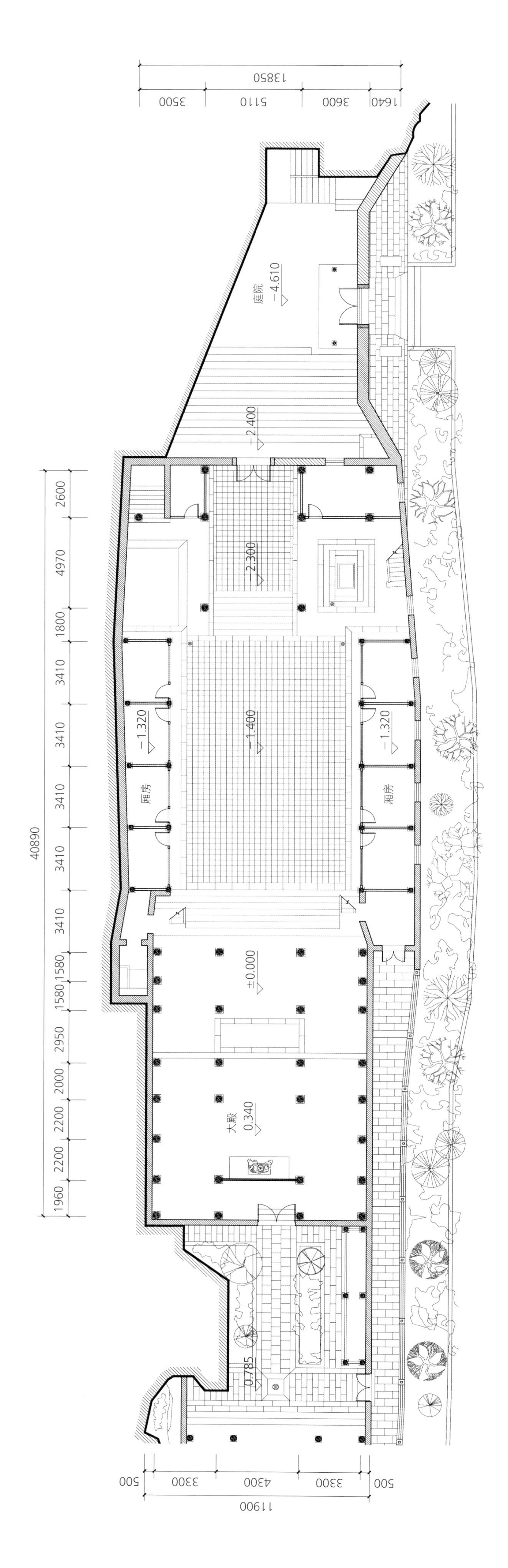
13850
3500
5110
3600
1640
庭院
−4.610
−2.400
−2.300
−1.400
−1.320
−1.320
厢房
厢房
±0.000
大殿
0.340
0.785
40890
2600
4970
1800
3410
3410
3410
3410
3410
1580
1580
2950
2000
2200
2200
1960
500
3300
4300
3300
500
11900
0 1 2 3 4 5m

万寿宫一层平面图

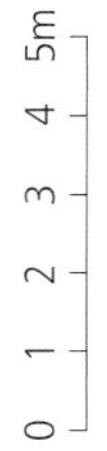

庭院上空
大殿上空
−1.400
戏台
0.960
厢房
1.160
厢房
1.160
2.500
下
下

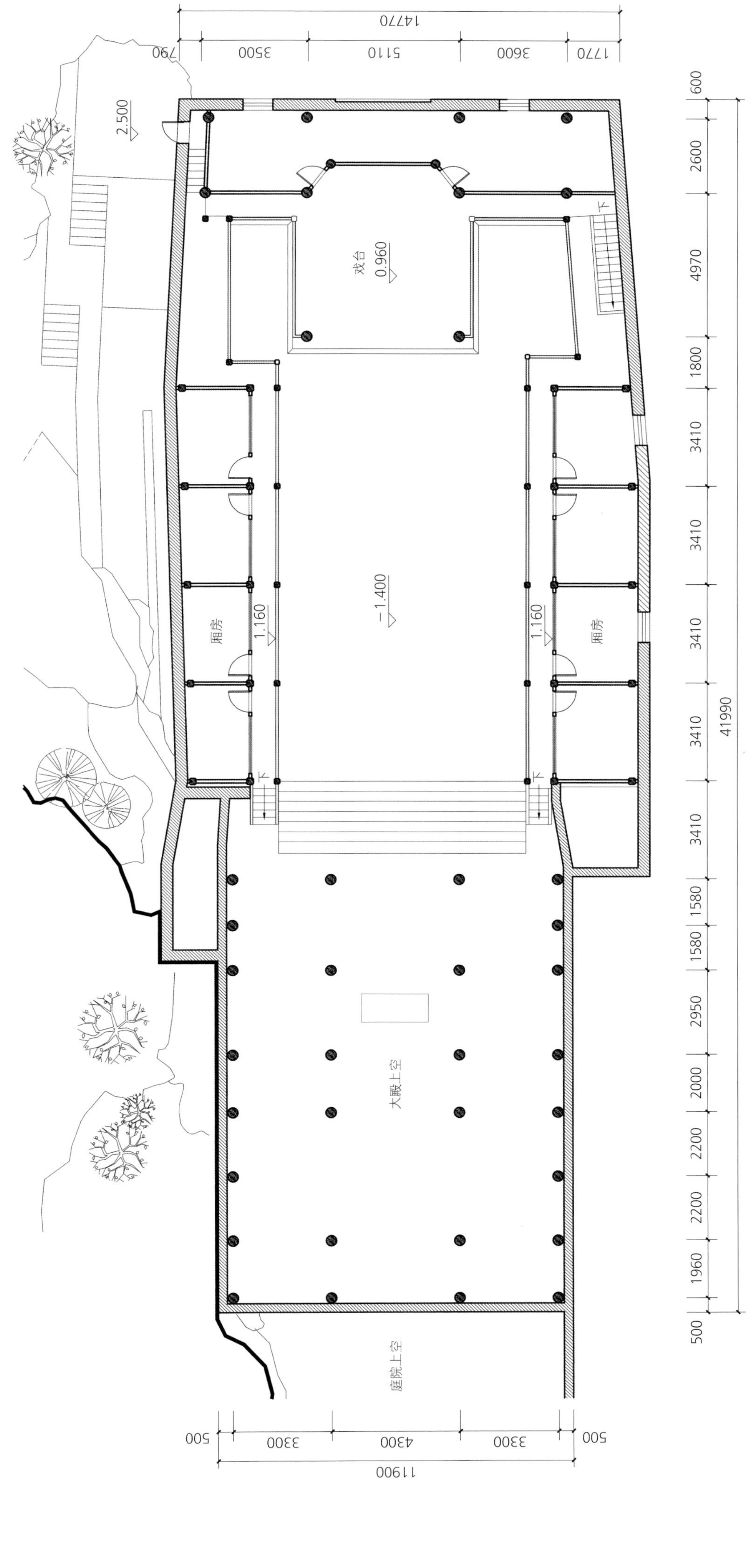

500 1960 2200 2200 2000 2950 1580 1580 3410 3410 3410 3410 3410 1800 4970 2600 600
41990

500 3300 4300 3300 500
11900

790 3500 5110 3600 1770
14770

0 1 2 3 4 5m

万寿宫二层平面图

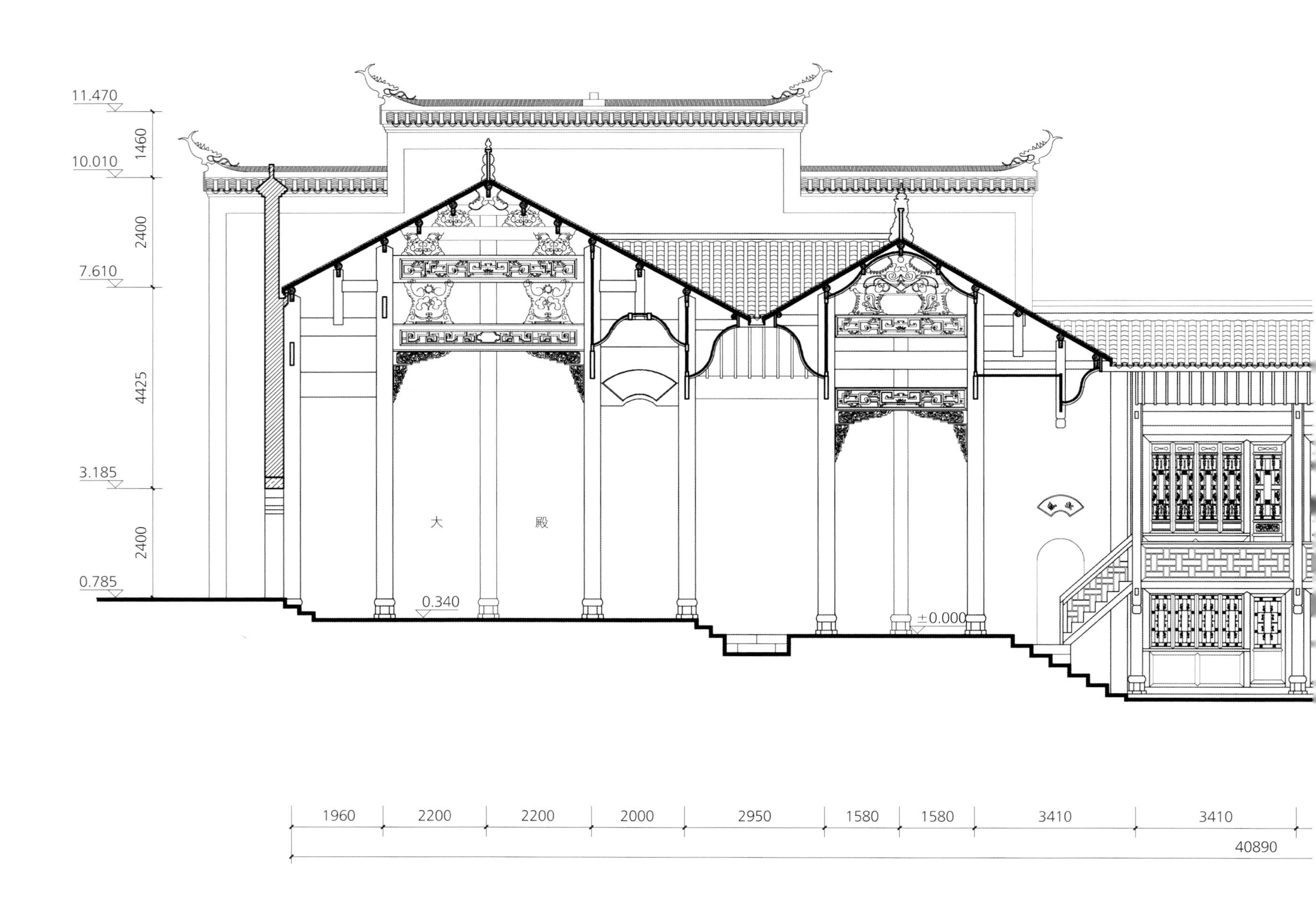
11.470
1460
10.010
2400
7.610
4425
3.185
2400
0.785
0.340
±0.000
大
殿
1960
2200
2200
2000
2950
1580
1580
3410
3410
40890

万寿宫明间剖面图

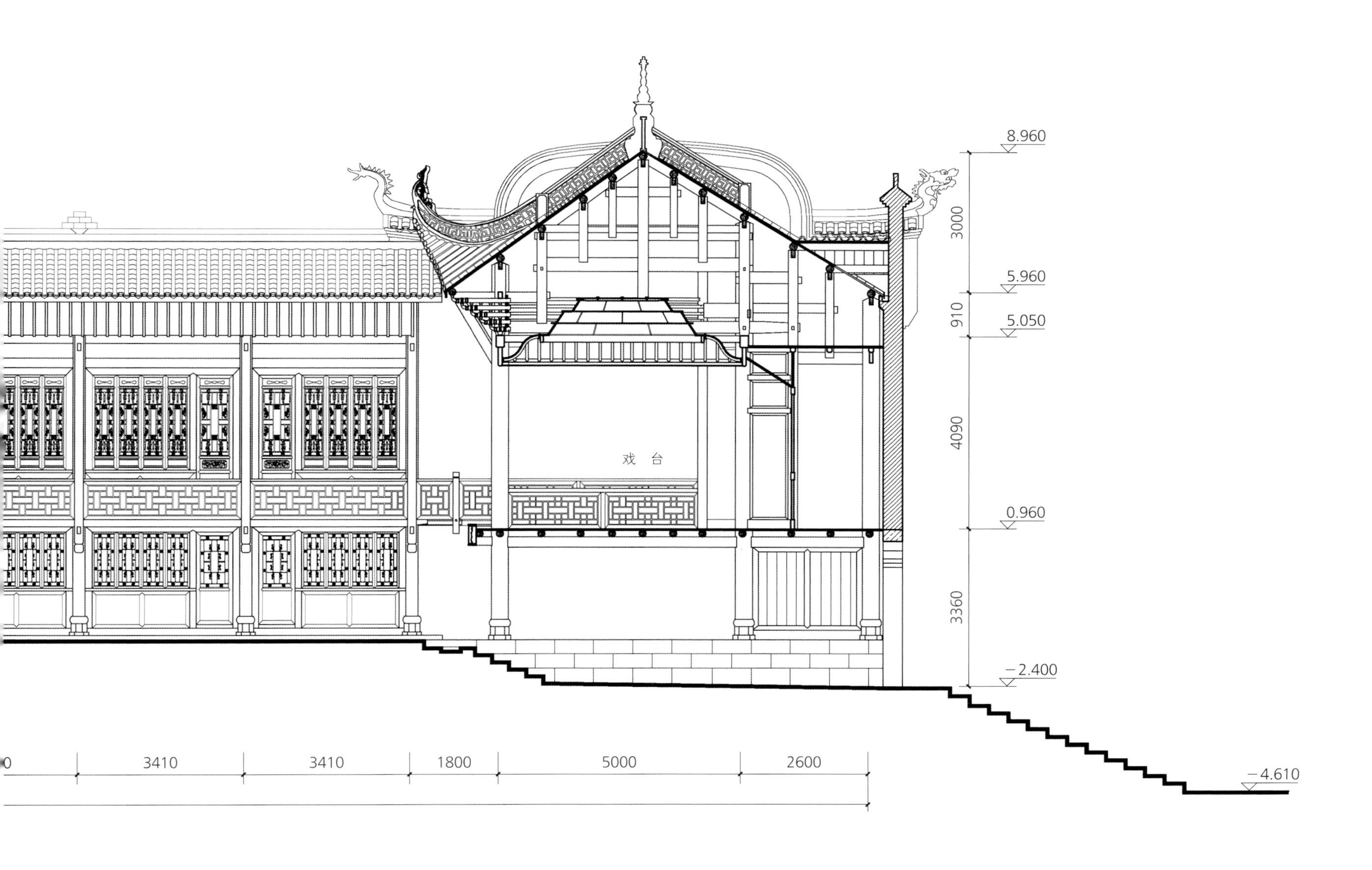
8.960
3000
5.960
910
5.050
4090
戏 台
0.960
3360
−2.400
−4.610
3410
3410
1800
5000
2600
0 1 2 3 4 5m

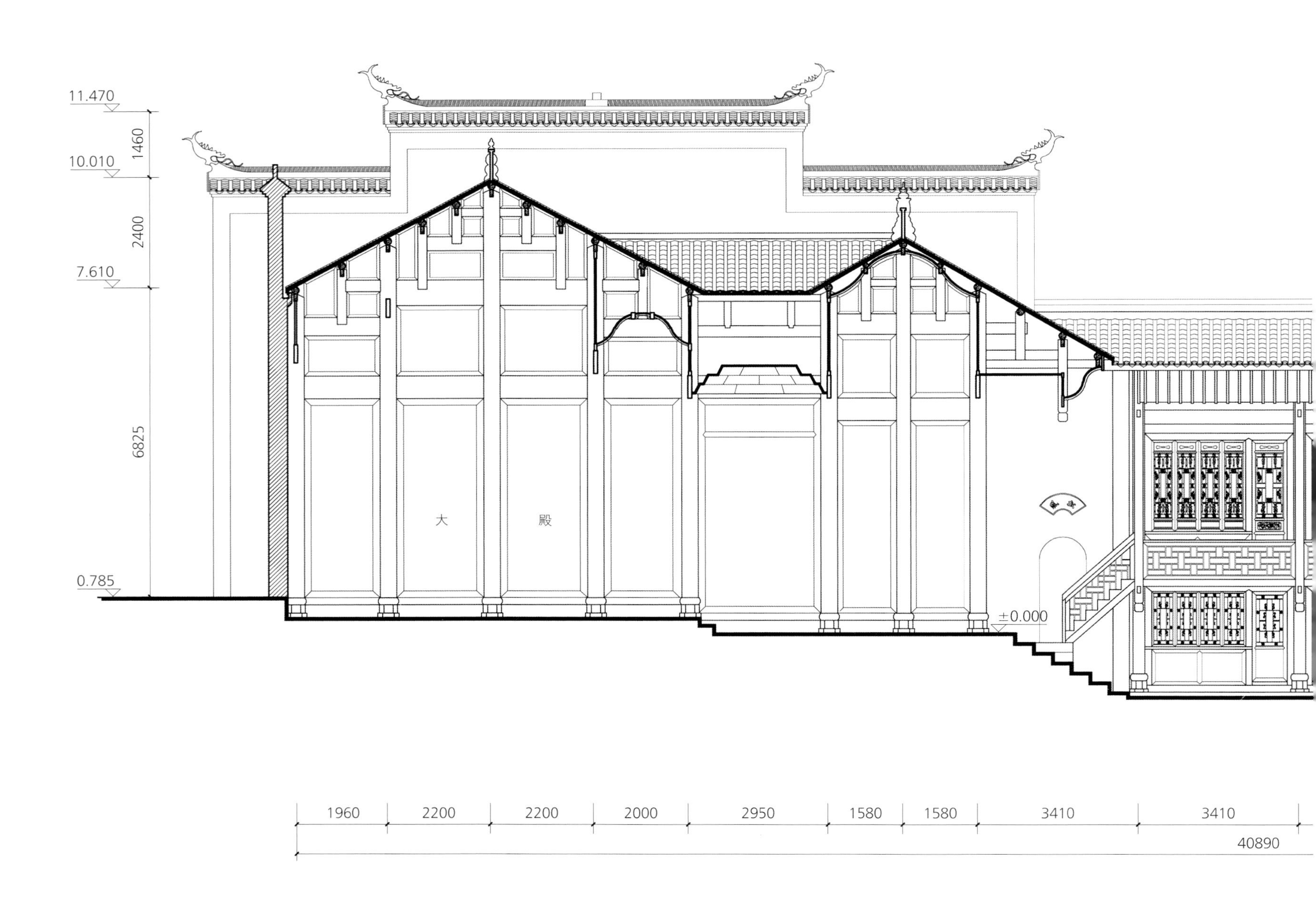

万寿宫戏台与正厅次间剖面图

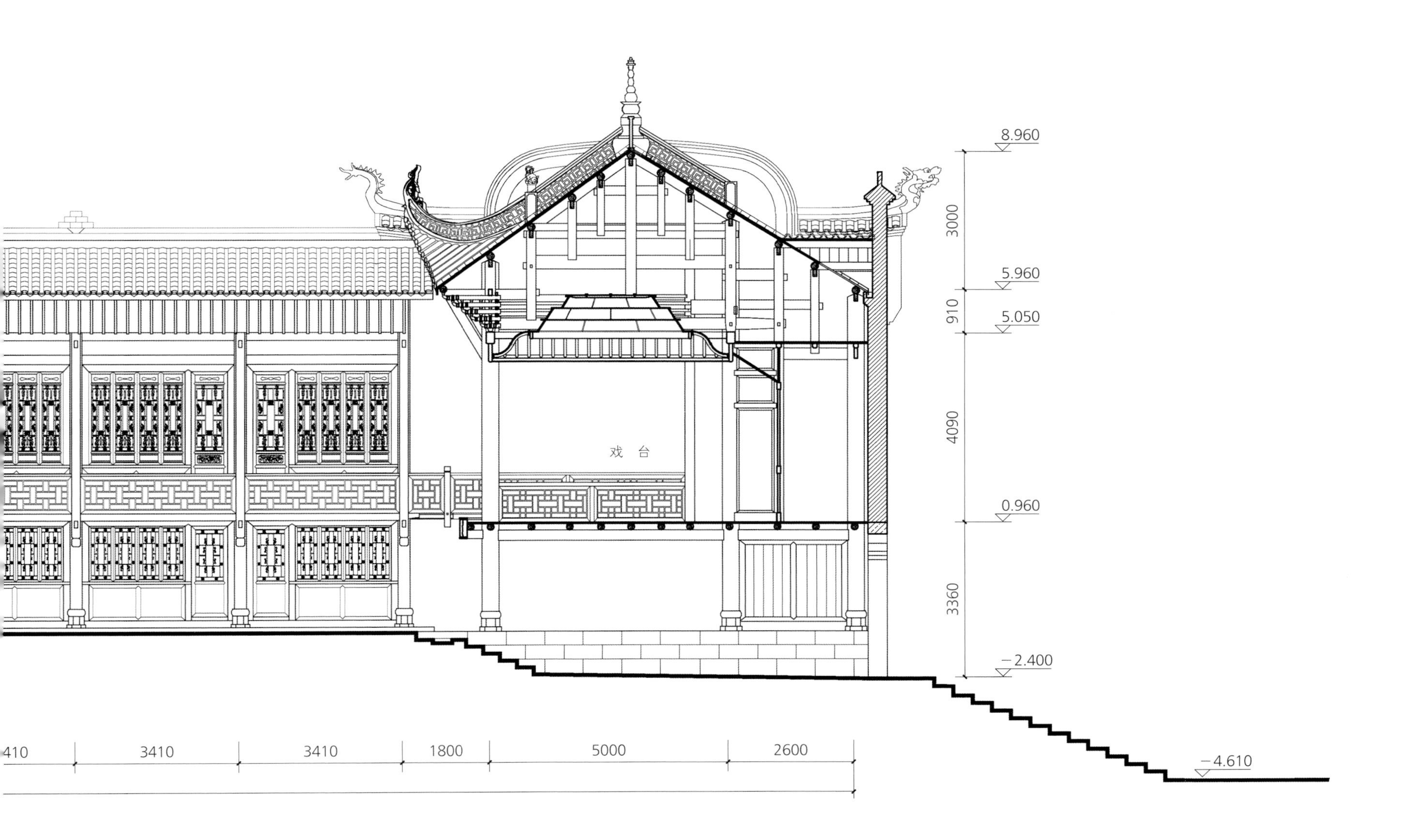
8.960
5.960
5.050
0.960
−2.400
−4.610
3000
910
4090
3360
戏 台
410
3410
3410
1800
5000
2600
0 1 2 3 4 5m

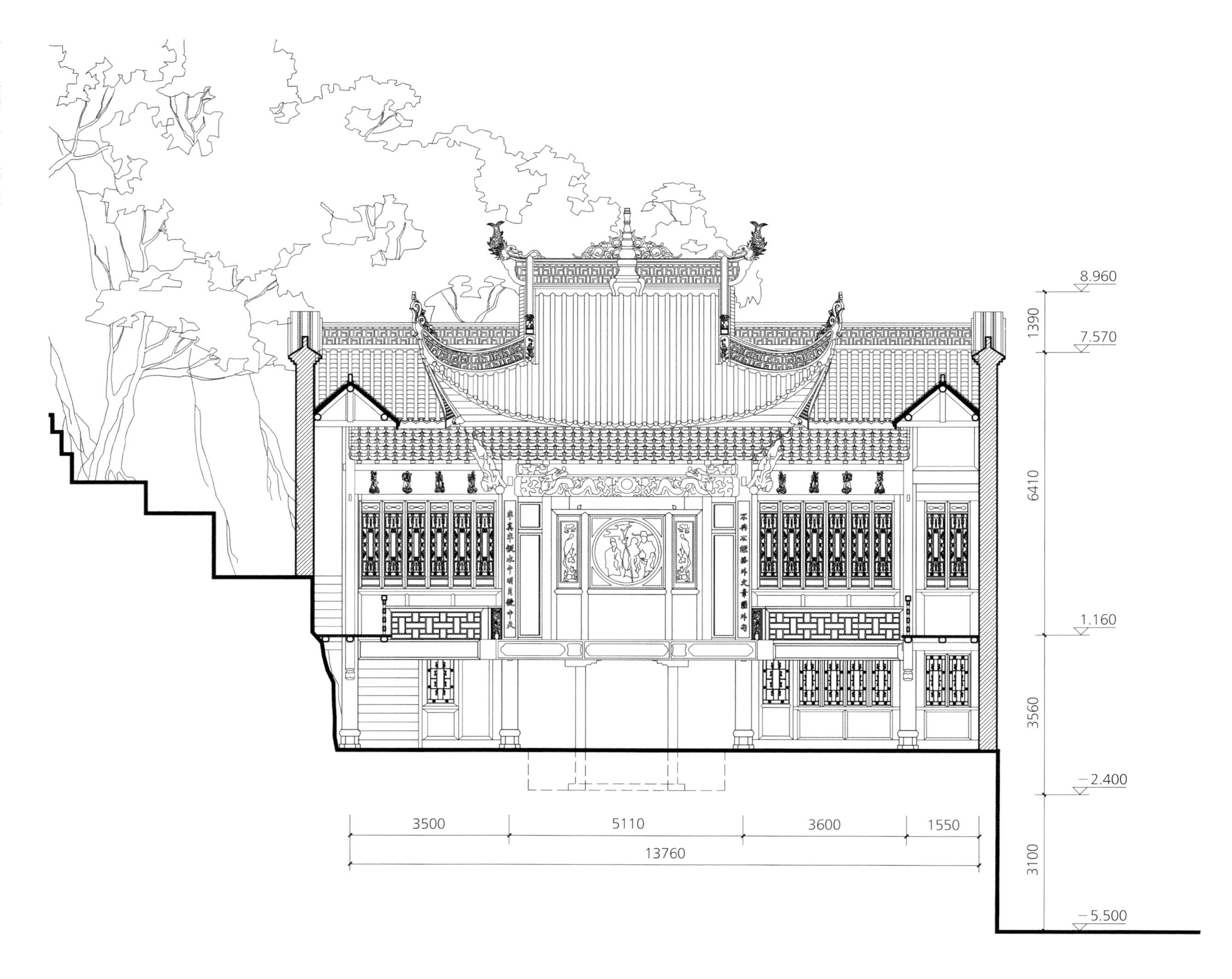

万寿宫厢房剖面图（一）

0 1 2 3 4 5m

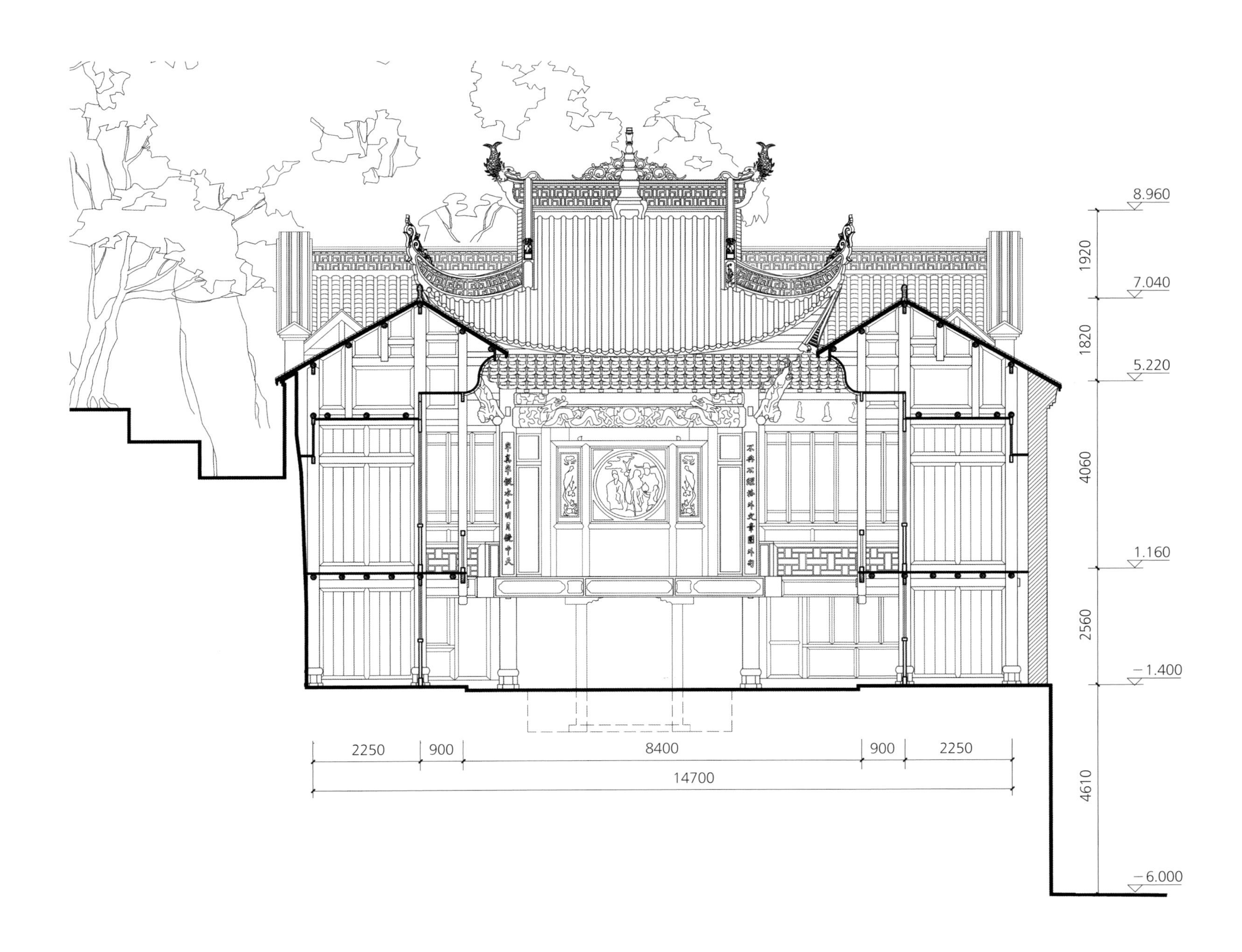

万寿宫厢房剖面图（二）

0 1 2 3 4 5m

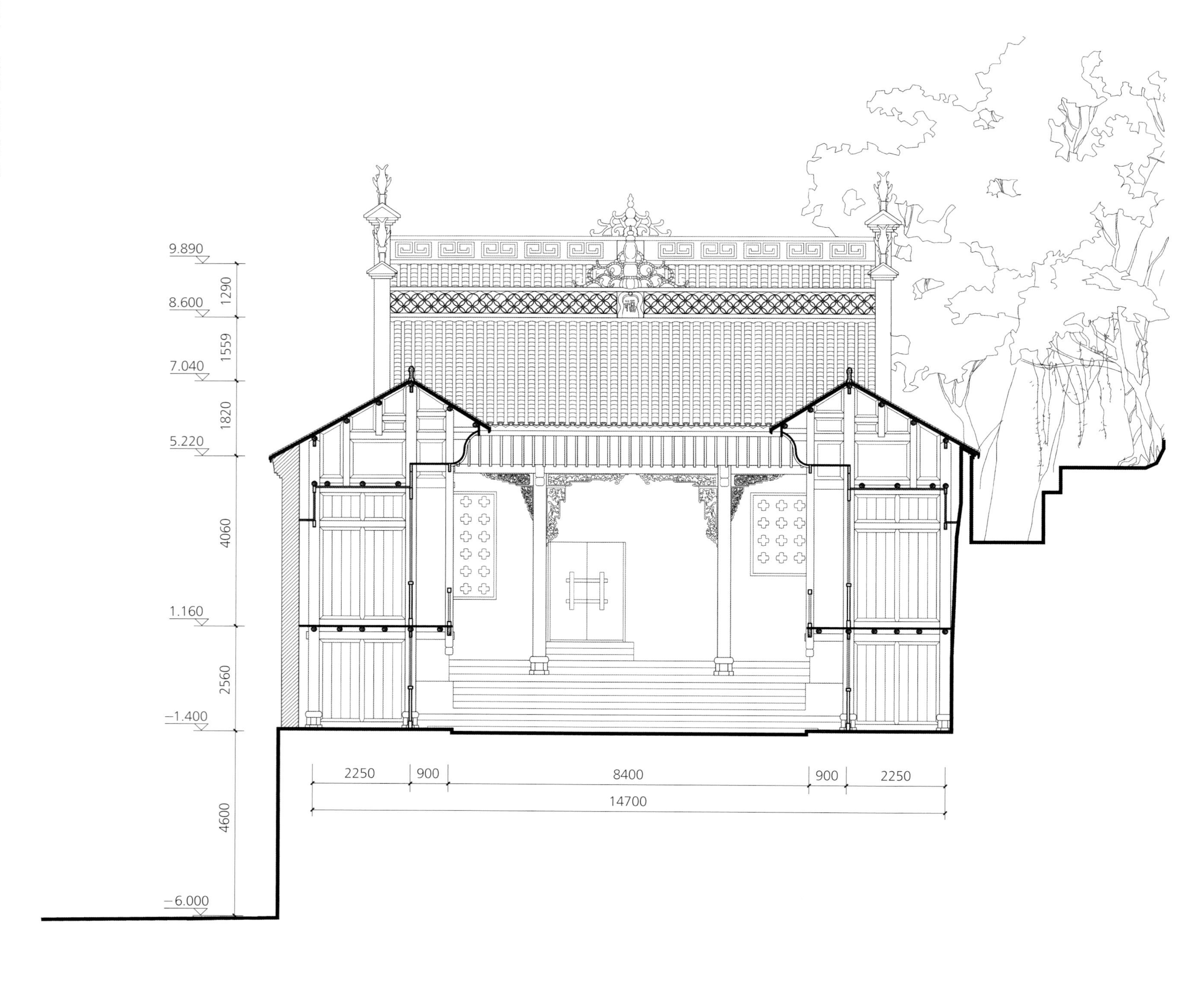

万寿宫厢房剖面图（三）

0 1 2 3 4 5m

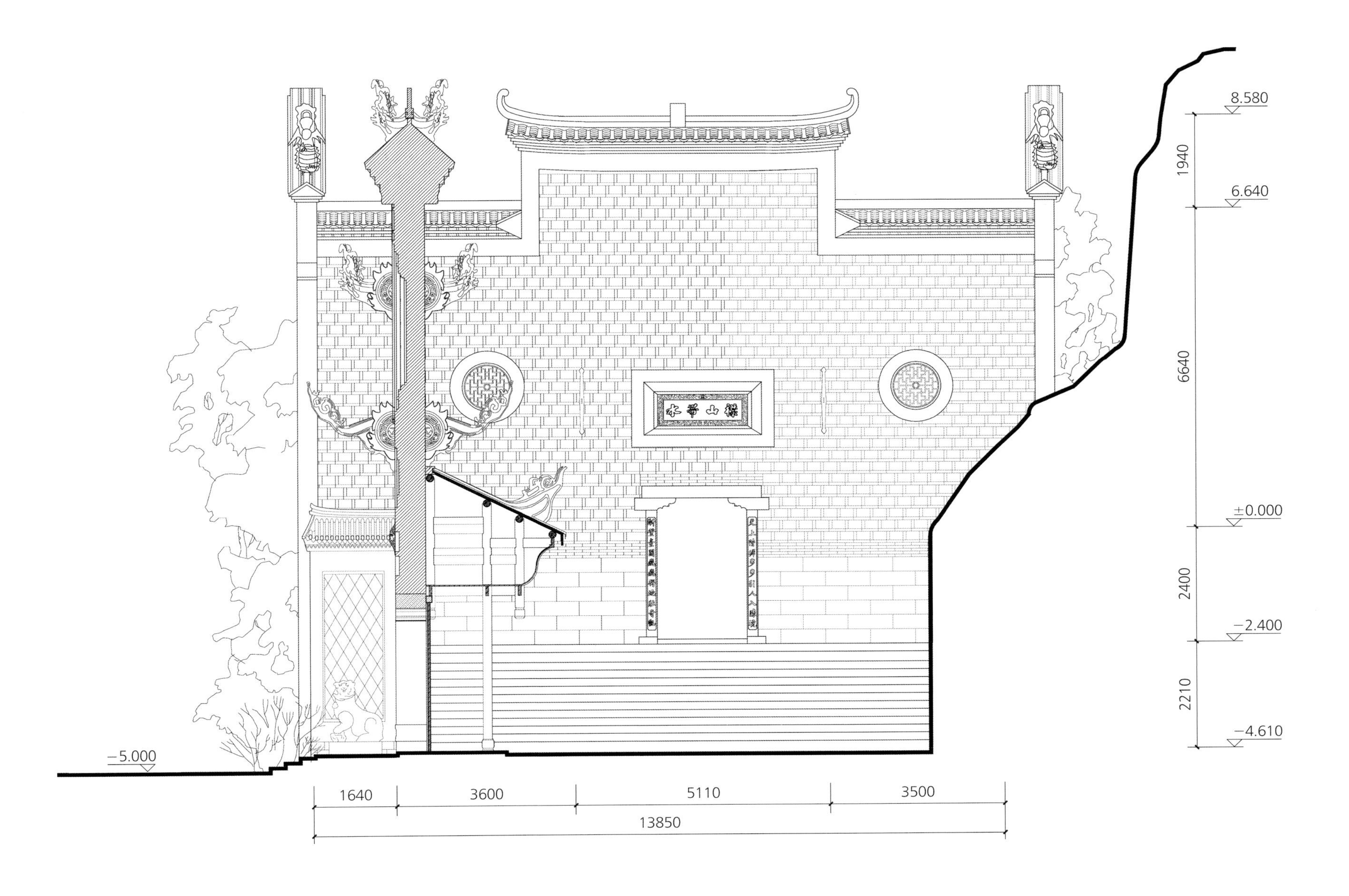

万寿宫牌楼门入口剖面图

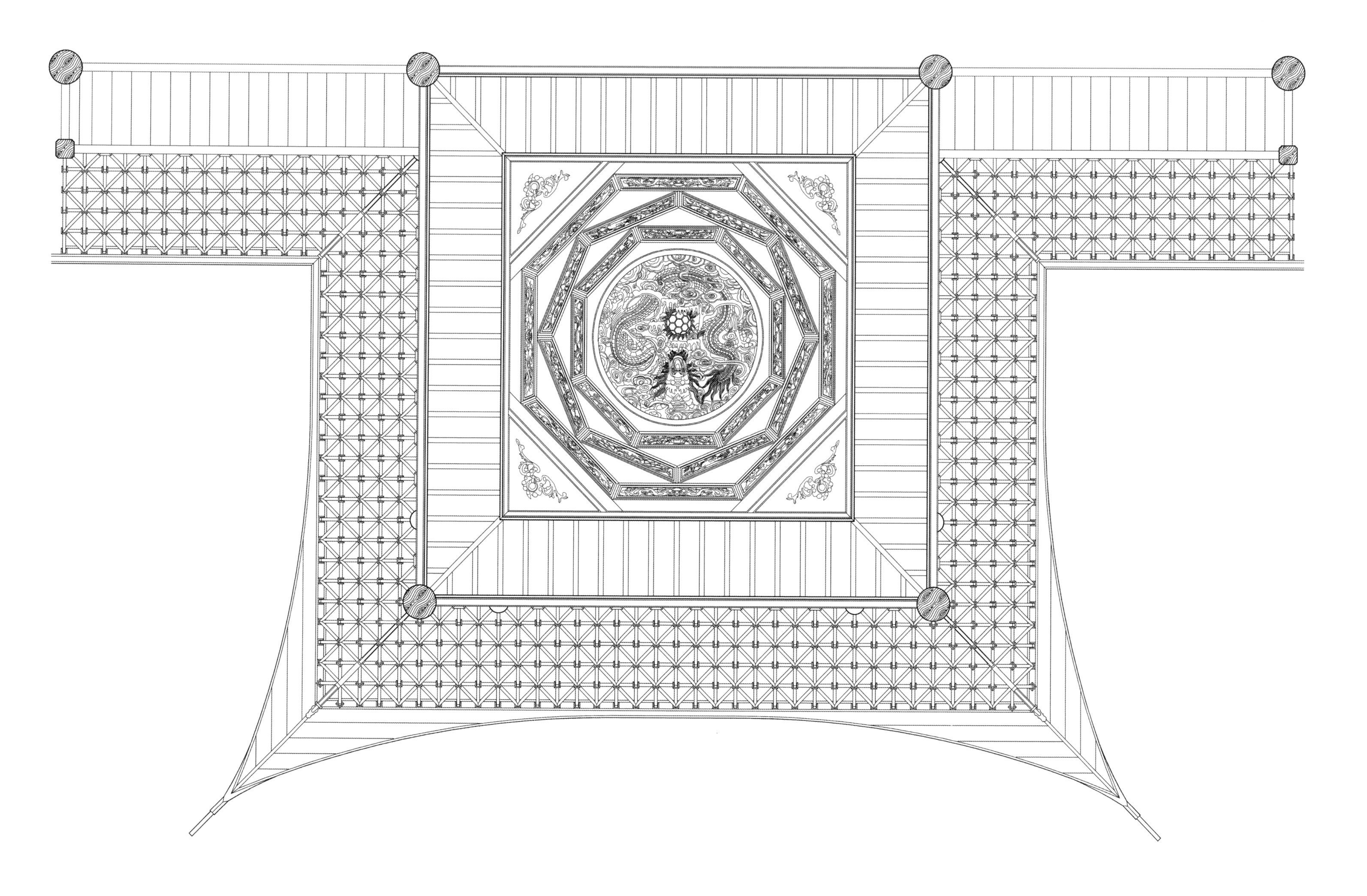

万寿宫戏楼天棚仰视平面图

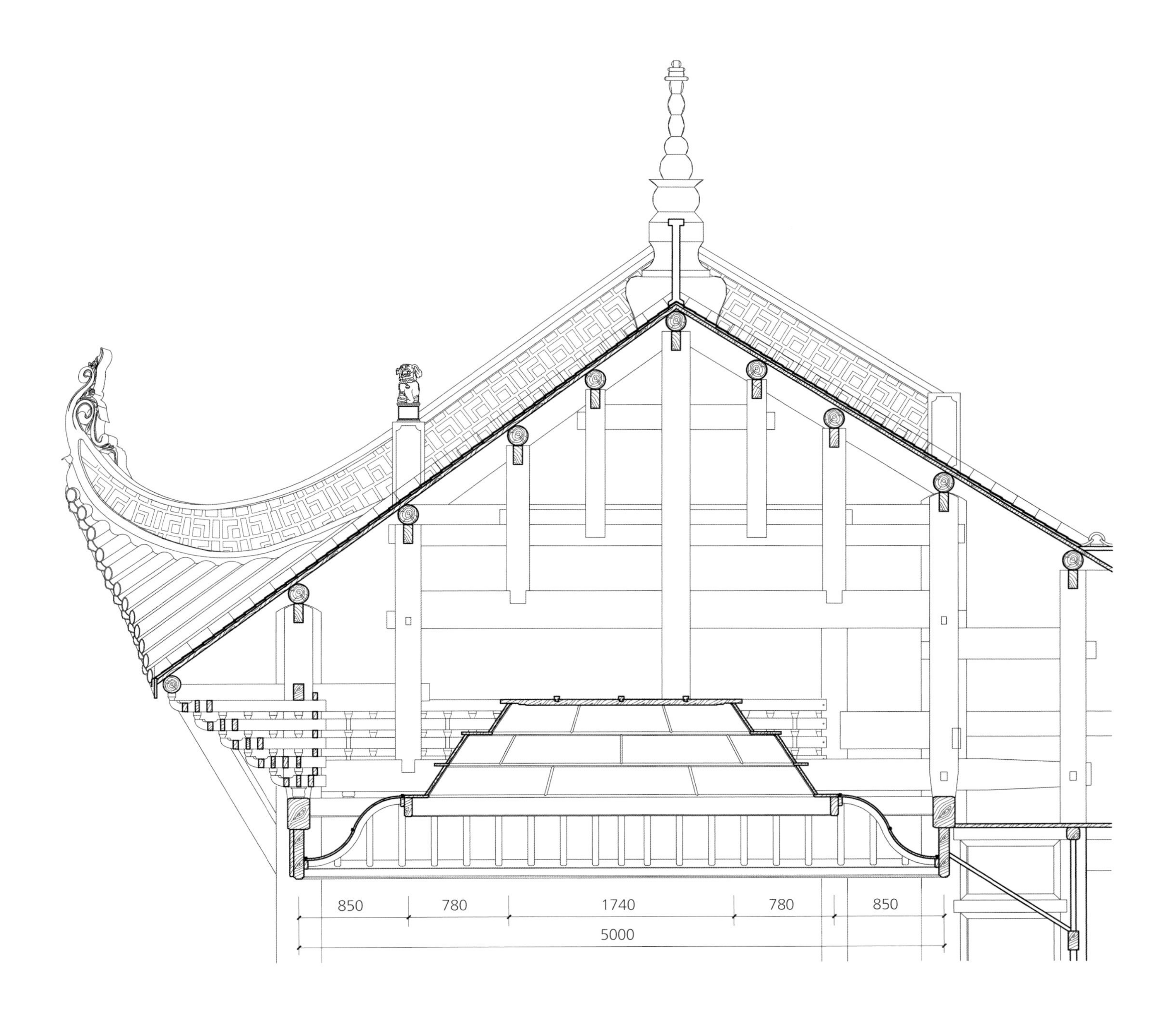

万寿宫戏楼八角藻井剖面图

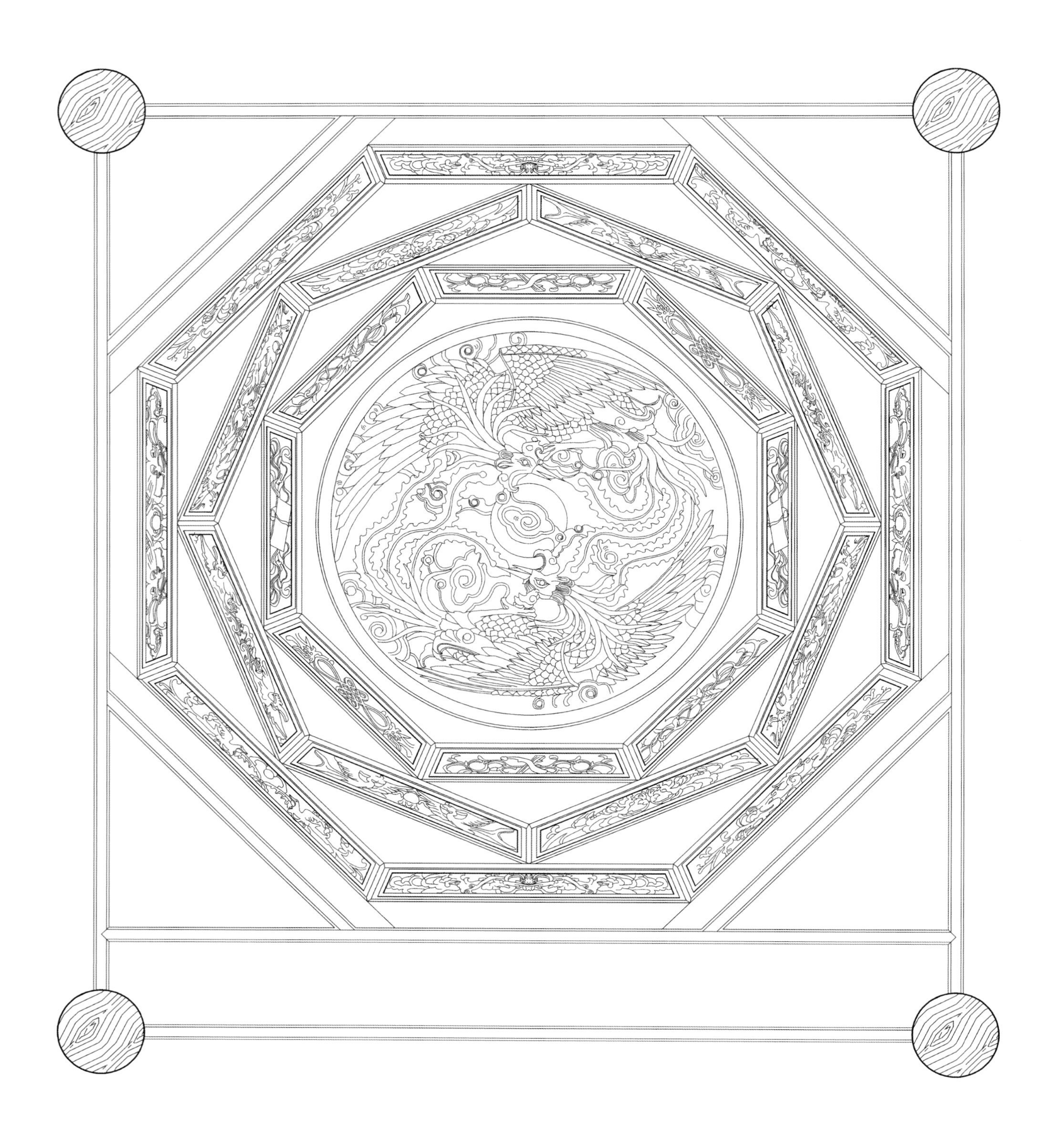

万寿宫正殿左侧藻井仰视图

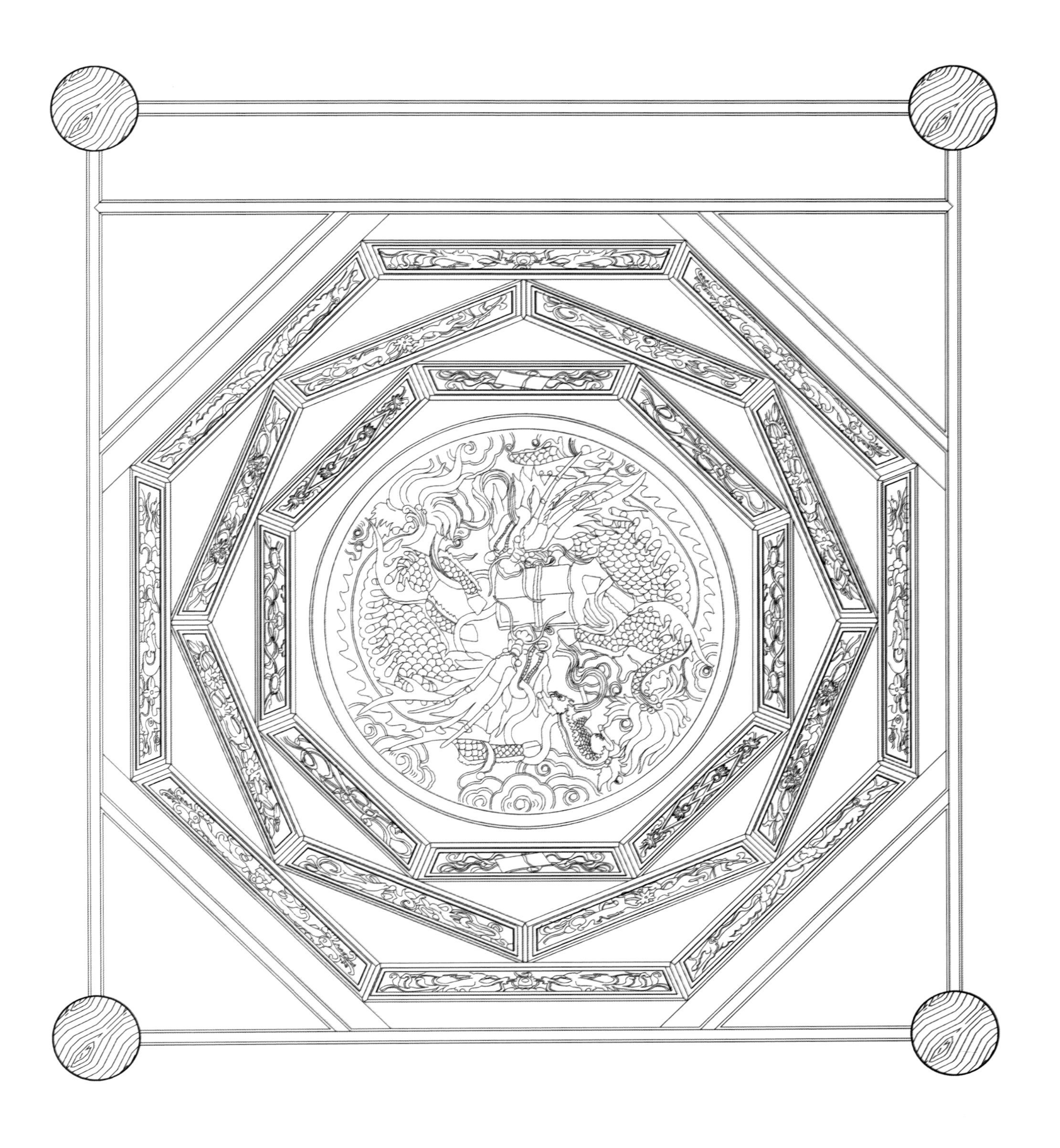

万寿宫正殿右侧藻井仰视图

万寿宫戏台影壁浮雕饰样图

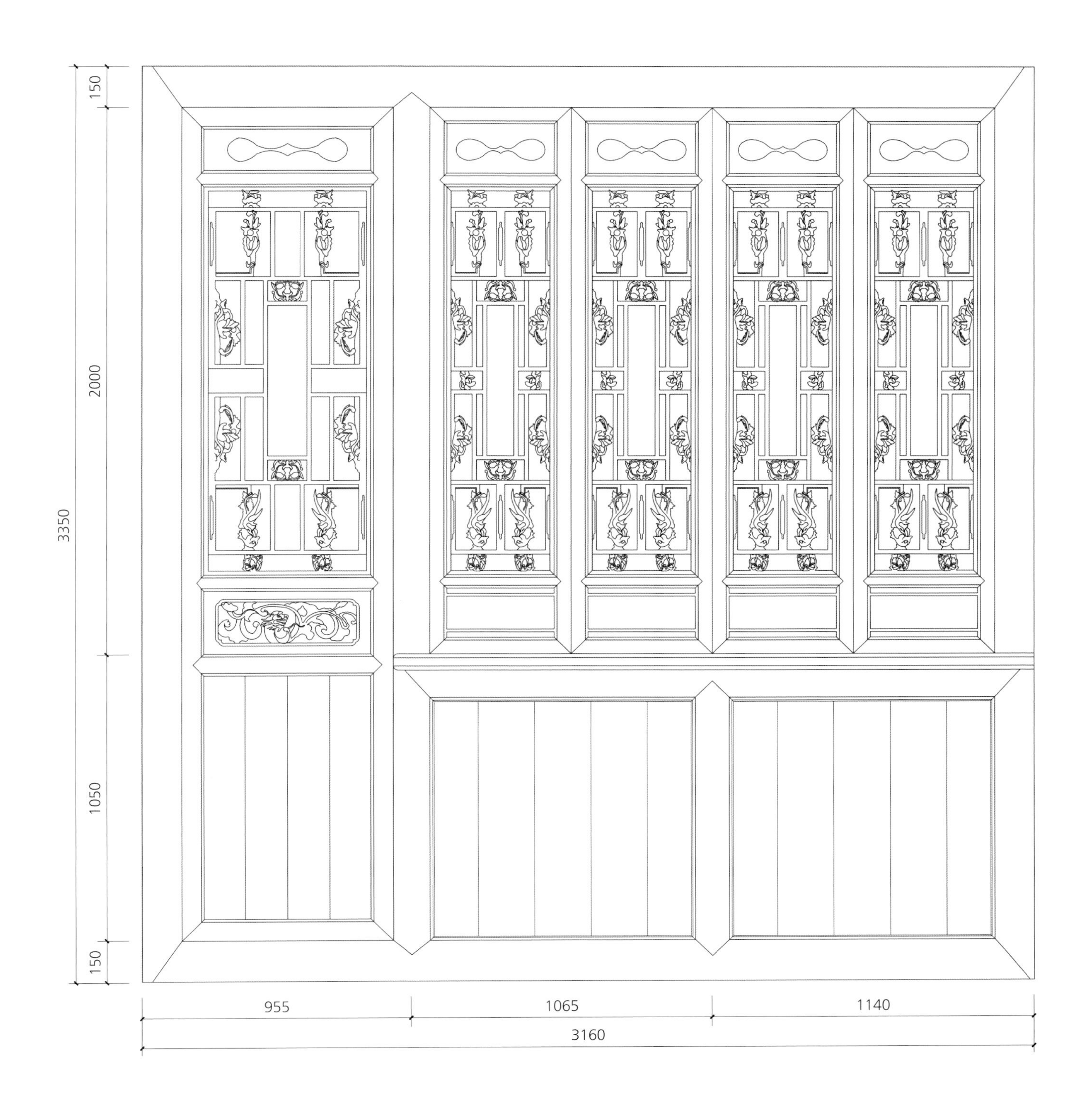

万寿宫厢房门窗饰样图

万寿宫戏楼台口额枋浮雕饰样图

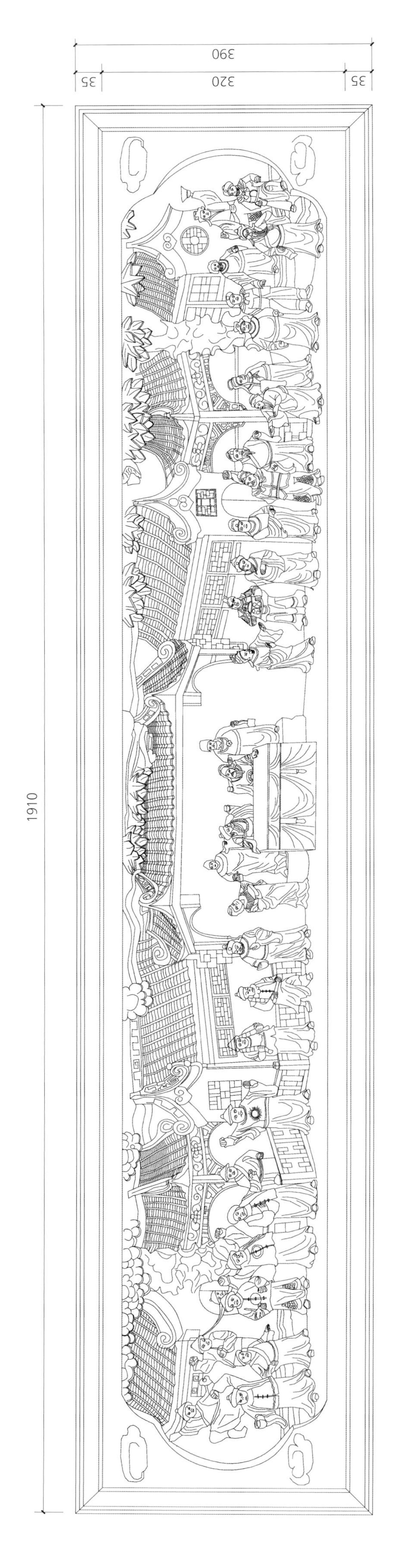

万寿宫戏楼台口浮雕饰样图（一）

万寿宫戏楼台口浮雕饰样图（二）

390
35
320
35
1870

万寿宫戏楼台口浮雕饰样图（三）

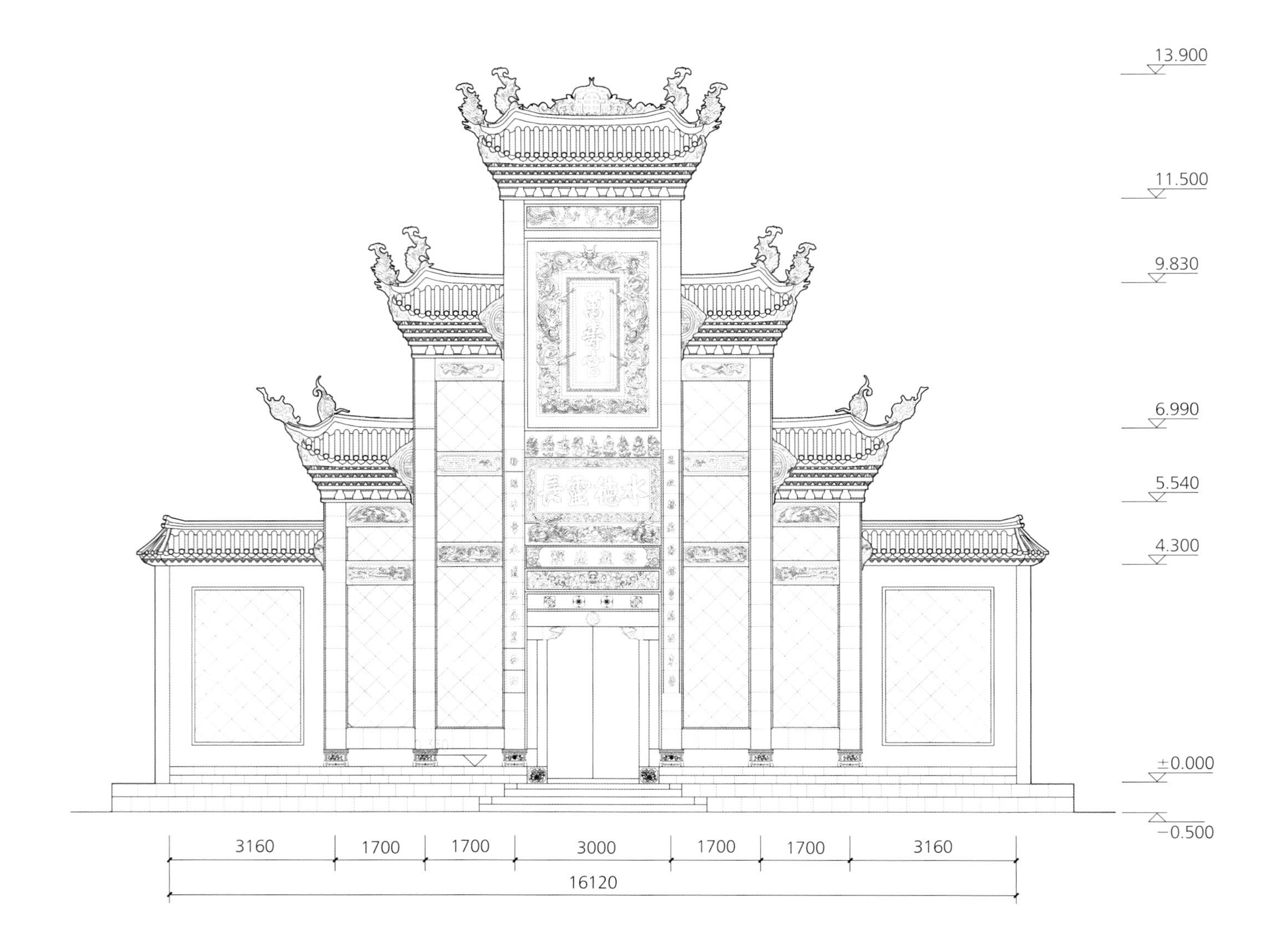

万寿宫牌楼门正立面图

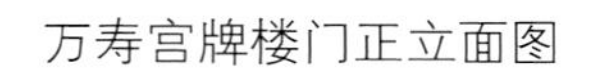

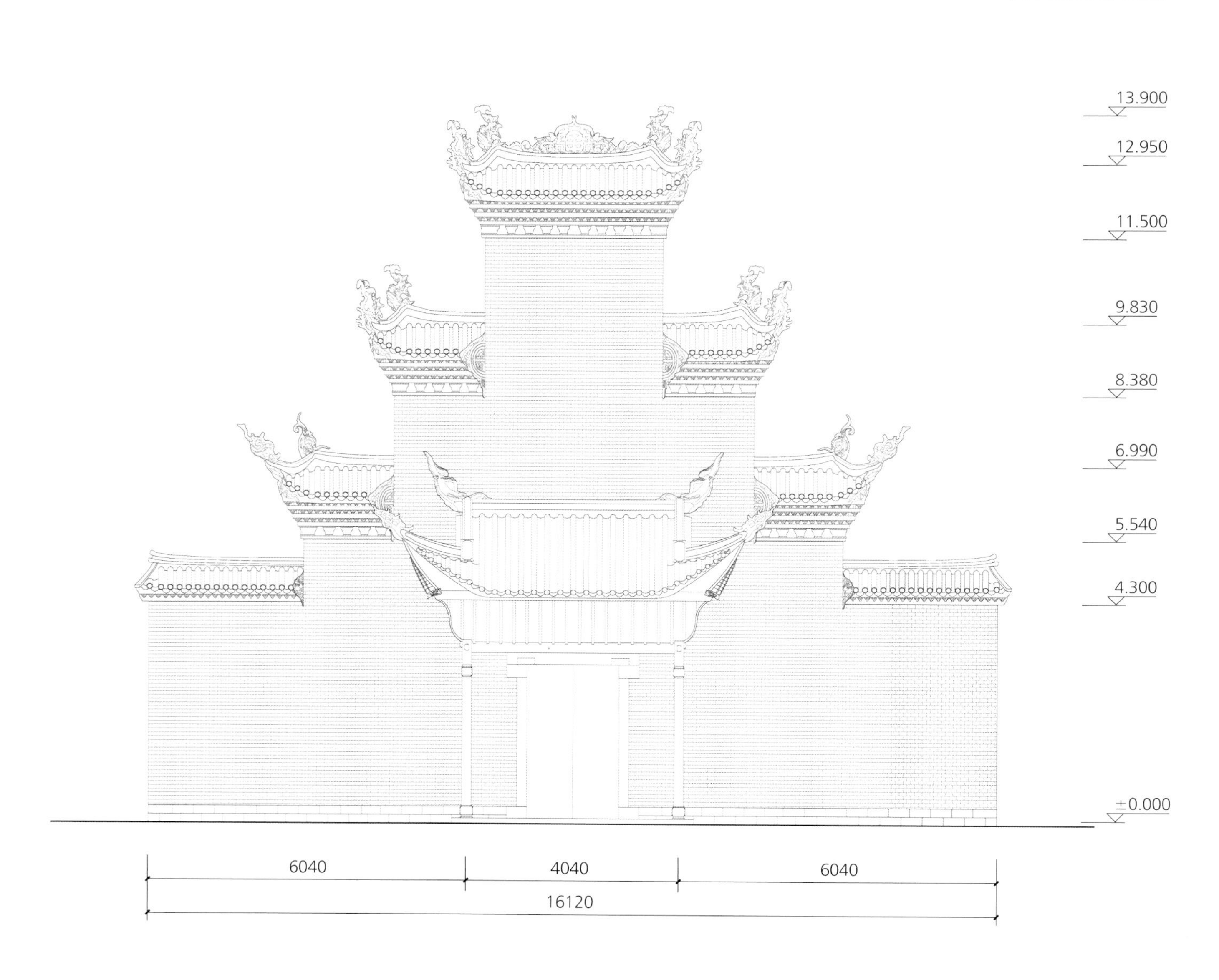

万寿宫牌楼门背立面图

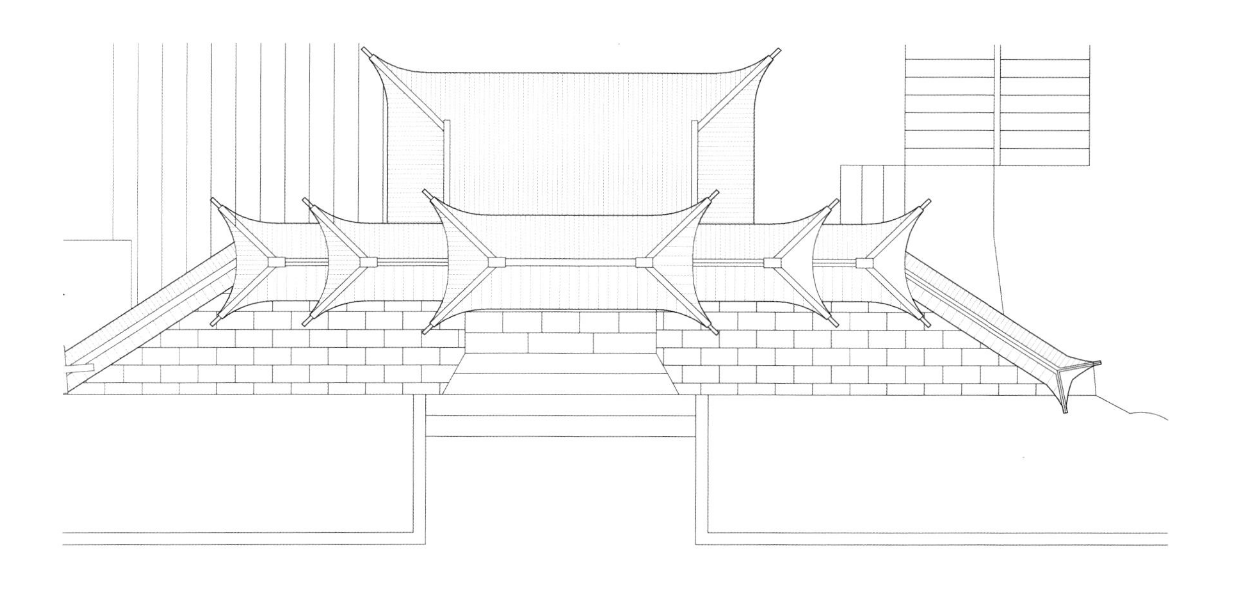

万寿宫牌楼门平面图

0 1 2 3m

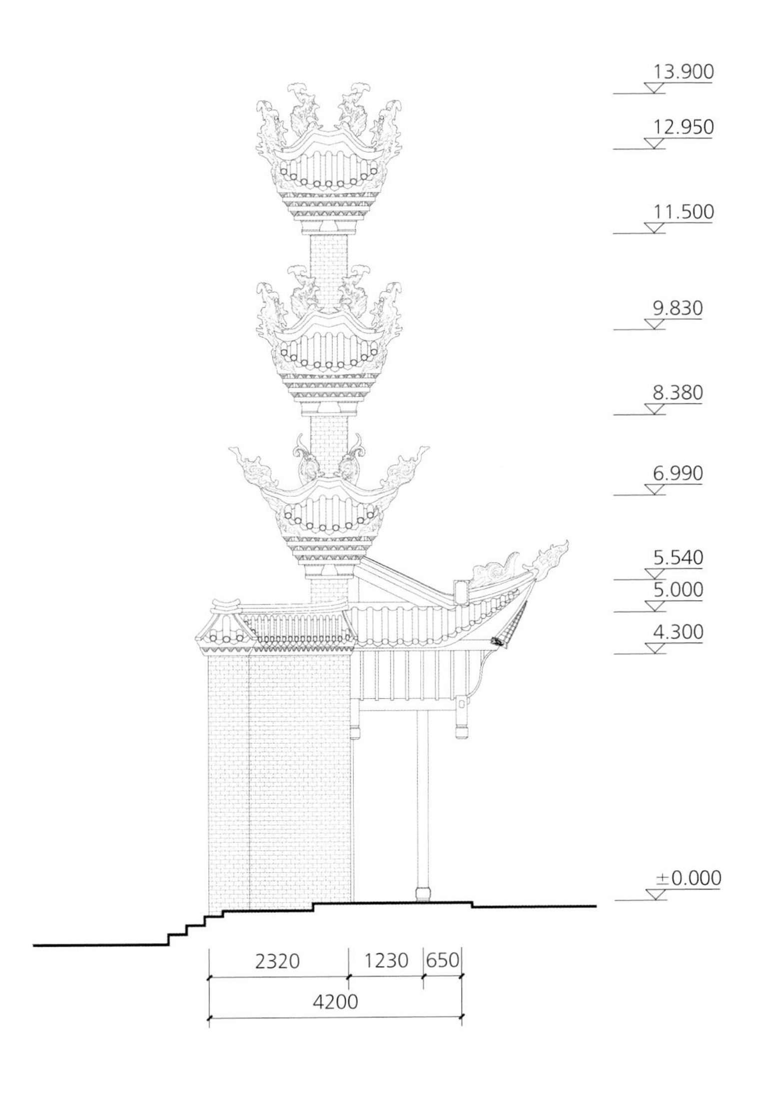

万寿宫牌楼门侧立面图

0 1 2 3m

2140

3240

萬壽宮

万寿宫牌楼门匾额浮雕饰样图

许真君祠

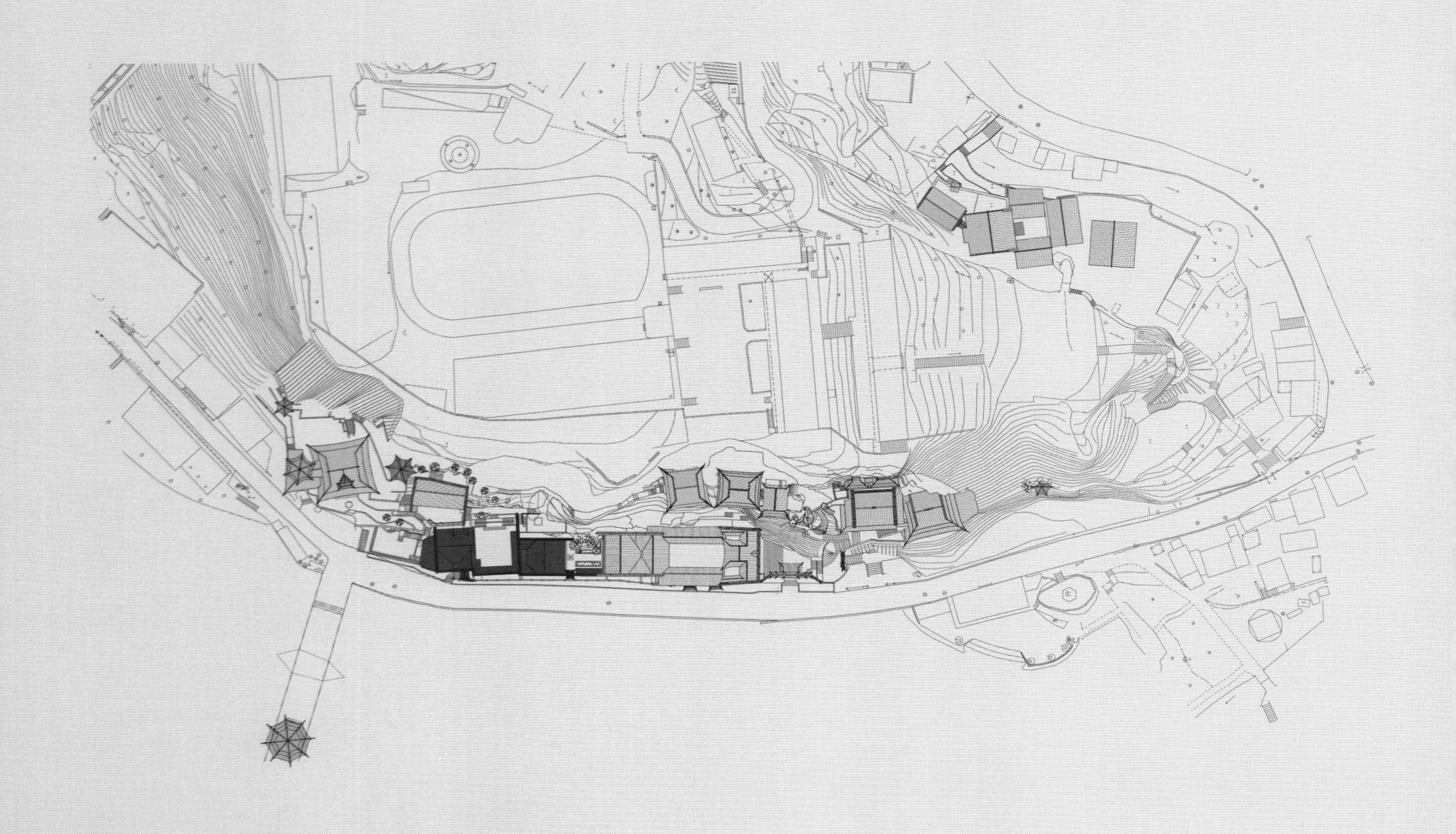

许真君是江西移民的供奉神，多供奉于万寿宫内，而镇远青龙洞则在万寿宫一侧专设许真君祠。大殿南北朝向，三合院式平面，面阔三间9.1米，进深7.6米，抬梁与穿斗组合式构架。大殿外观为一层，内部左右两次间设有楼层，楼层梁板直接架于通长的大梁上，大梁上部为穿斗构架，构筑方法比较特别。大殿北侧是封火墙围合的庭院空间，庭院西面靠崖，有石梯步通往上面台地空间；庭院北侧的客房一楼一底，面阔三间，两次间往外延伸形成三方围合的天井空间。

许真君祠俯视

许真君祠客堂

许真君祠大殿

许真君祠抱厅空间

许真君祠遗存庭院（一）

许真君祠遗存庭院（二）

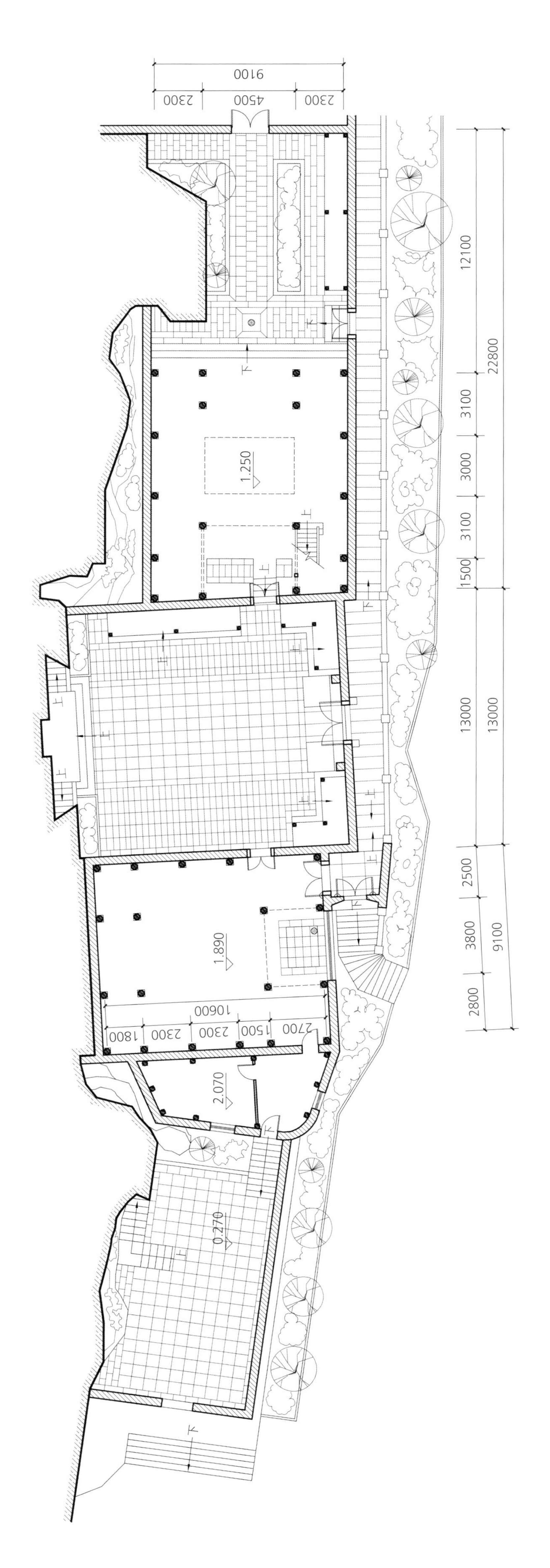
9100
2300
4500
2300
0 1 2 3 4 5m
12100
22800
3100
3000
3100
1500
13000
13000
2500
3800
9100
2800
1.250
1.890
10600
1800
2300
2300
1500
2700
2.070
0.270

许真君祠一层平面图

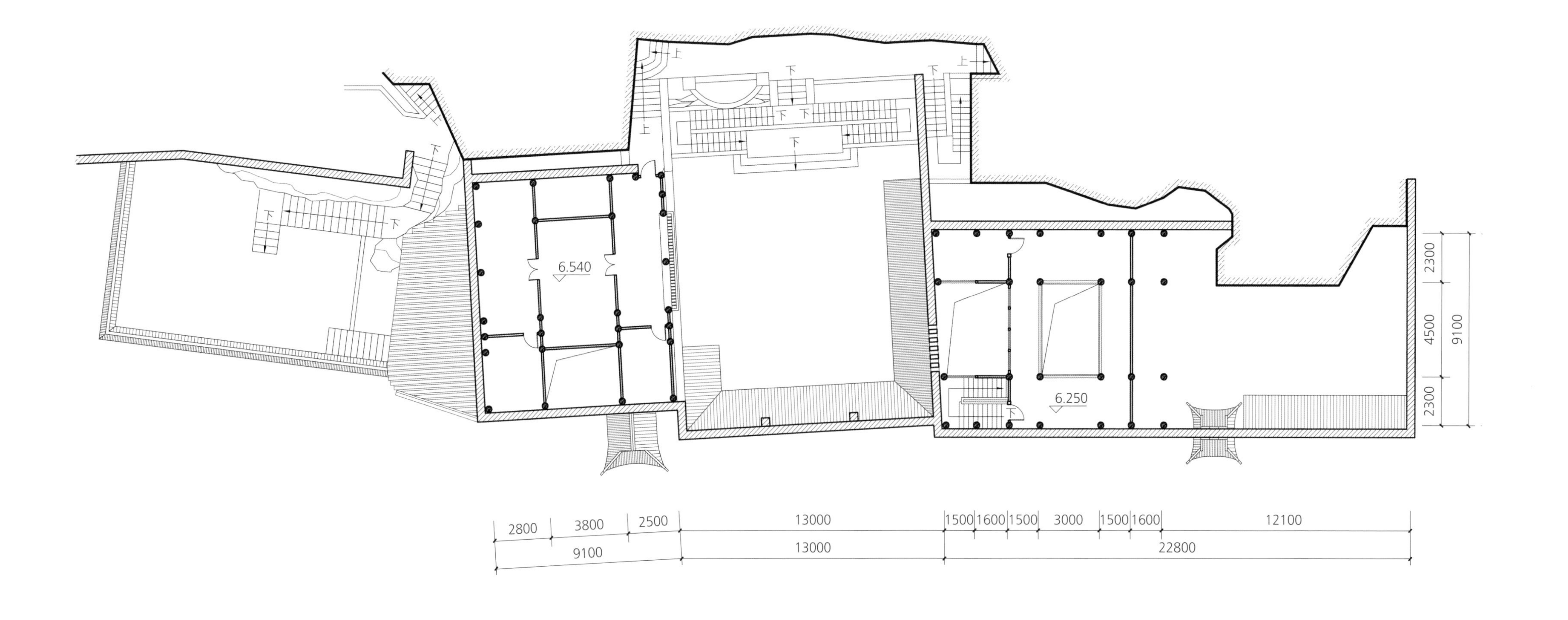
6.540
6.250
上
下
2300
4500
2300
9100
2800
3800
2500
13000
1500
1600
1500
3000
1500
1600
12100
9100
13000
22800
0 1 2 3 4 5m

许真君祠二层平面图

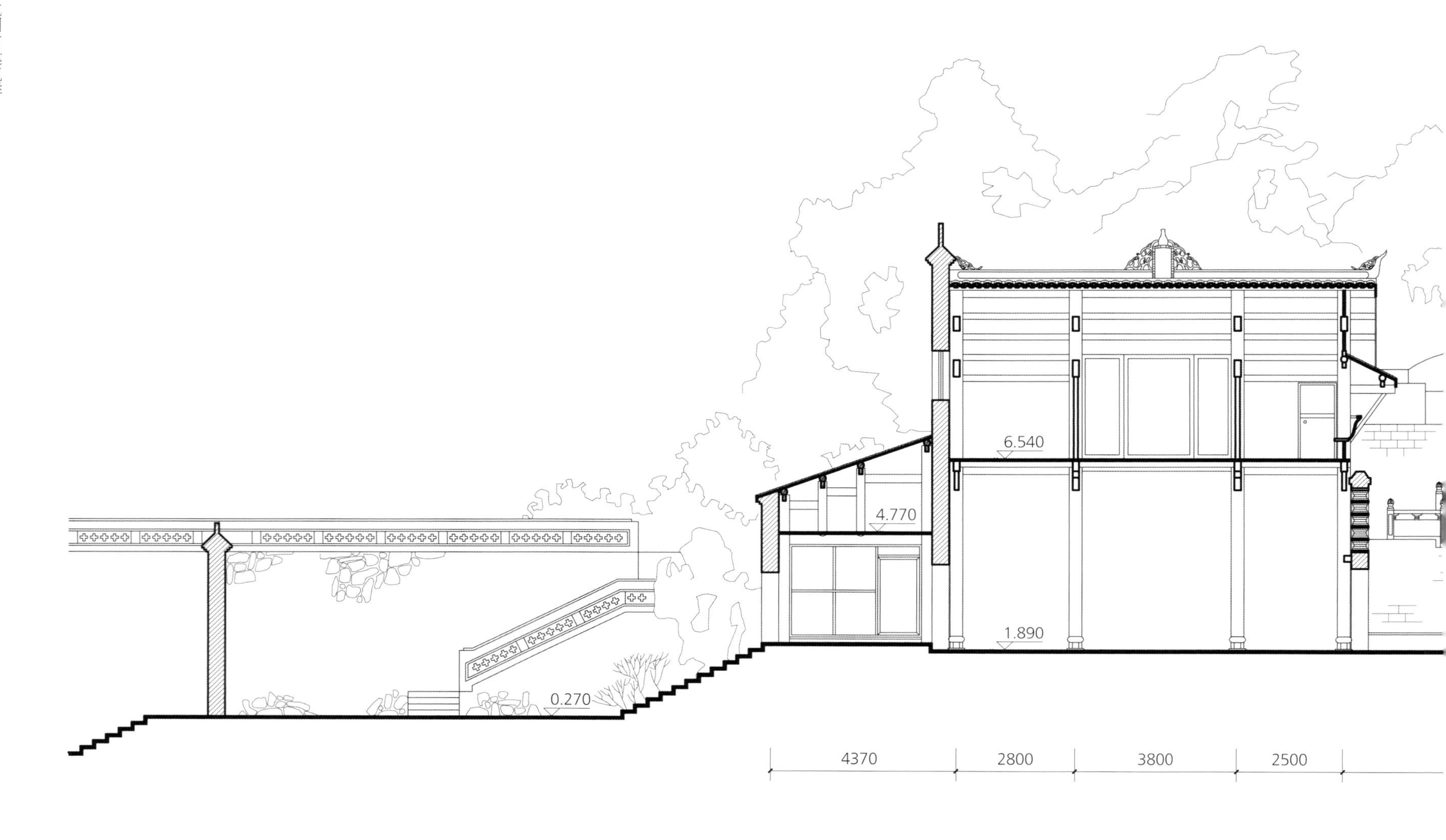

许真君祠纵剖面图

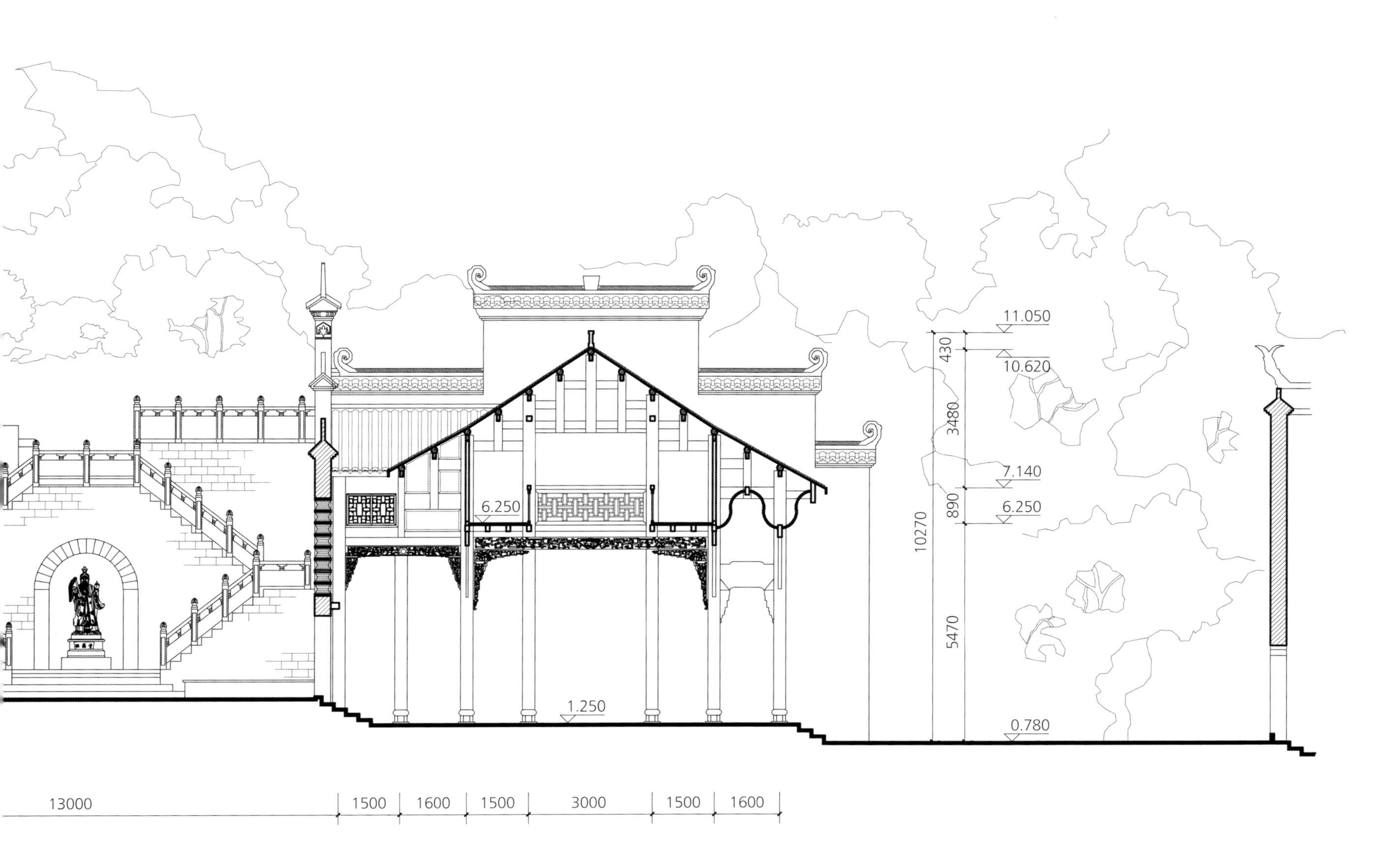
11.050
10.620
7.140
6.250
6.250
1.250
0.780
430
3480
890
10270
5470
13000
1500
1600
1500
3000
1500
1600
0 1 2 3 4 5m

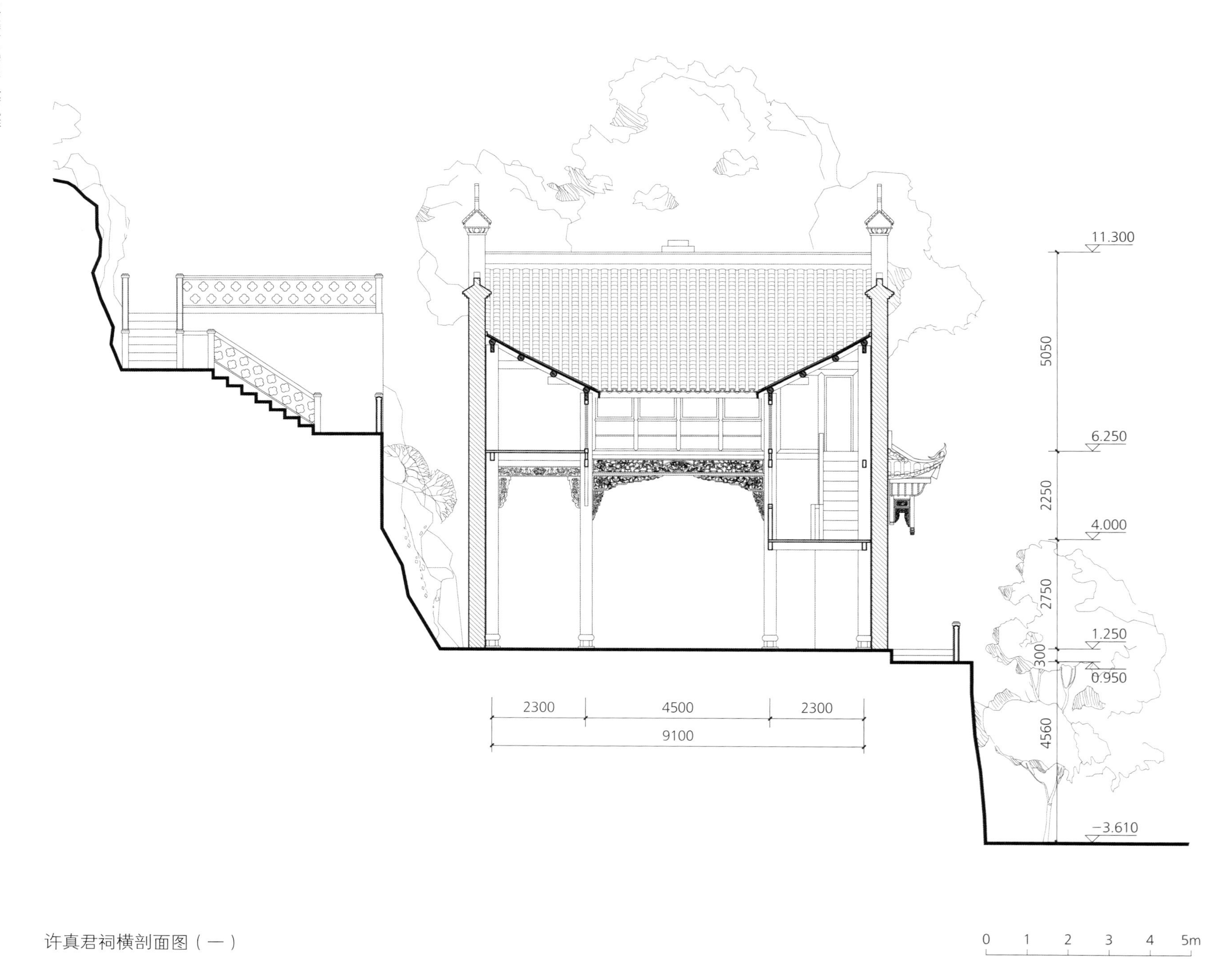
11.300
5050
6.250
2250
4.000
2750
1.250
300
0.950
4560
-3.610
2300
4500
2300
9100
0
1
2
3
4
5m

许真君祠横剖面图（一）

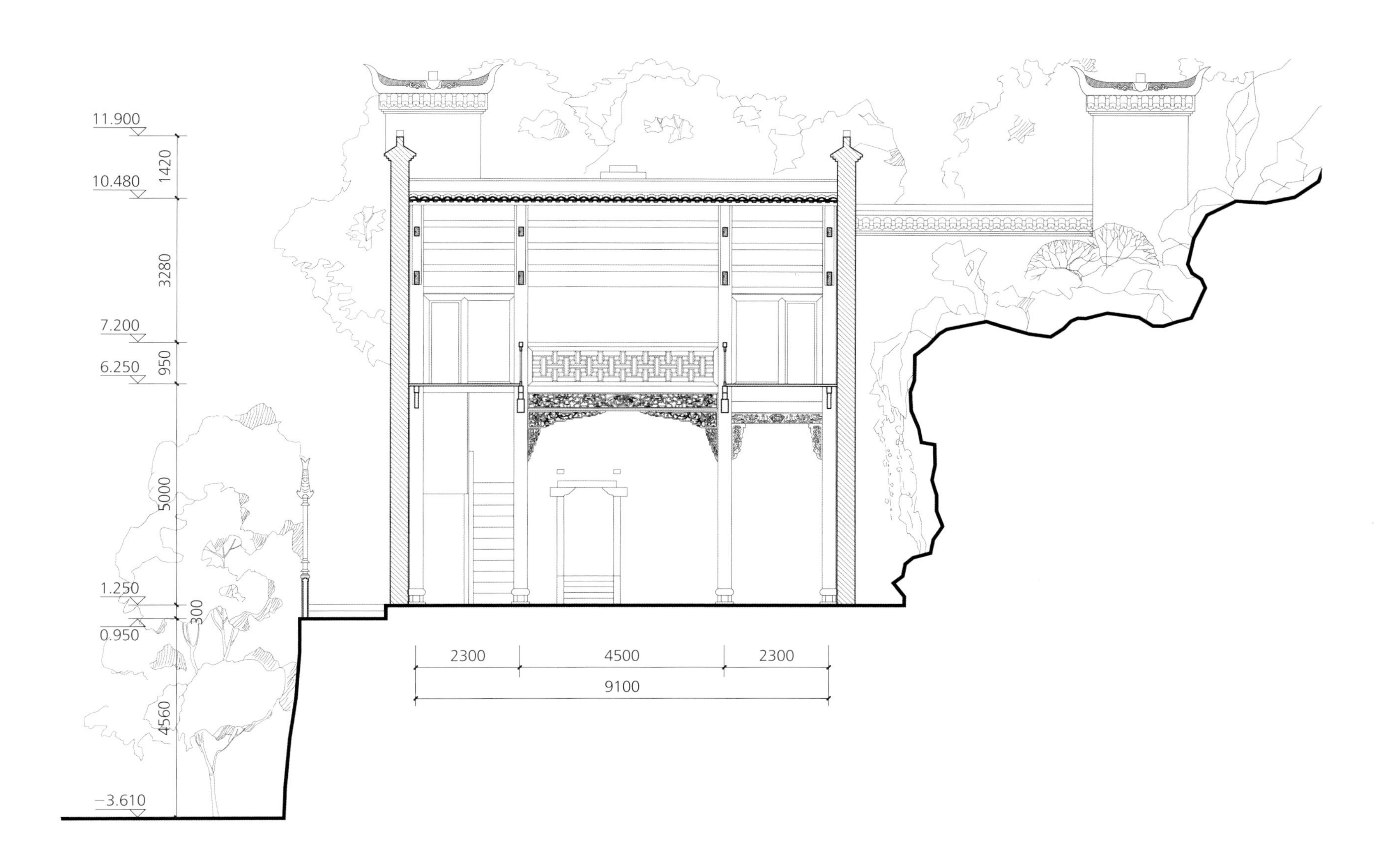

许真君祠横剖面图（二）

0 1 2 3 4 5m

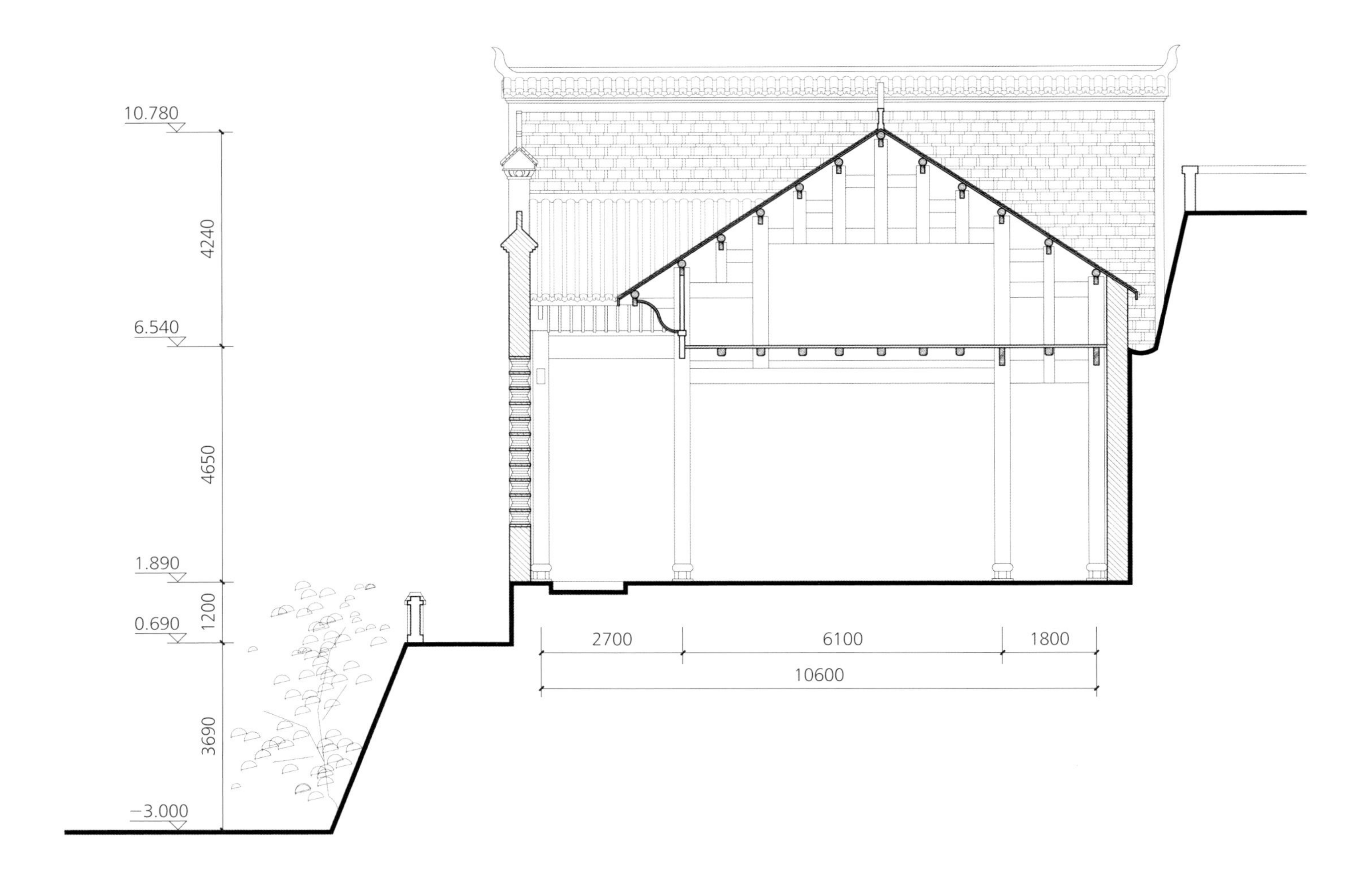

许真君祠横剖面图（三）

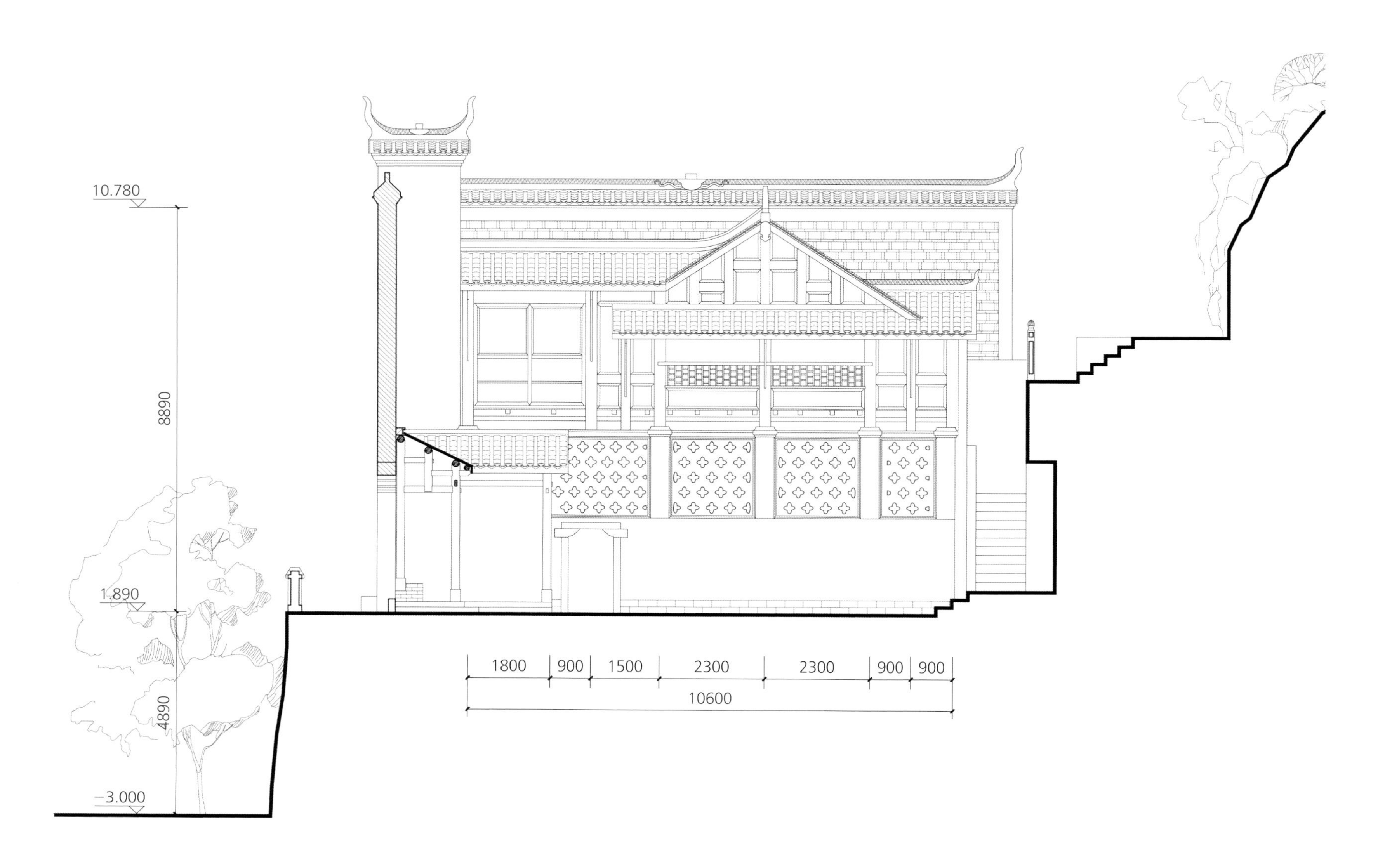

许真君祠横剖面图（四）

许真君祠天冠罩饰样图

文公祠

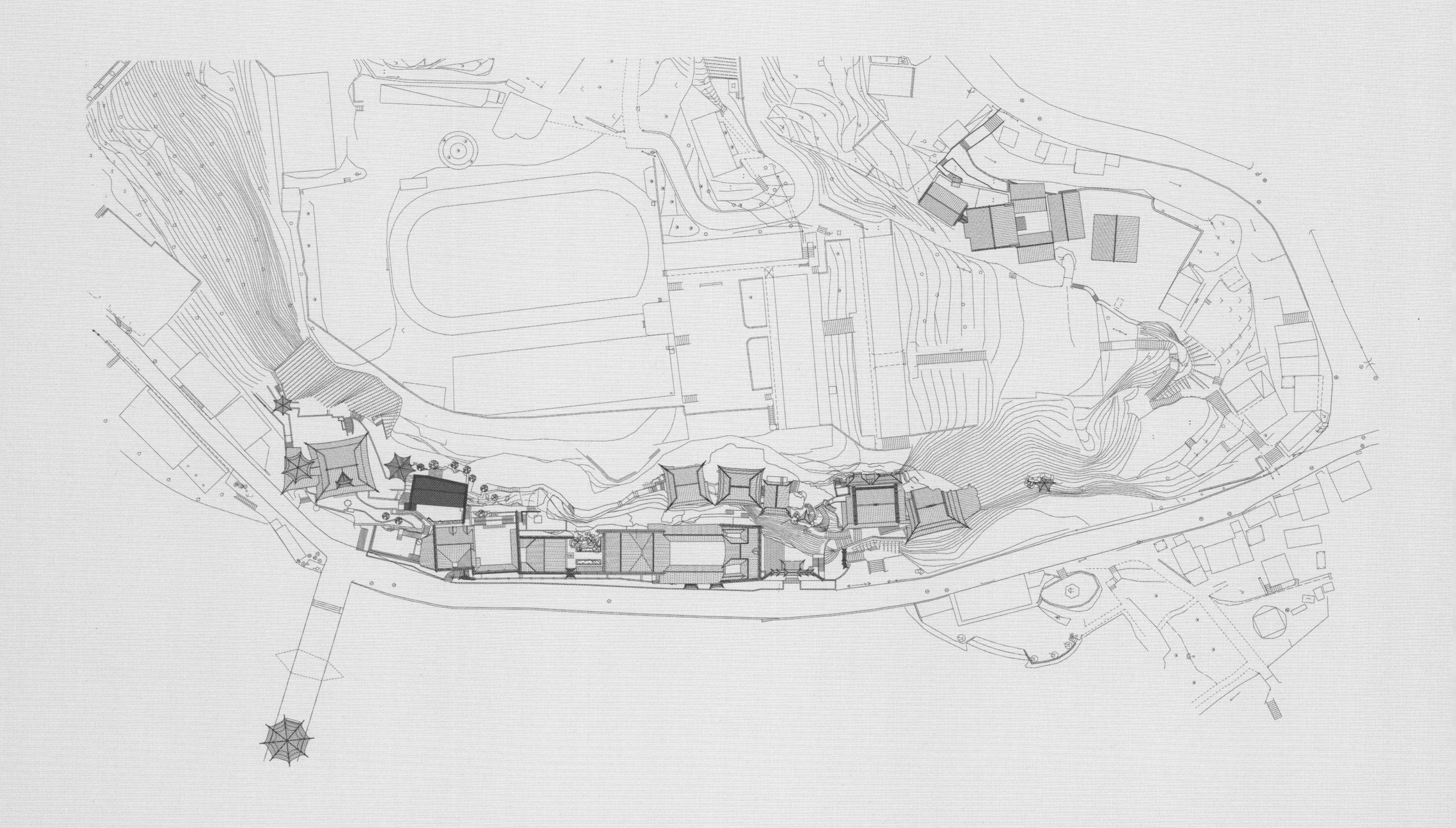

文公祠建于万寿宫东面靠崖台地上，面阔四间14.4米，进深5.1米。背面依附崖壁，正面有宽敞的台地院坝，封火山墙向院坝两侧延伸围合成院落空间。入口处通过两侧的砖砌门洞进入院坝，转折九十度后进入祠堂空间。祠堂内部是朴实大方的木构装板墙，墙上悬挂纪念文公的楹联、匾额和画像。

文公祠

文公祠入口

文公祠正面门扇

文公祠大厅内景

天地有正氣雜然賦流形下則為河嶽上則為日星
於人曰浩然沛乎塞蒼冥皇路當清夷含和吐明庭
時窮節乃見一一垂丹青在齊太史簡在晉董狐筆
在秦張良椎在漢蘇武節為嚴將軍頭為嵇侍中血
為張睢陽齒為顏常山舌或為遼東帽清操厲冰雪
或為出師表鬼神泣壯烈或為渡江楫慷慨吞胡羯
或為擊賊笏逆豎頭破裂是氣所磅礴凜烈萬古存
當其貫日月生死安足論地維賴以立天柱賴以尊
三綱實繫命道義為之根嗟余遘陽九隸也實不力
楚囚纓其冠傳車送窮北鼎鑊甘如飴求之不可得
陰房闃鬼火春院閟天黑牛驥同一皁雞棲鳳凰食
一朝蒙霧露分作溝中瘠如此再寒暑百沴自辟易
哀哉沮洳場為我安樂國豈有他繆巧陰陽不能賊
顧此耿耿存仰視浮雲白悠悠我心悲蒼天曷有極
哲人日已遠典型在夙昔風檐展書讀古道照顏色
宋 文天祥

文公祠大厅悬挂楹联

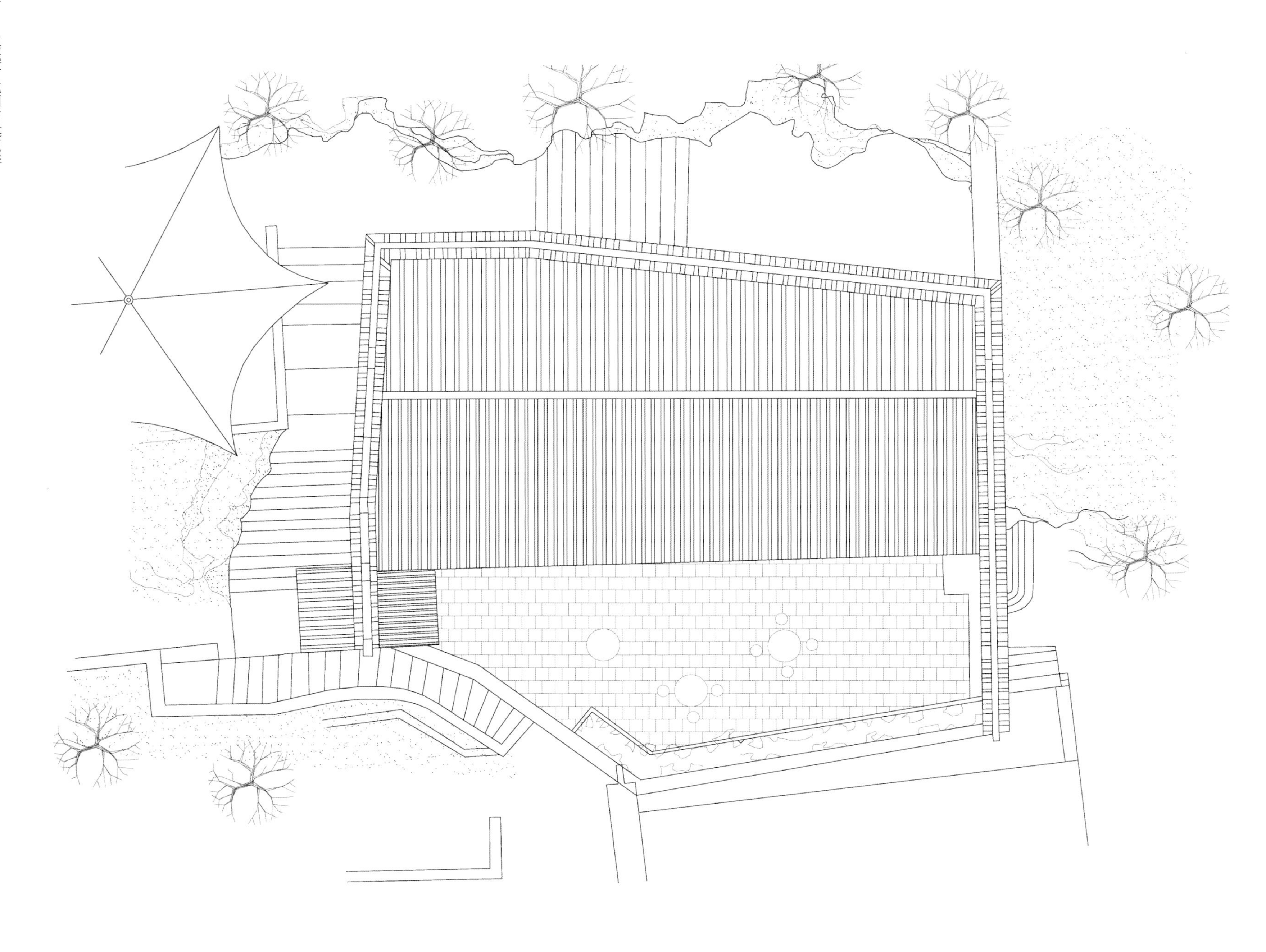

文公祠屋顶平面图

0 1 2 3 4 5m

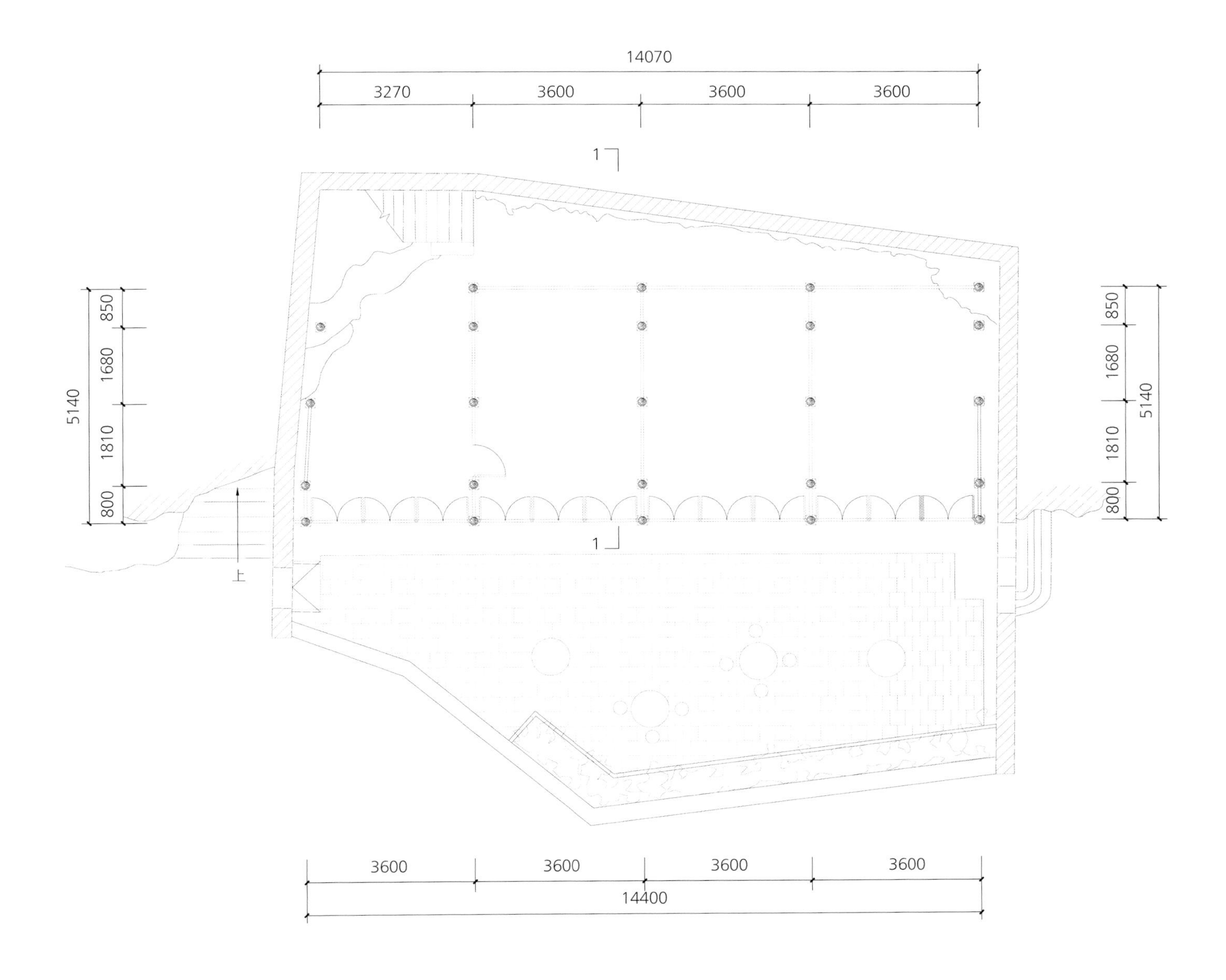
14070
3270
3600
3600
3600
1
1
850
1680
1810
800
5140
上
3600
3600
3600
3600
14400

文公祠平面图

0 1 2 3 4 5m

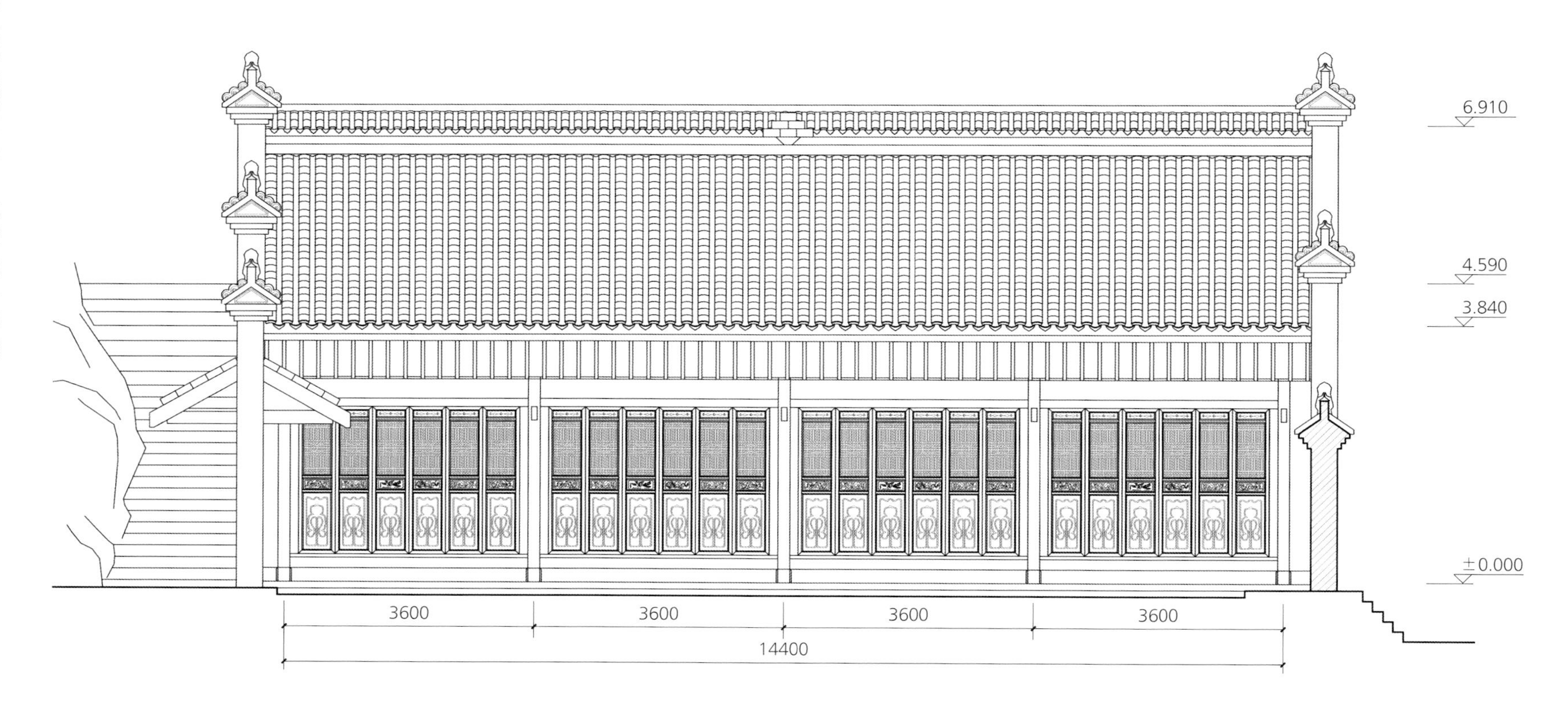

文公祠正立面图

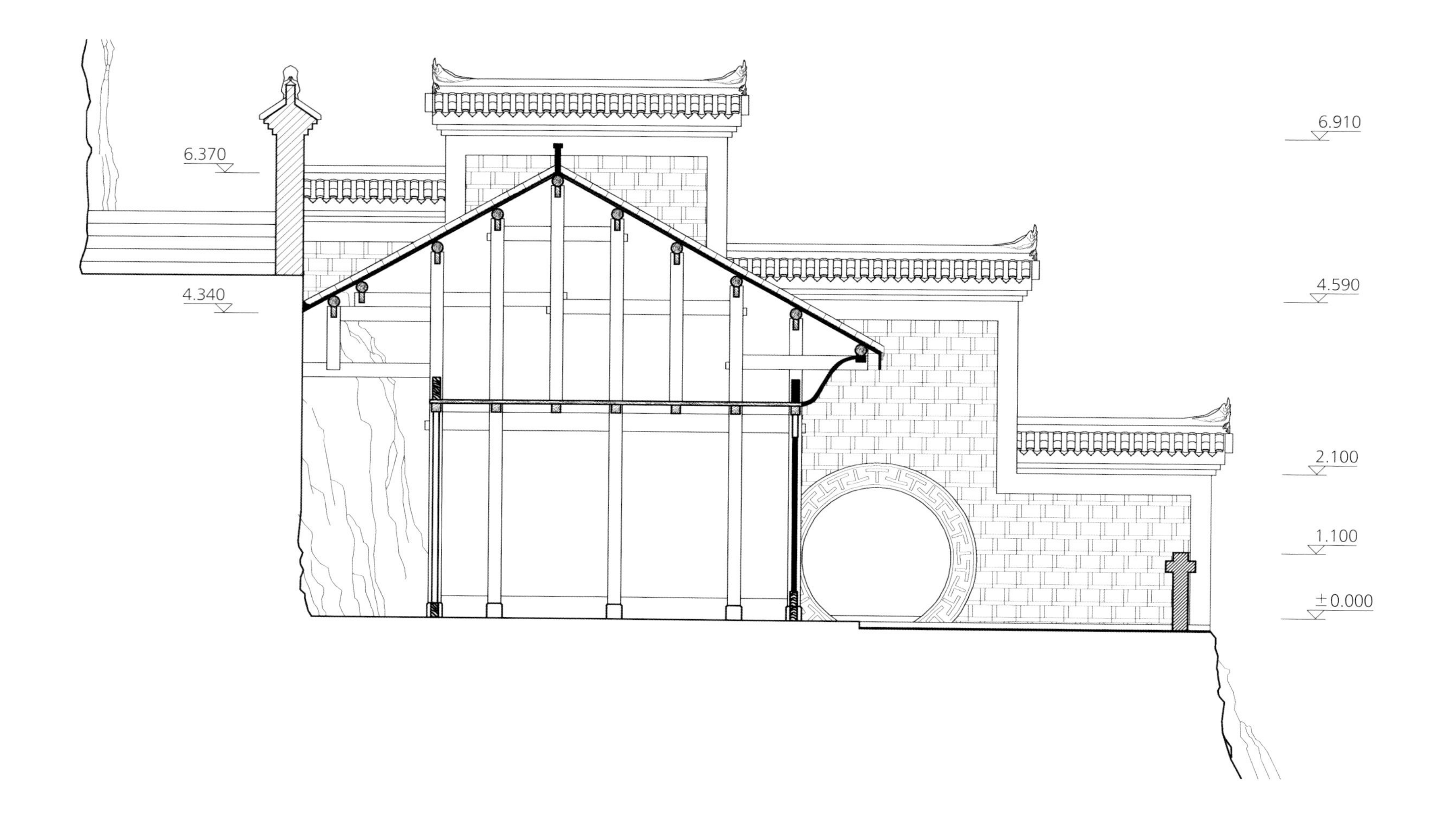

文公祠剖面图

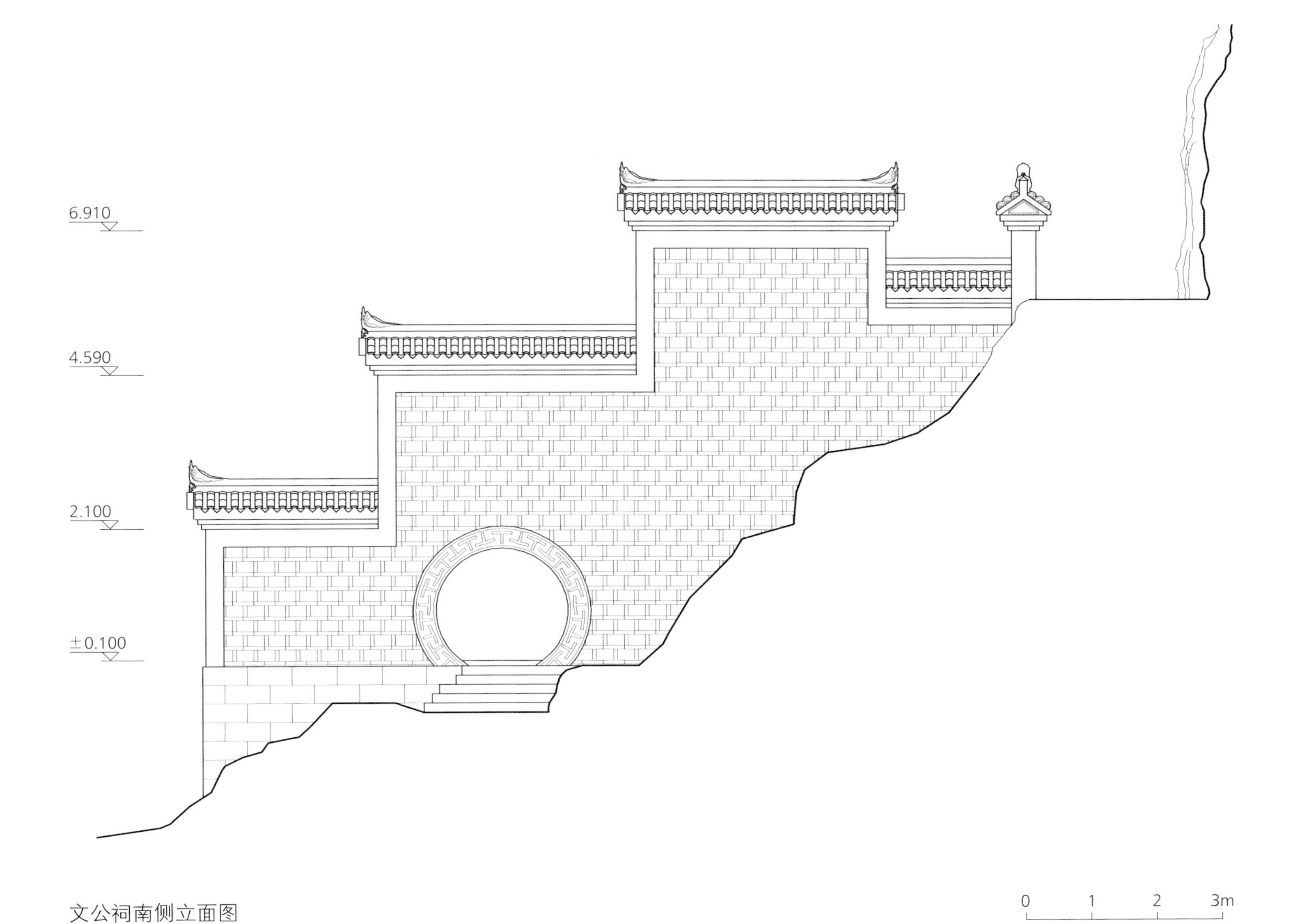

文公祠南侧立面图

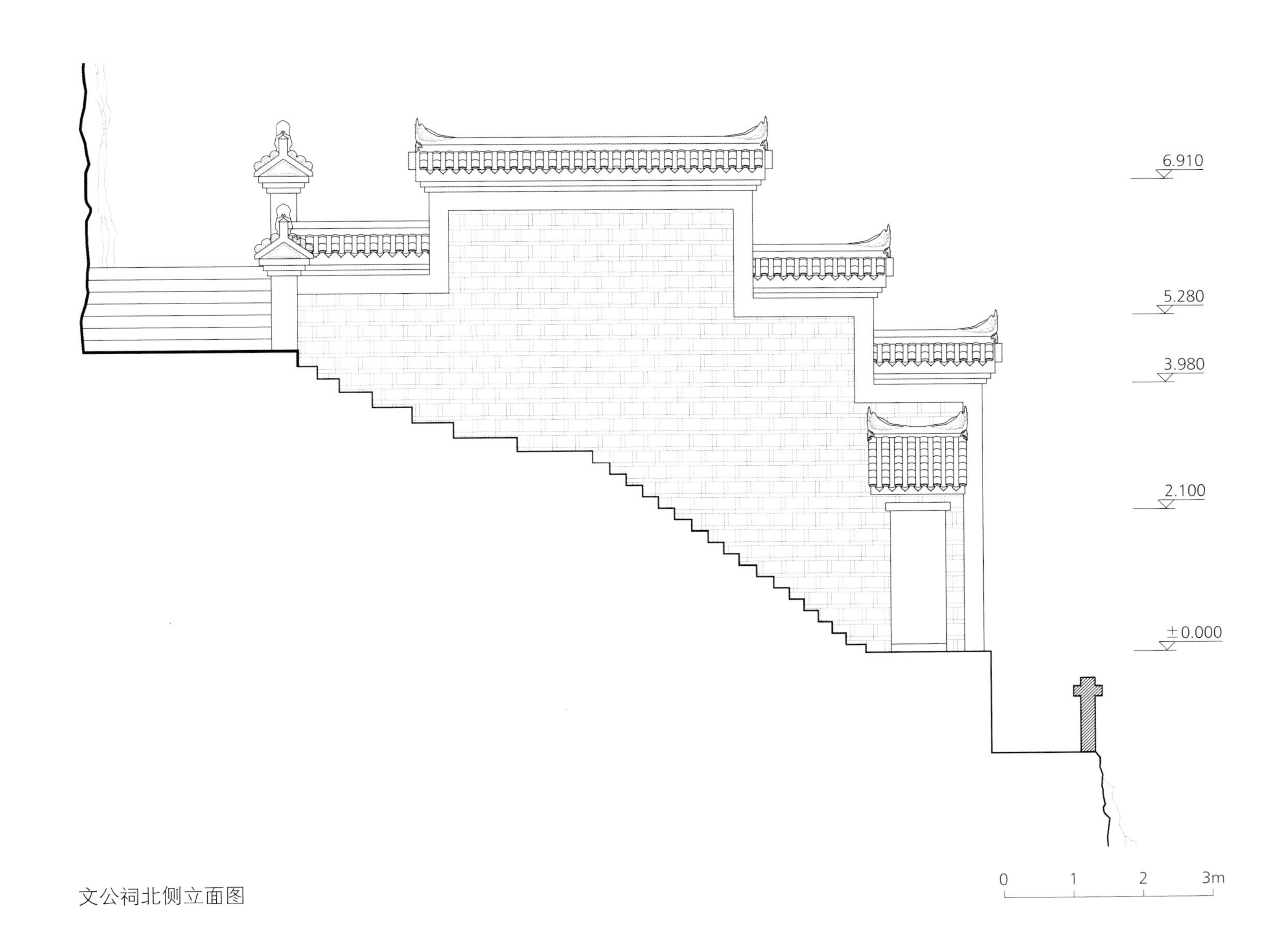

文公祠北侧立面图

中元洞建筑群

中元洞是以佛教文化为特色的建筑群，因此也有中元禅院之称。选址布局在相对开敞的靠崖台地上。主体建筑为二层楼阁，底层为大佛殿，二层为藏经楼。置于台地前面的大佛殿、望星楼与濂阳河上的明代古桥及魁星楼遥相呼应，构成明显的轴线对应关系，体现中国传统建筑严谨对称的空间秩序。整个建筑群结合地形环境布局灵活多变。大佛殿一侧的望星楼架于独立的奇石之上，与紧邻的大佛殿有天然沟壑相隔，上部通过架空的天桥与两栋建筑连接起来。台地背面是垂直陡峭的崖壁，崖壁内有天然洞窟形成的佛殿；崖壁与大殿之间的南北两侧有三径亭和六角亭，四周通过栈道和架空廊道将殿堂亭阁联系起来。古树、古井点缀于其中，形成独特的山地寺庙园林空间环境。

中元洞建筑群俯视

中元洞

中元洞洞窟与栈道

中元禅院路径

藏经楼 望星楼 三径亭

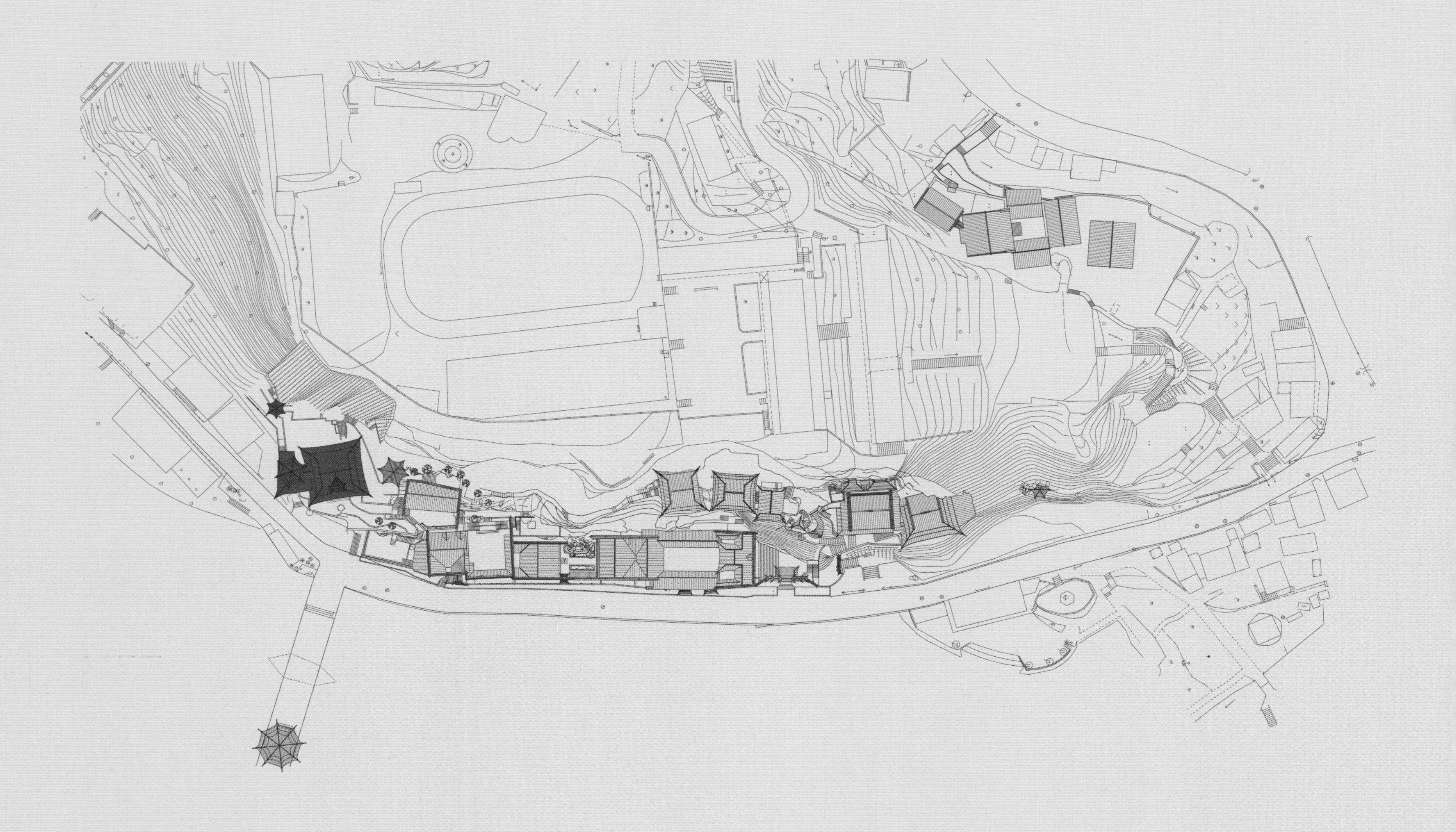

藏经楼清康熙五年重建，为二层楼阁式建筑，因一层供奉如来大佛又称大佛殿。底层面阔三间，进深四间，正面退后一间形成檐廊，除正面三间为木构门窗外，其余三面均为砖砌墙体围护；二楼四周向内收进形成环绕的回廊，正面当心间装饰八字形牌楼门，牌楼门两侧立柱上雕塑云纹盘龙，当心间悬挂“藏经楼”匾额。

藏经楼北侧是望星楼，现存建筑为清同治十二年重建，为三层楼阁式建筑。底层方形平面环绕独立的千佛岩，二、三层为六边形平面，架于千佛岩的顶部，六角攒尖屋顶。望星楼与藏经楼之间有天然沟壑，利用二层架空连廊将两栋建筑有机联系起来，形成独特的空中楼阁。

三径亭重建于20世纪80年代。小巧的六角亭构筑于孤石之上，通过架空廊道和崖壁栈道联系望星楼与崖壁洞窟。外檐装饰如意斗栱，内檐天棚为六边形藻井，雕饰龙凤图案。

藏经楼与望星楼

藏经楼牌楼门匾额

藏经楼与望星楼连廊

藏经楼二楼回廊

三径亭

藏经楼、望星楼、三径亭总平面图

0 1 2 3 4 5m

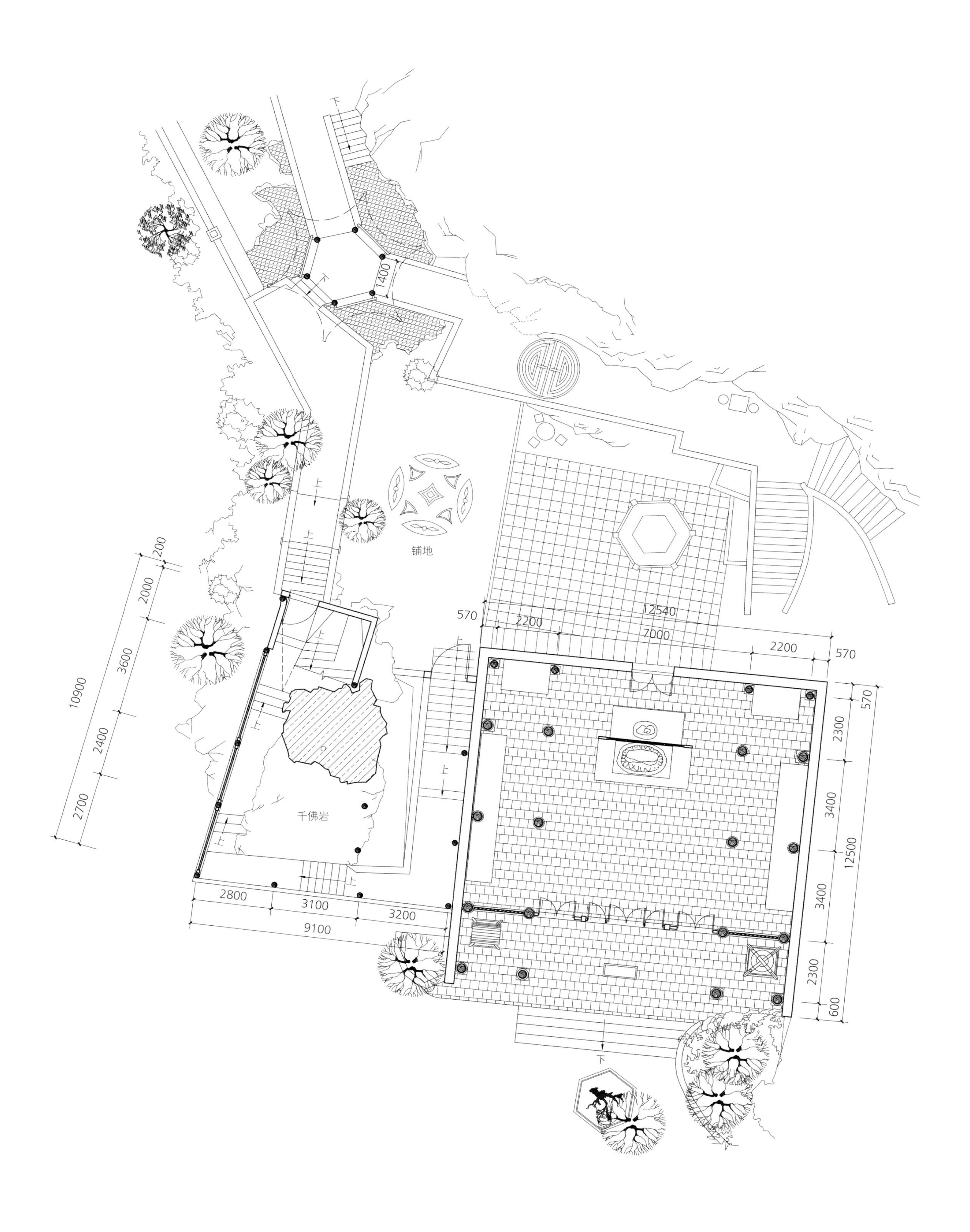

藏经楼、望星楼、三径亭一层平面图

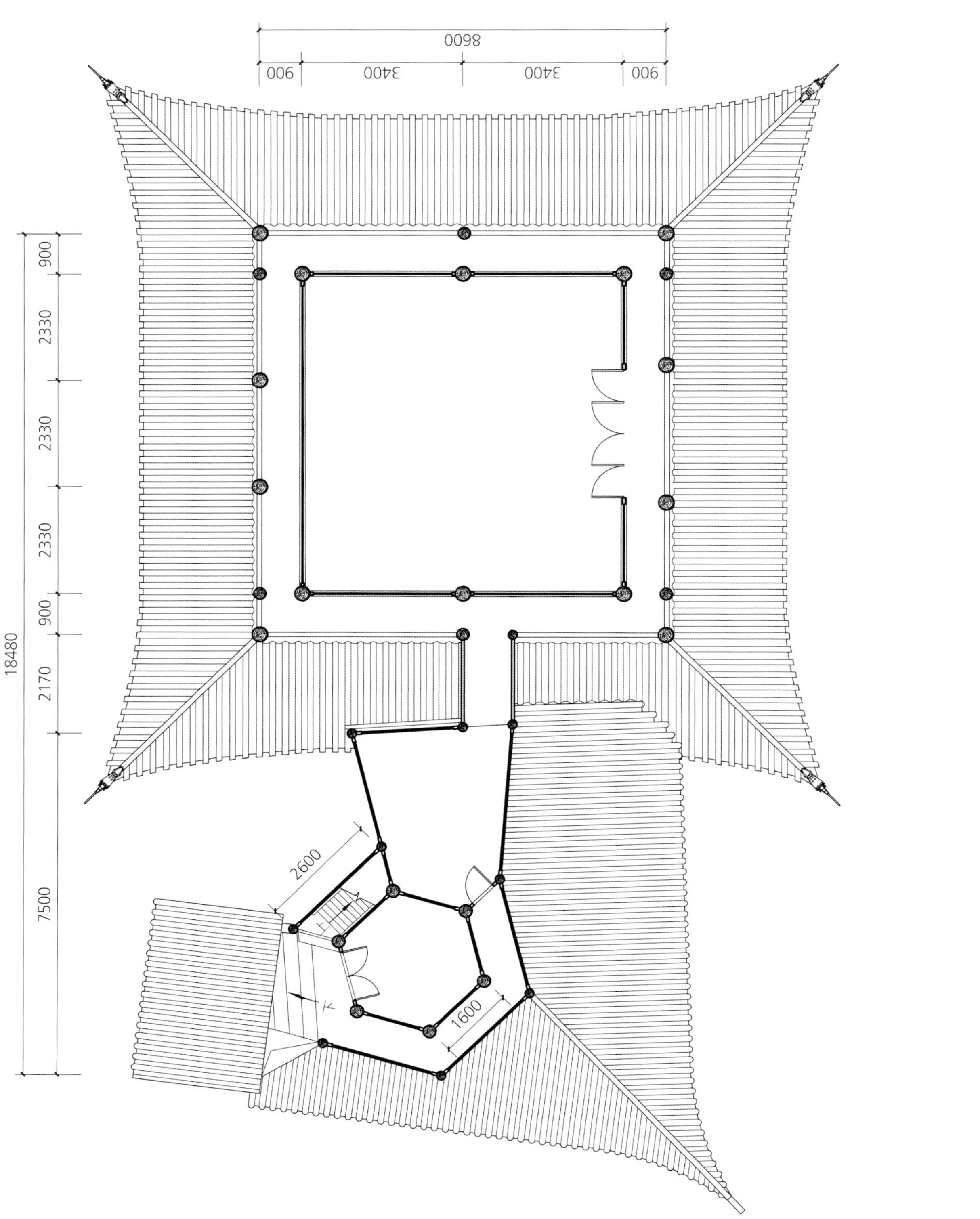

藏经楼、望星楼二层平面图

15.940
14.340
11.510
8.635
5.800
3.920
0.950
±0.000
−2.470
−3.270
−7.300
1600
2830
2875
2835
1880
2970
950
2470
800
4030
藏经楼
0 1 2 3 4 5m

藏经楼、望星楼正立面图

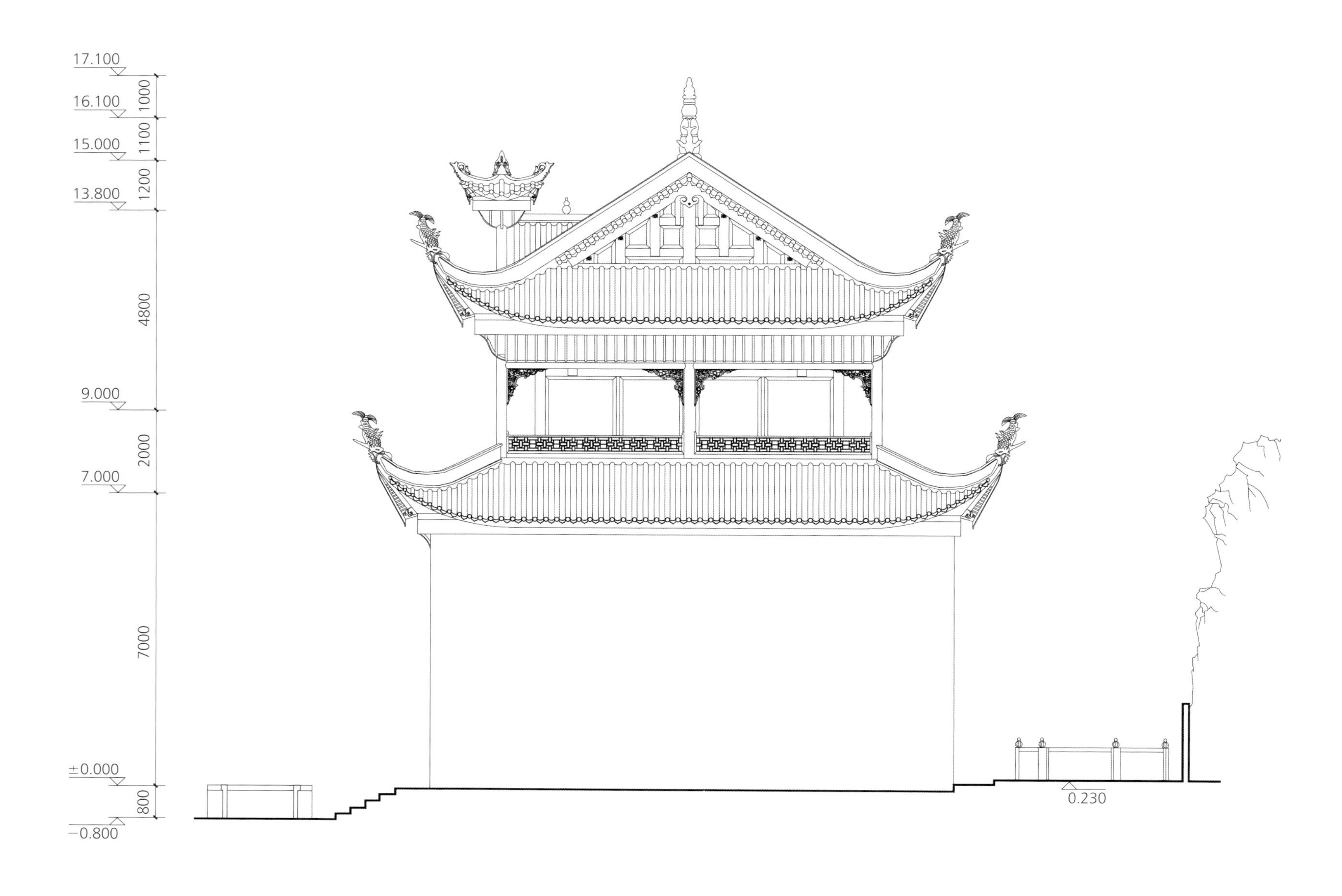
17.100
16.100
15.000
13.800
1000
1100
1200
4800
9.000
2000
7.000
7000
±0.000
800
−0.800
0.230

藏经楼侧立面图

0 1 2 3 4 5m

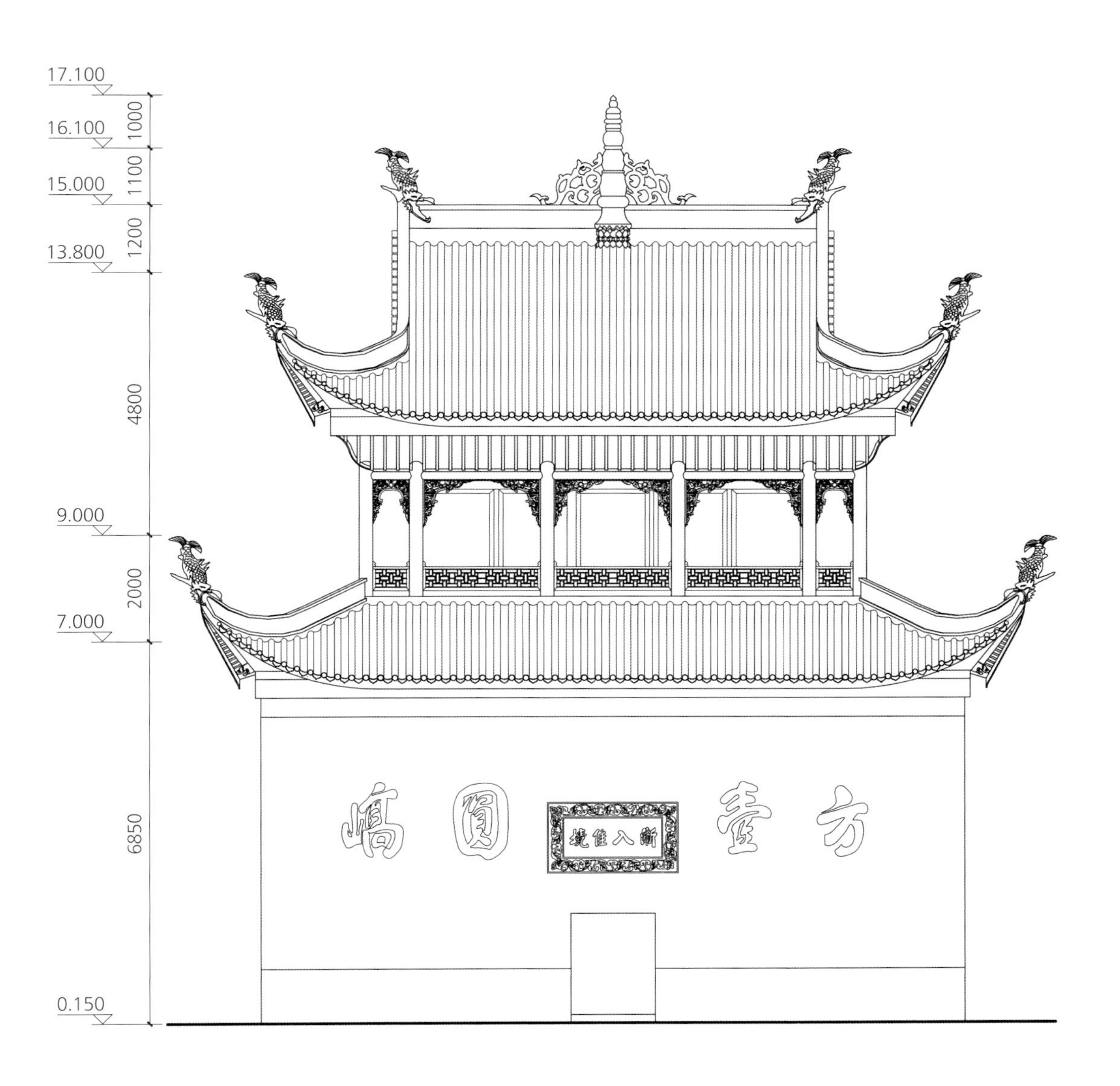
17.100
16.100
15.000
13.800
9.000
7.000
0.150
1000
1100
1200
4800
2000
6850
0 1 2 3 4 5m

藏经楼背立面图

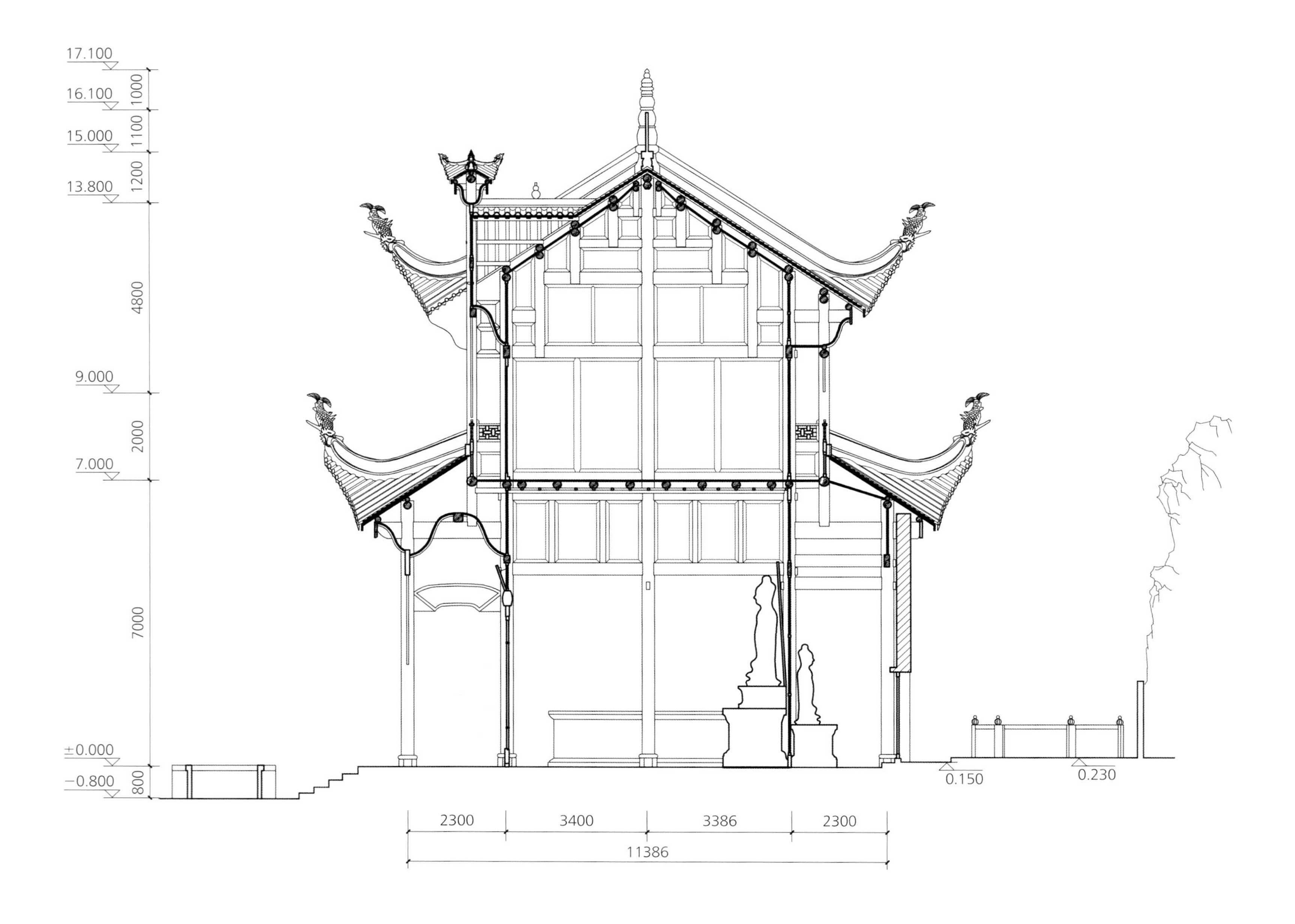

藏经楼剖面图

0 1 2 3 4 5m

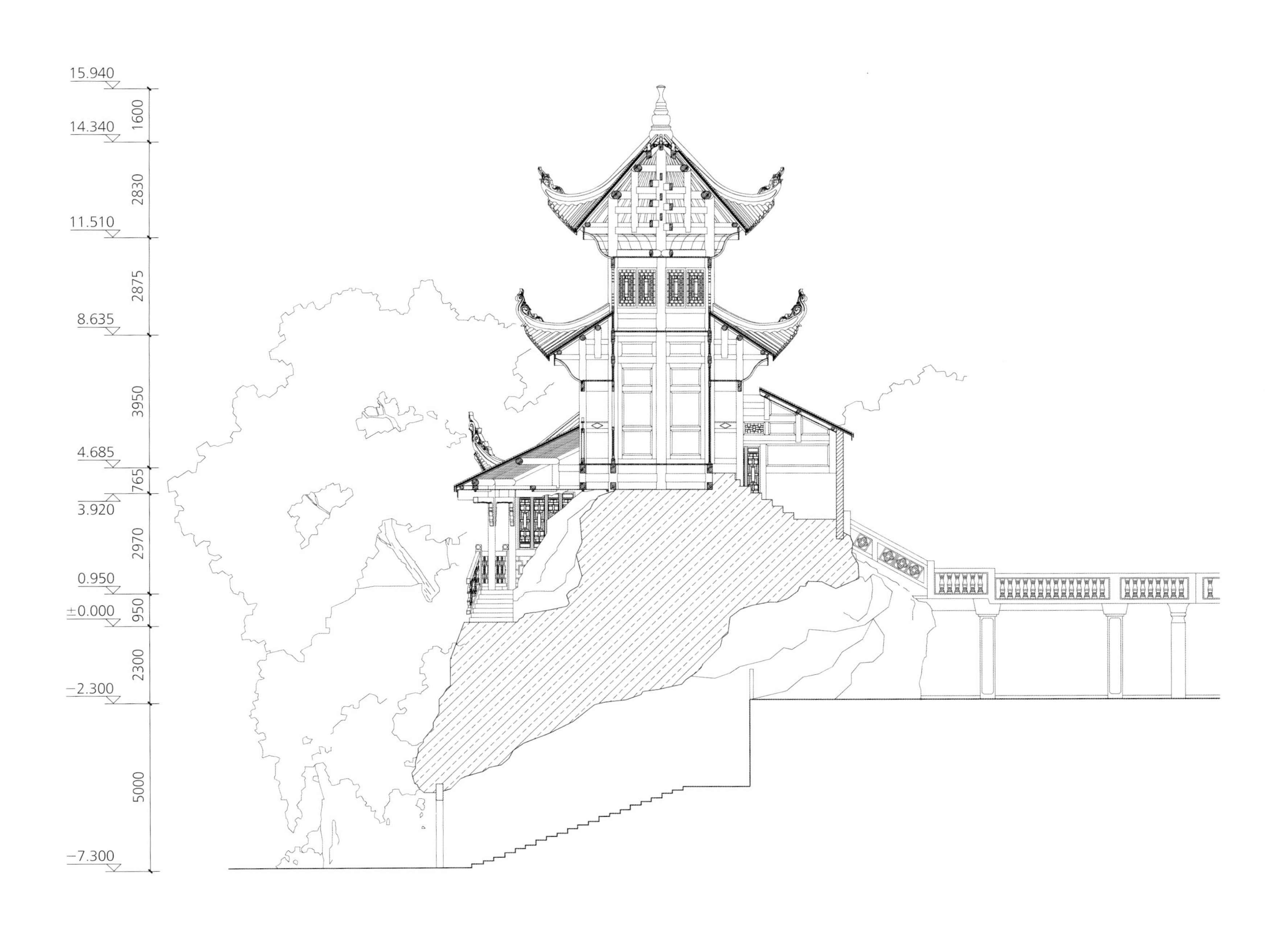
15.940
1600
14.340
2830
11.510
2875
8.635
3950
4.685
765
3.920
2970
0.950
950
±0.000
2300
−2.300
5000
−7.300
0 1 2 3 4 5m

望星楼剖面图

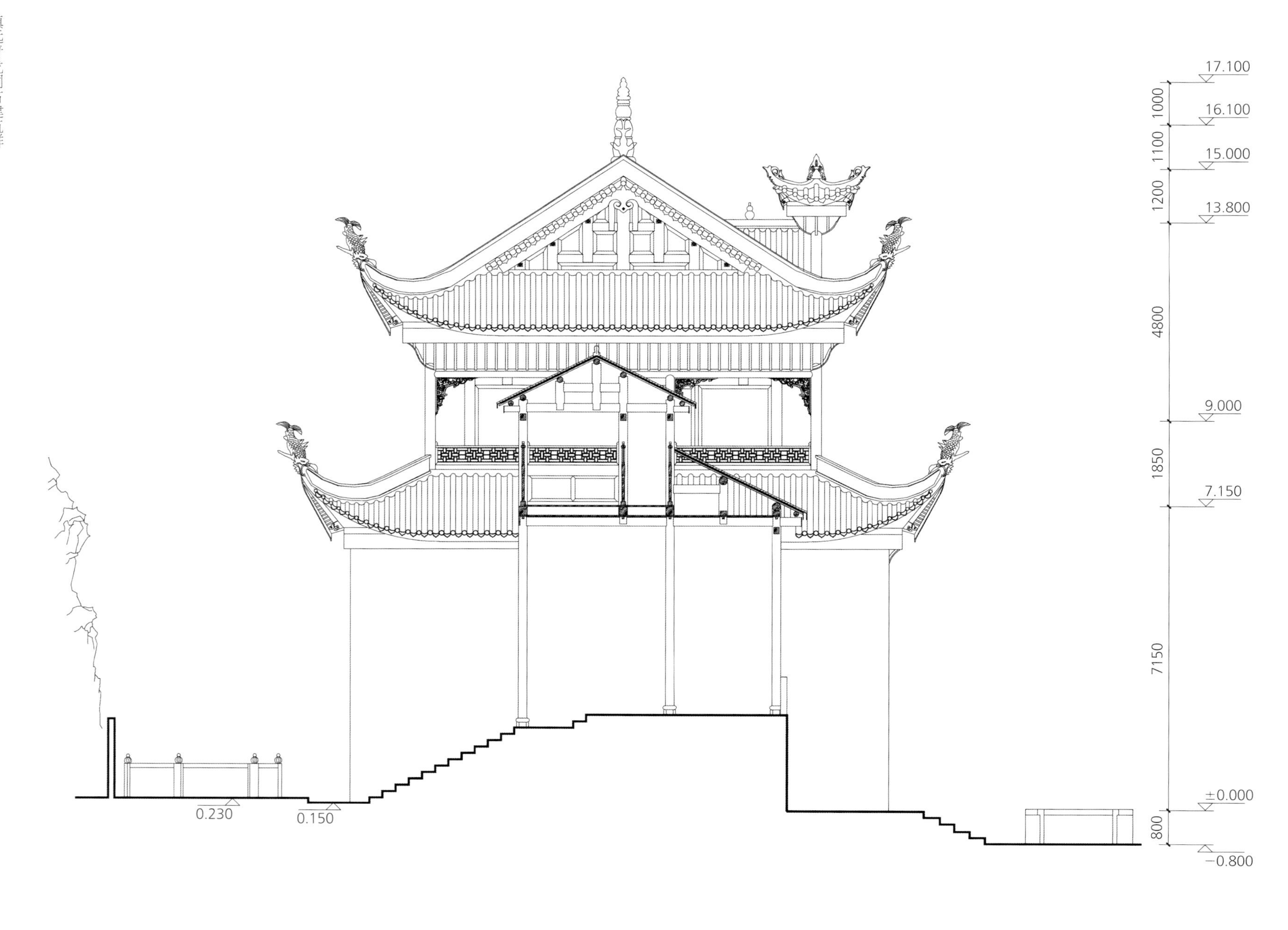

藏经楼与望星楼廊道剖面图

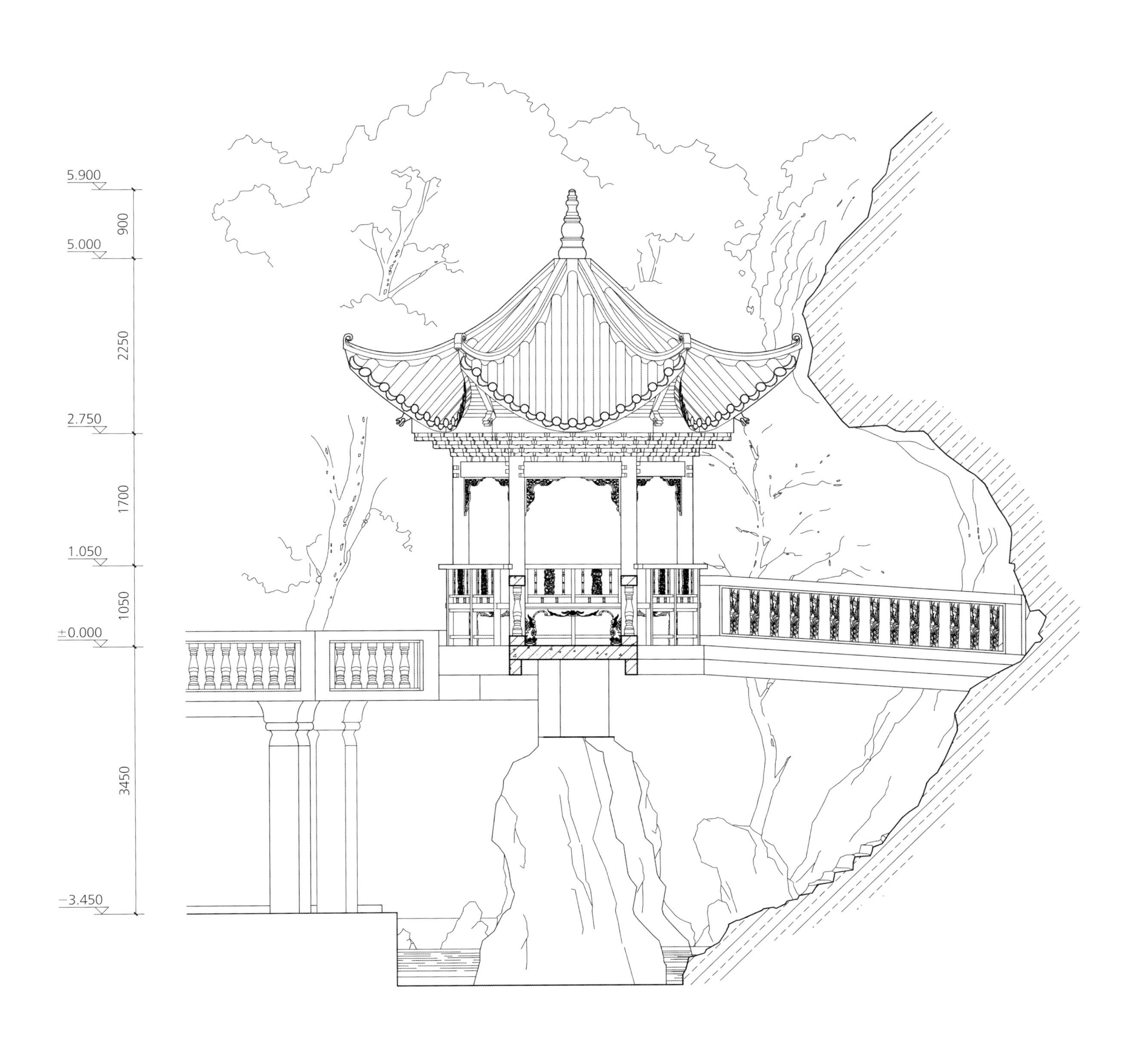

三径亭立面图

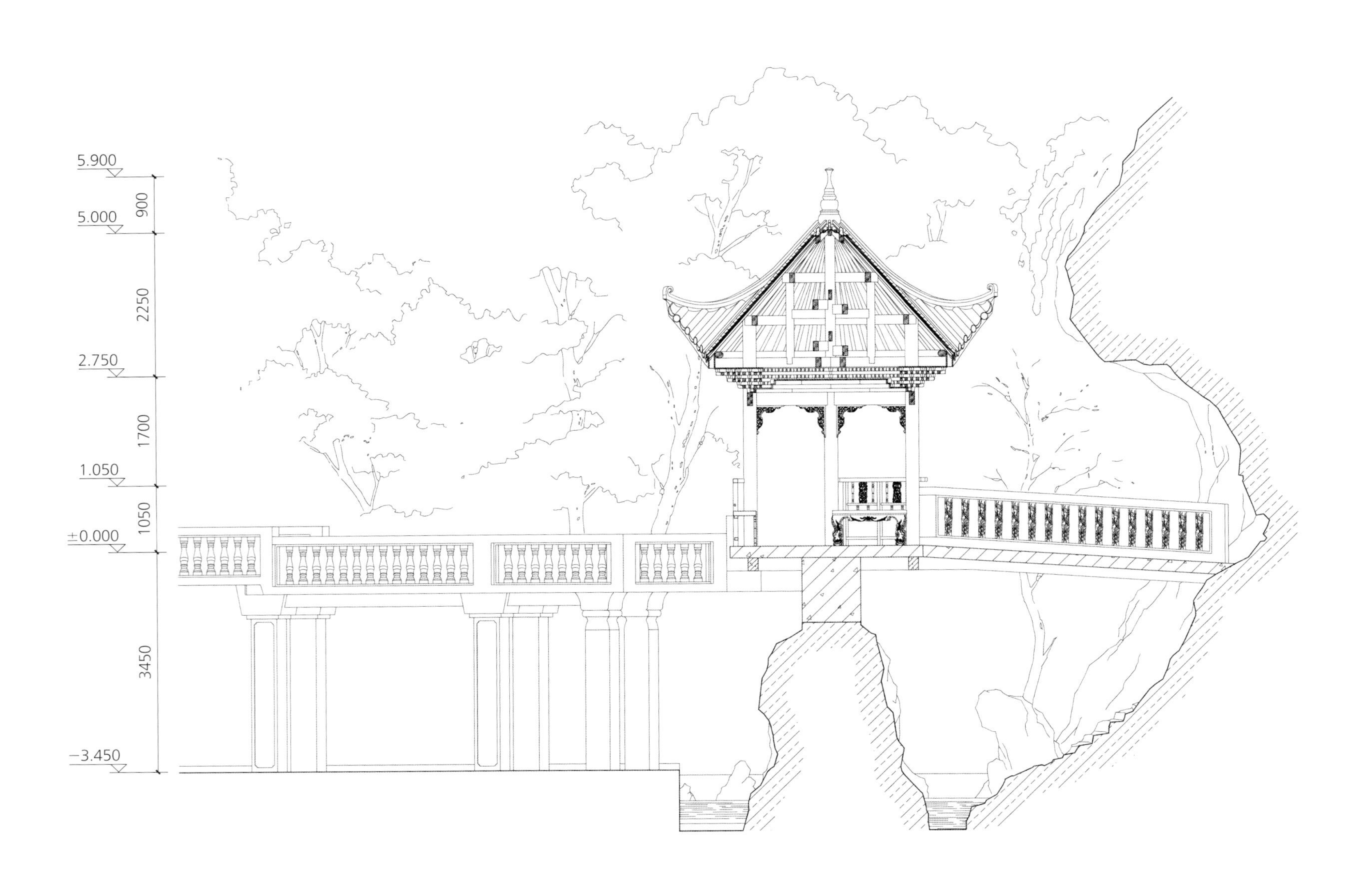

三径亭剖面图

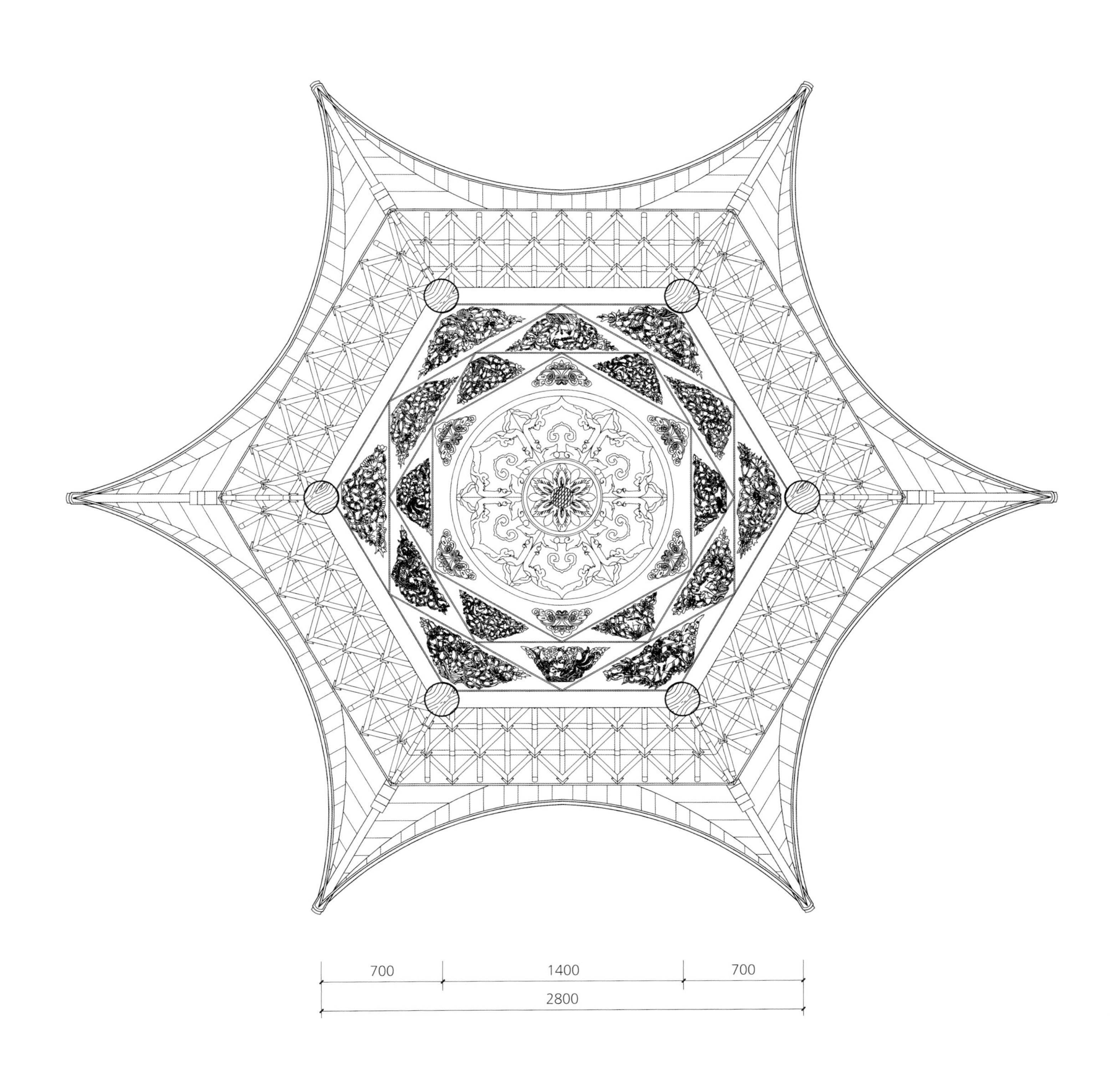

三径亭天棚仰视平面图

0　0.25　0.5　0.75　1m

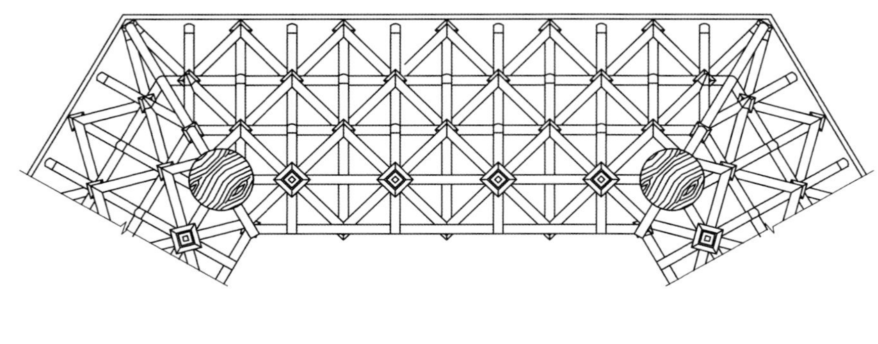

仰视图

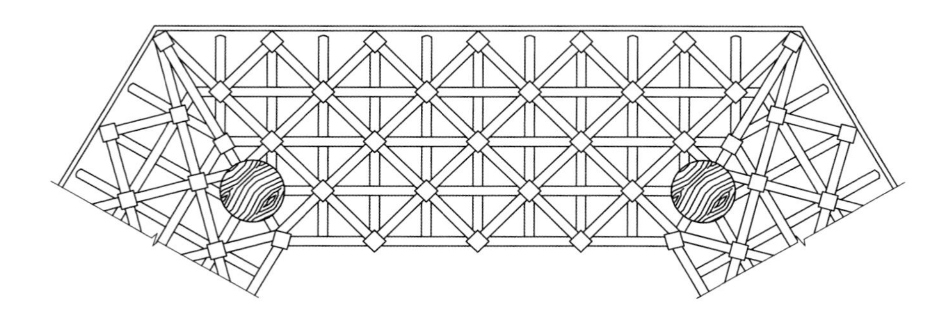

俯视图

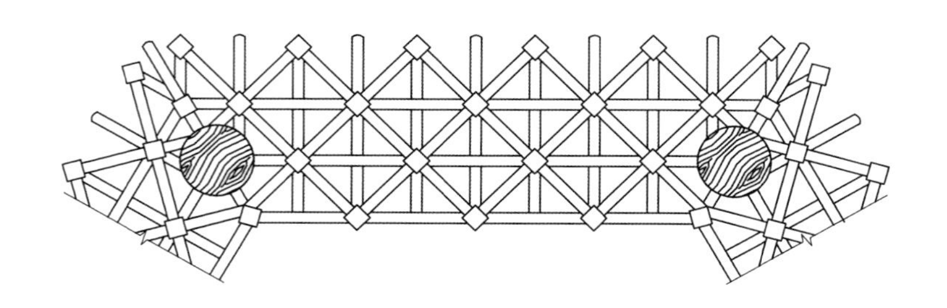

二层平面图

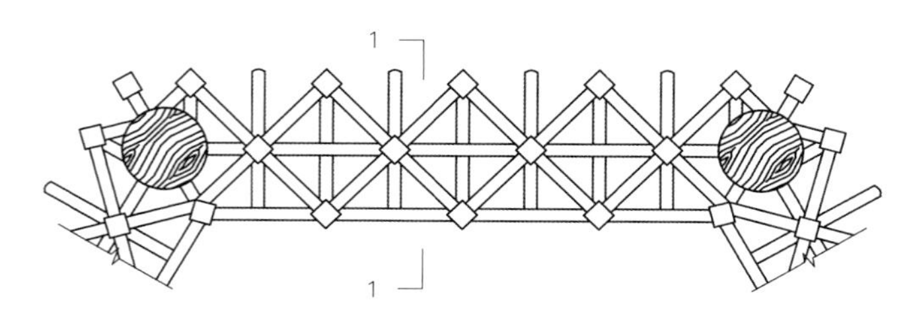

一层平面图

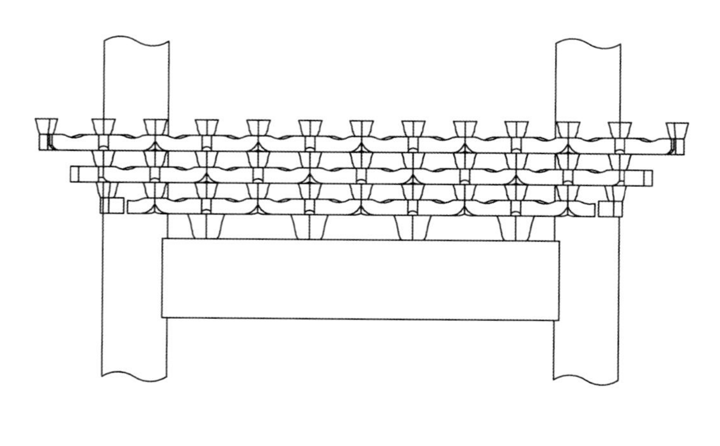

立面图

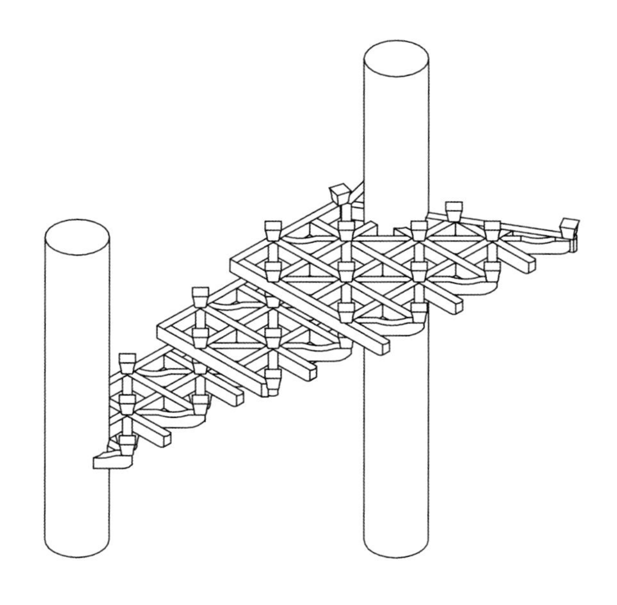

组合示意图

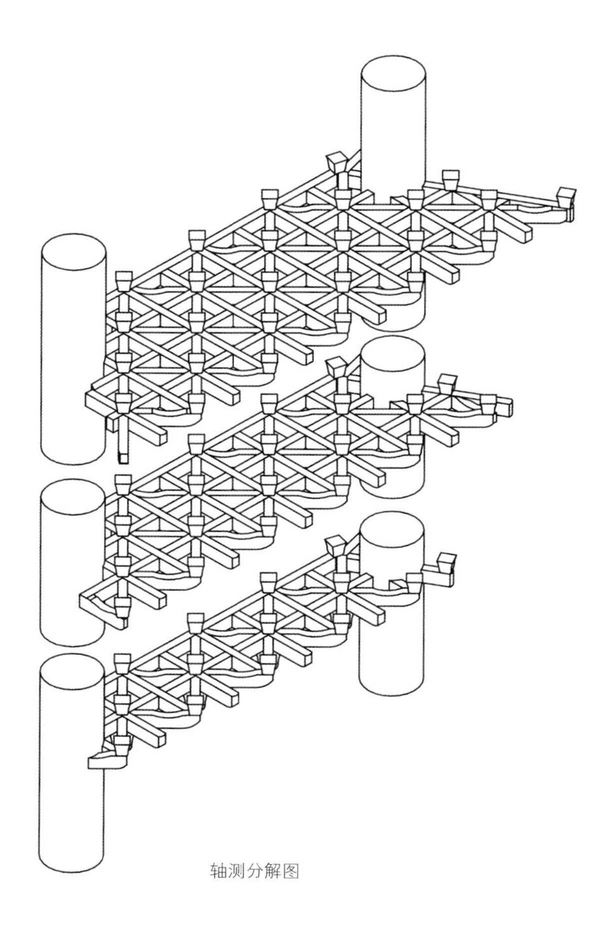

轴测分解图

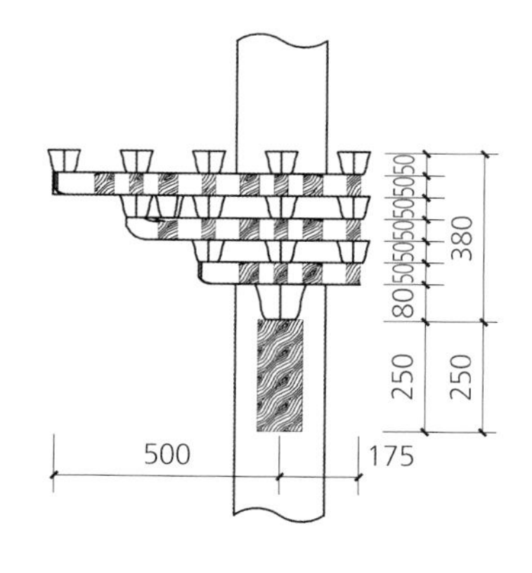

1–1剖面图

三径亭如意斗栱大样图

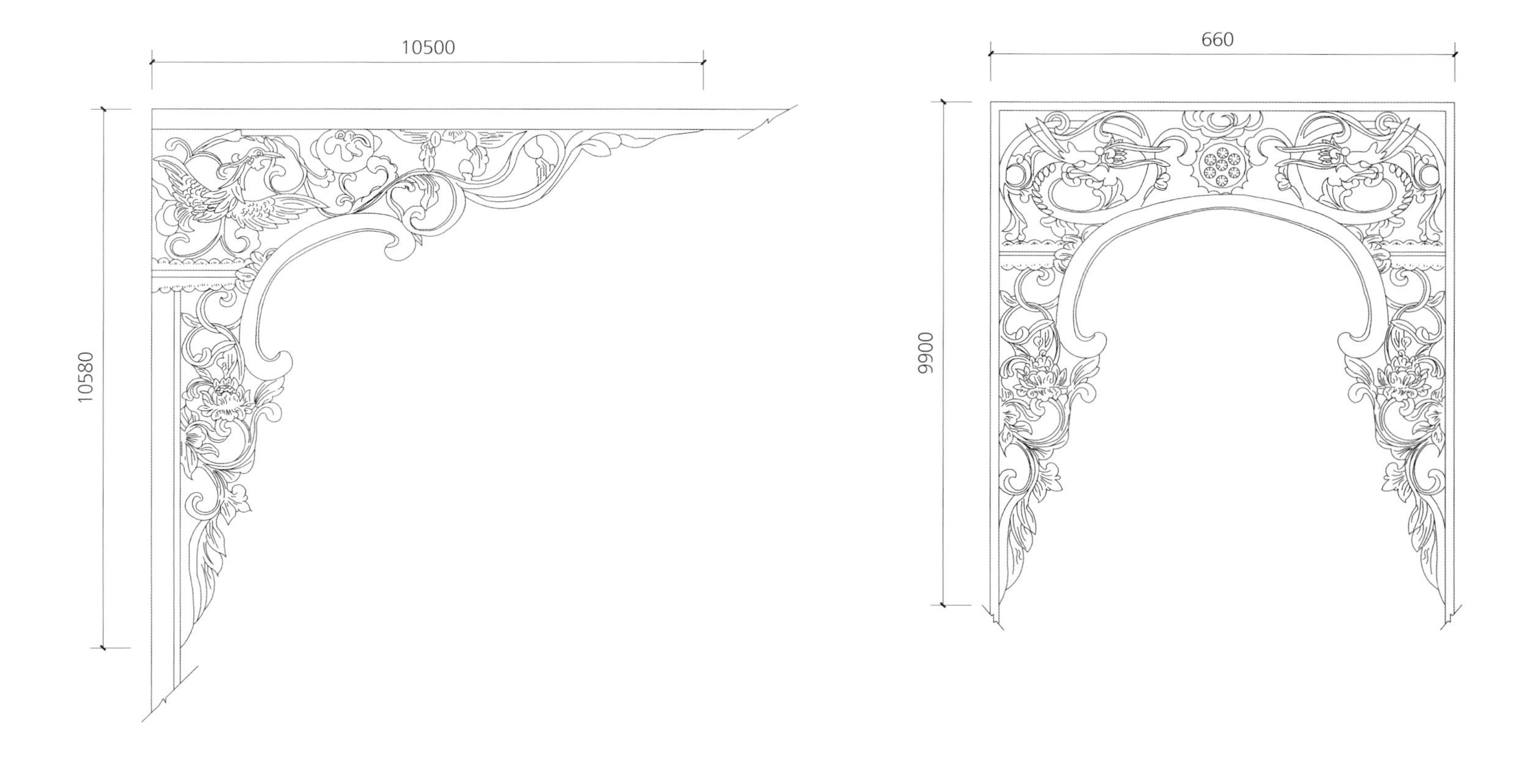

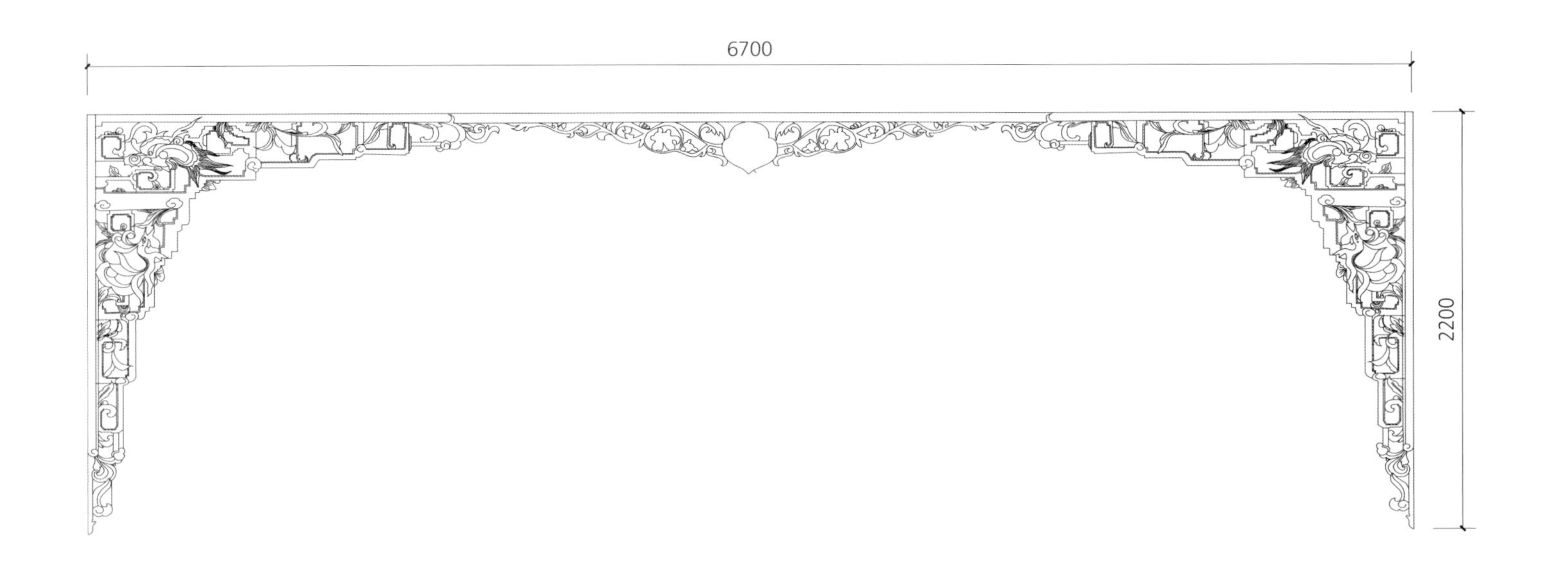

藏经楼挂落饰样图

六角亭

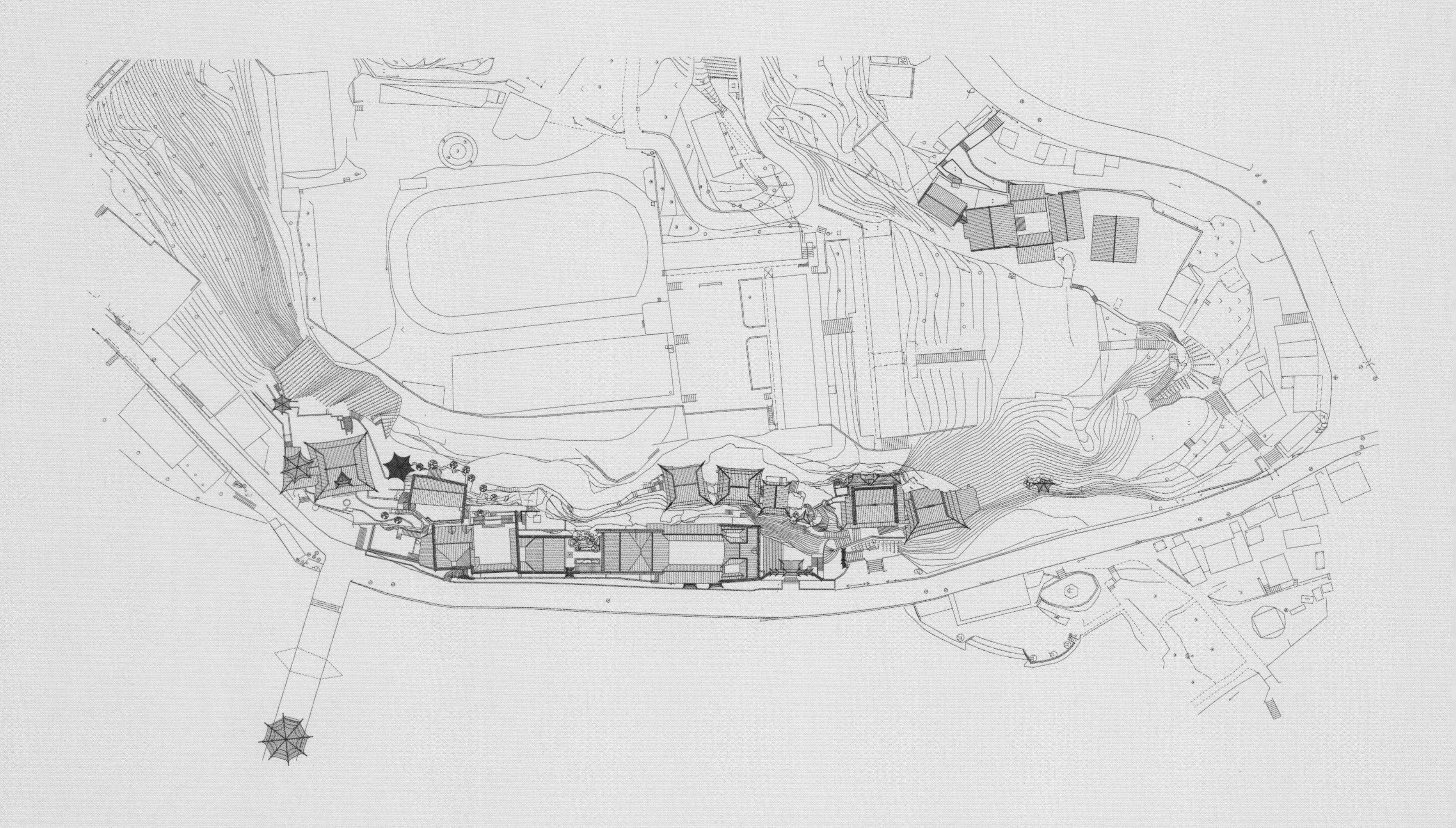

六角亭紧靠中元洞山腰平台，素筒瓦屋面攒尖屋顶。外檐下饰以如意斗栱，斗为方尊形，栱成45度排列，栱头间隔雕饰花卉纹饰；内檐天棚为六边形藻井。檐柱周边置以美人靠，亭中有六边形石桌，方形青石铺地。

六角亭

六角亭如意斗栱（一）

六角亭如意斗栱（二）

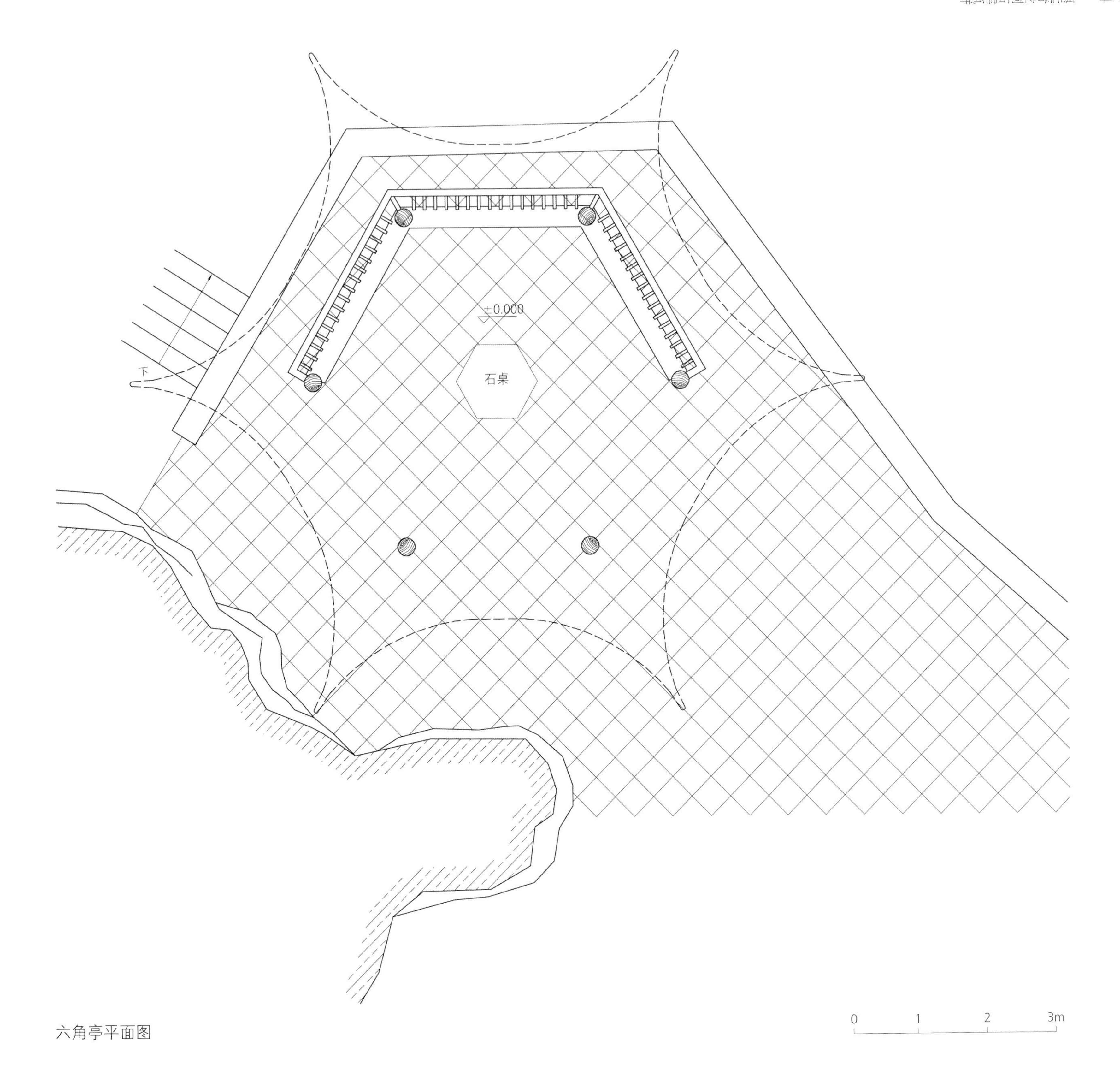

六角亭平面图

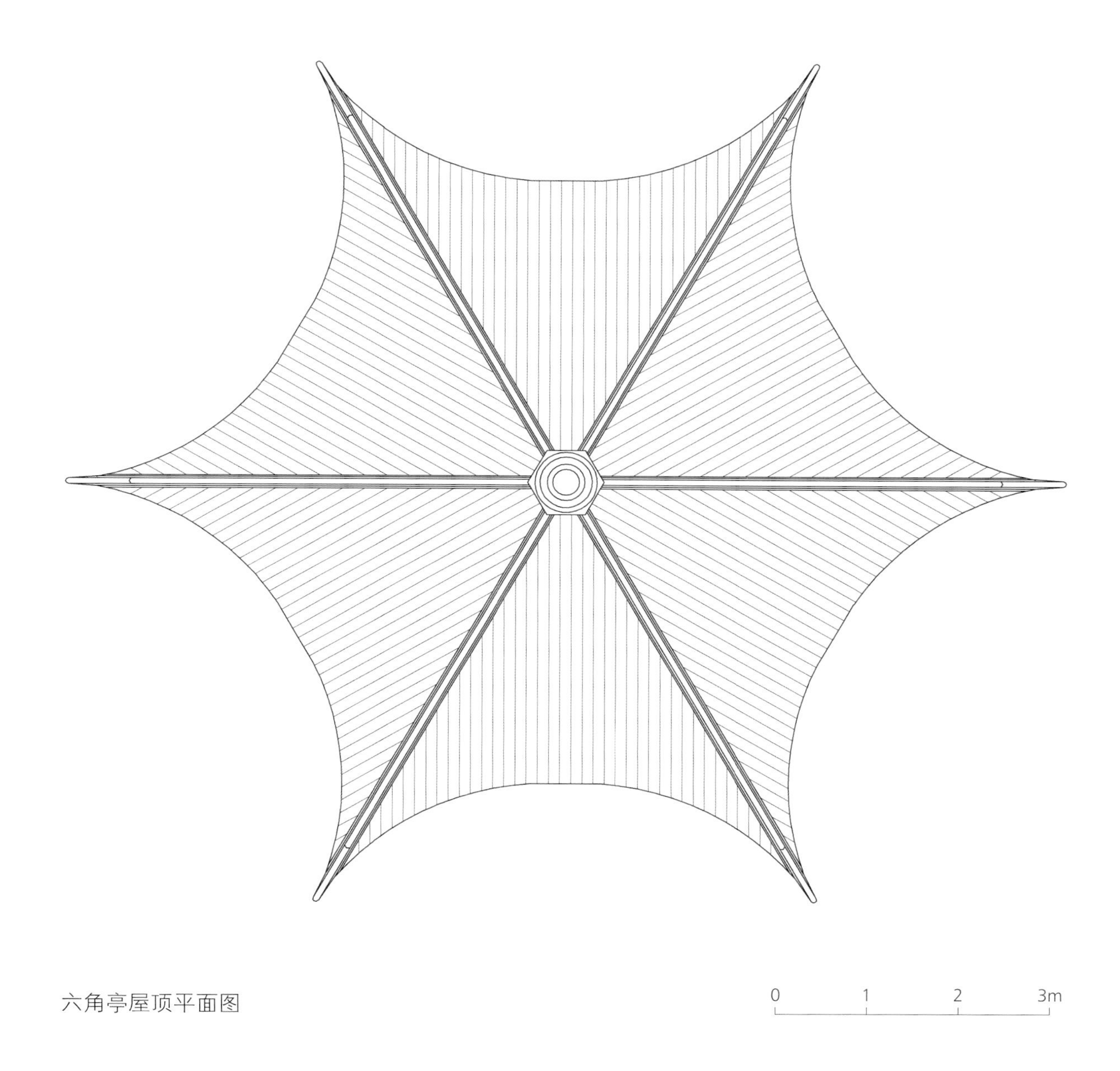

六角亭屋顶平面图

六角亭仰视图

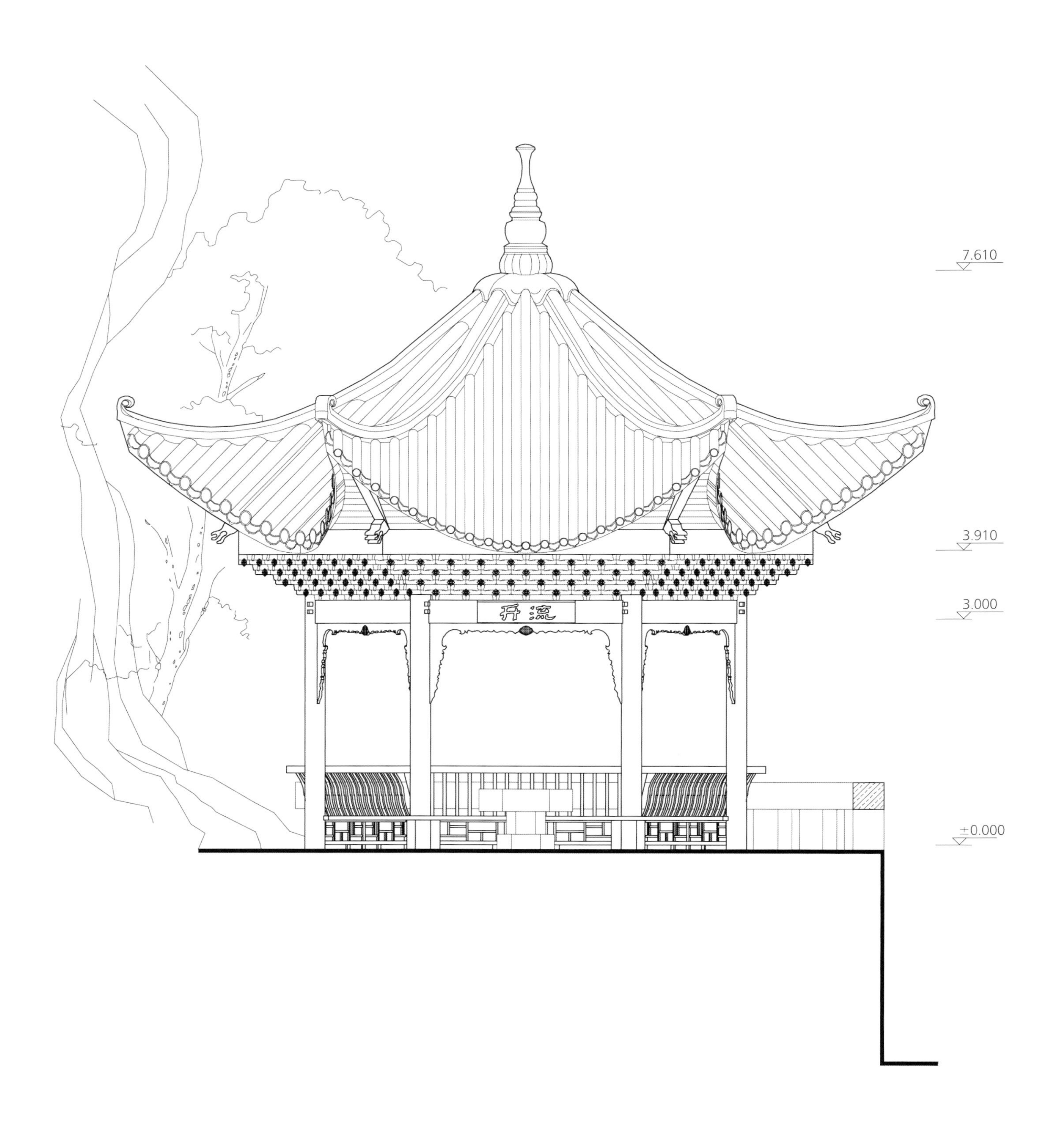

六角亭正立面图

0 1 2 3m

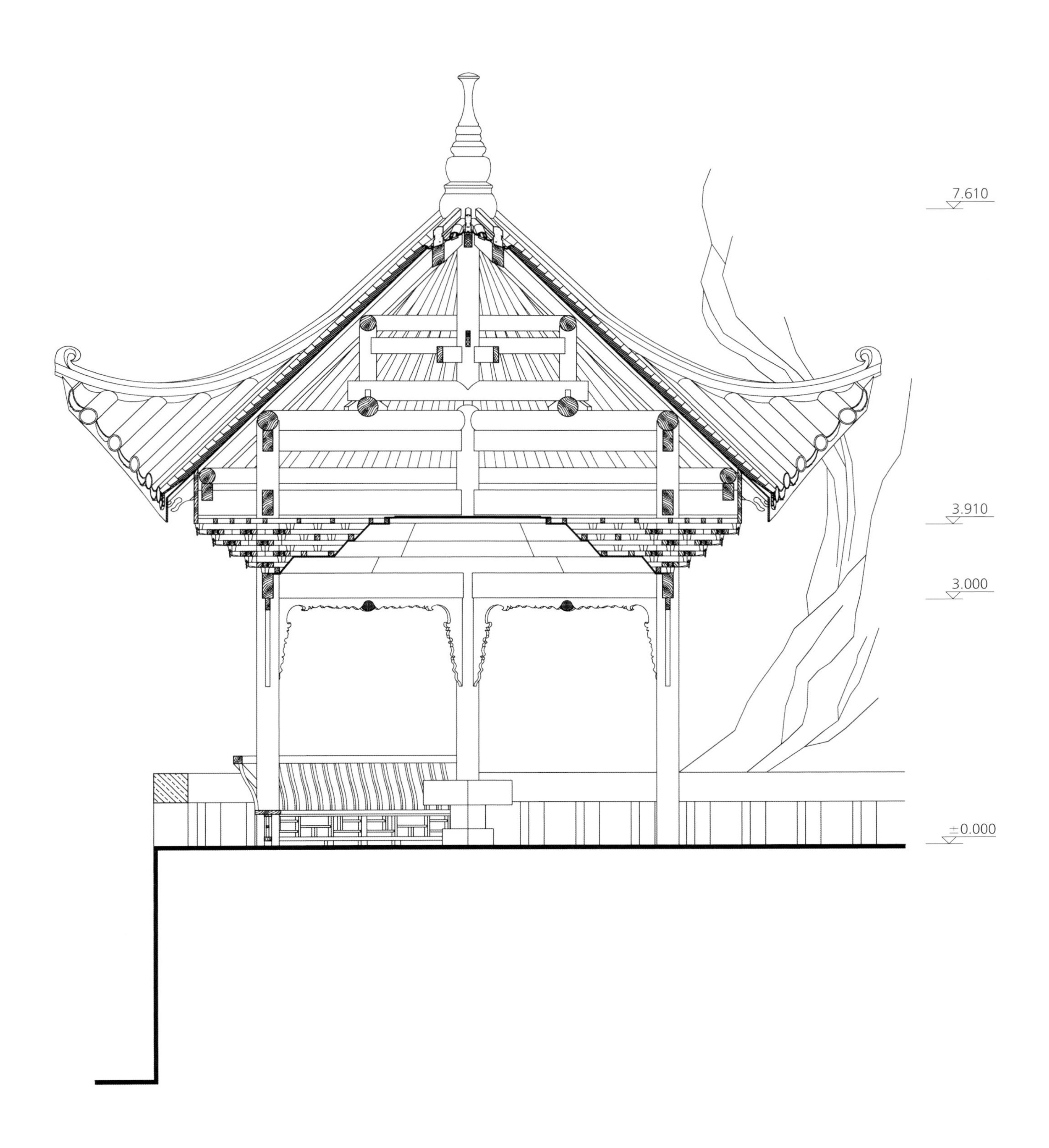

六角亭剖面图

0 1 2 3m

紫阳洞建筑群

紫阳洞又称紫阳书院，主要由考祠、圣人殿、老君殿和谐趣亭等建筑组成。建筑群高悬于崖壁山腰凹进的台地上，西面的考祠与老君殿并列布置于台地的边缘，北面的圣人殿紧靠崖壁，南面台地边缘有凸出的巨石围合，与东面外倾的崖壁围合成庭院空间。建筑群南面有蜿蜒曲折的爬山梯道，经过石构门洞进入紫阳洞庭院；北面通过崖壁梯道经圣人殿的吊脚下空通往中元洞建筑群。建筑运用筑台、出挑与吊脚等手法，楼阁高耸险峻，位置突出，构成整个青龙洞古建筑群体的视觉中心。

紫阳洞建筑群

紫阳洞入口庭院

老君殿

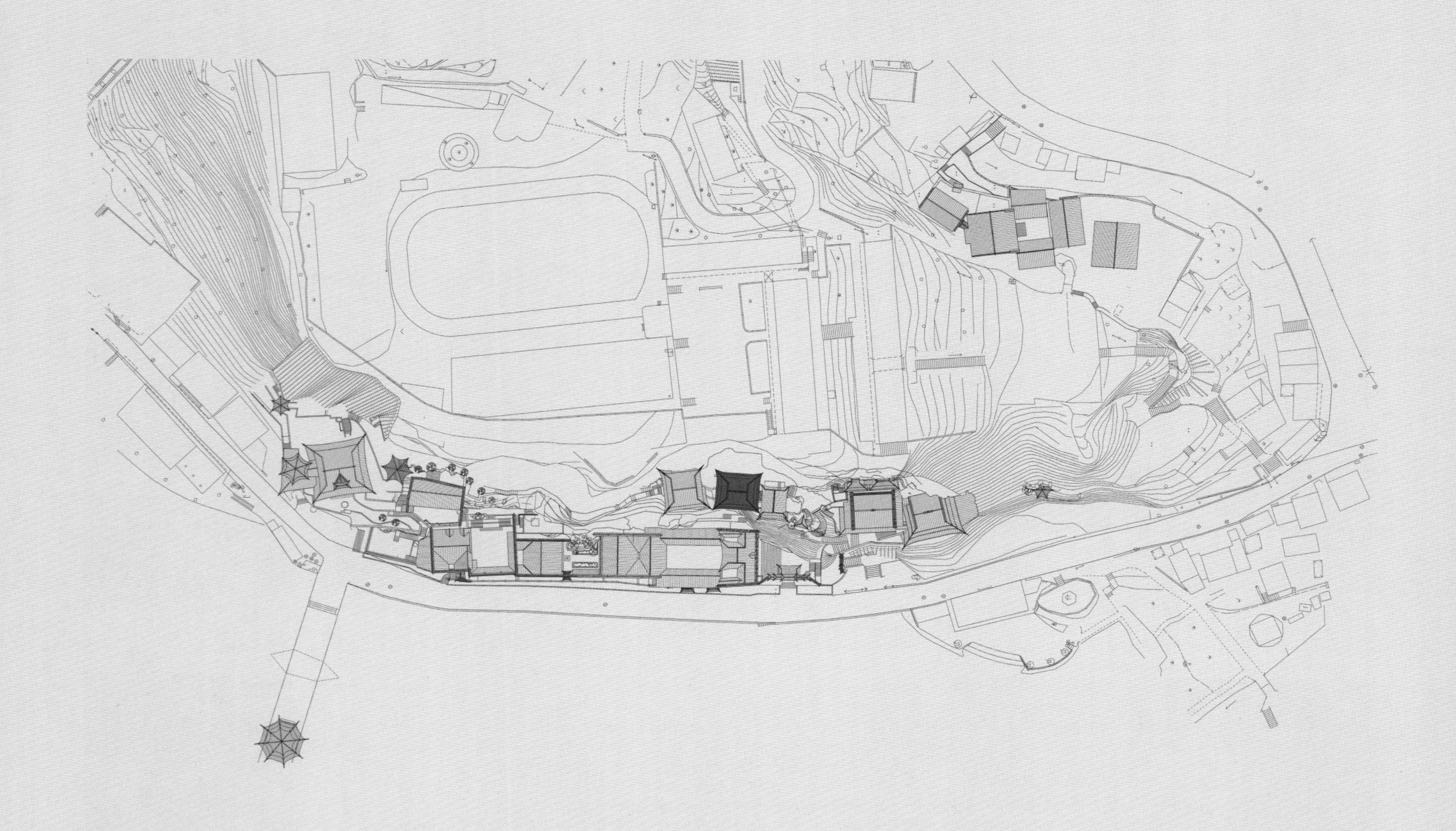

老君殿为三层楼阁式建筑，正面朝西面向濑阳河。底层面阔三间，不设门窗，全部架空，迎江面的立柱高低错落架设在凸出地面的岩石上，通过室外踏步进入二层楼阁；二层楼面退进一步架，形成四周环绕的檐廊；三层檐柱向内退进一步架，正面和侧面三面有外廊环绕。整个建筑由下往上层层内收，每层均有腰檐环绕，形成三重檐的楼阁建筑，正面檐下悬挂“紫气东来”匾额，是青龙洞古建筑群最具气势的楼阁式建筑。

老君殿

老君殿与青龙洞崖壁

老君殿吊脚楼

老君殿吊脚楼

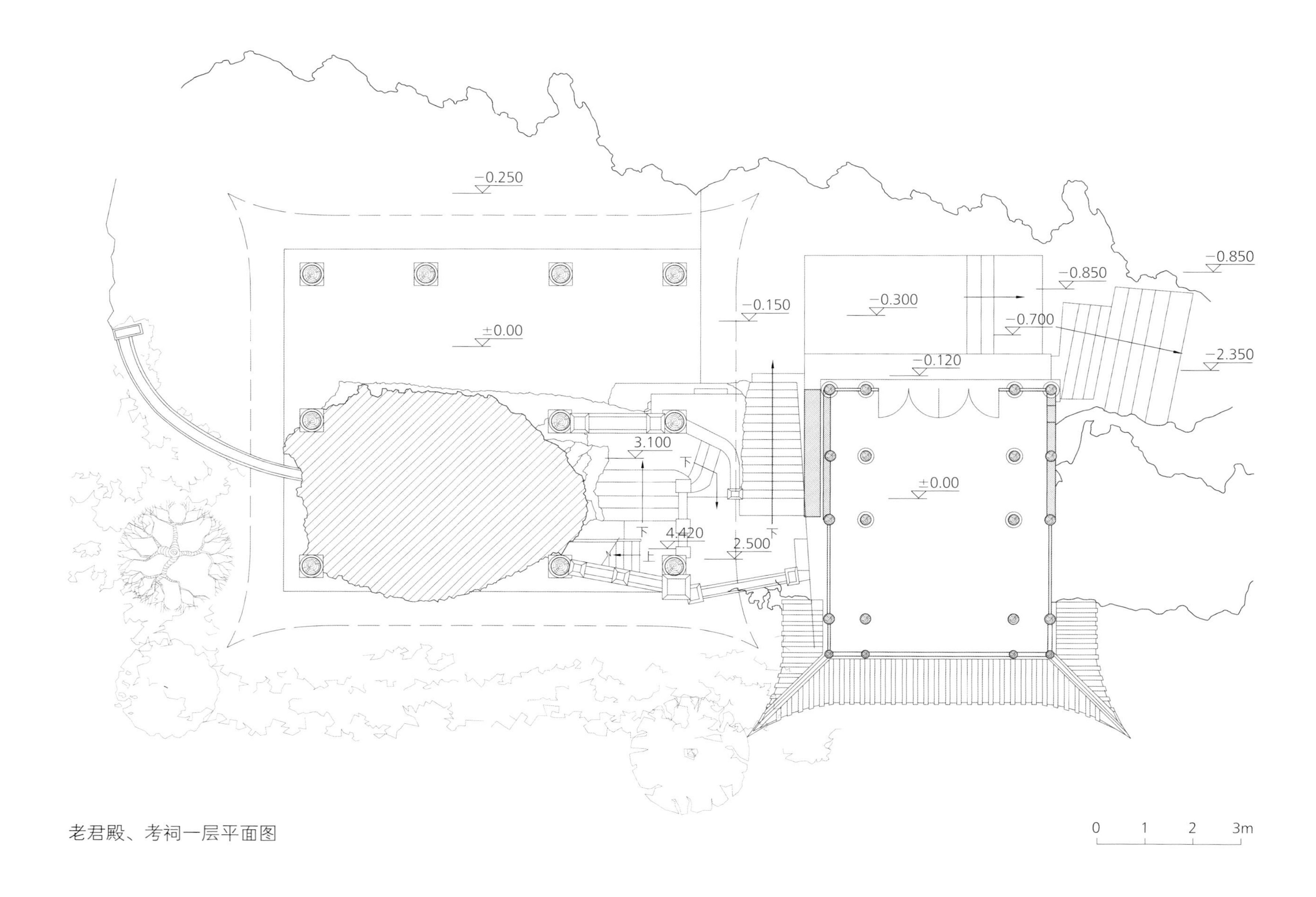

老君殿、考祠一层平面图

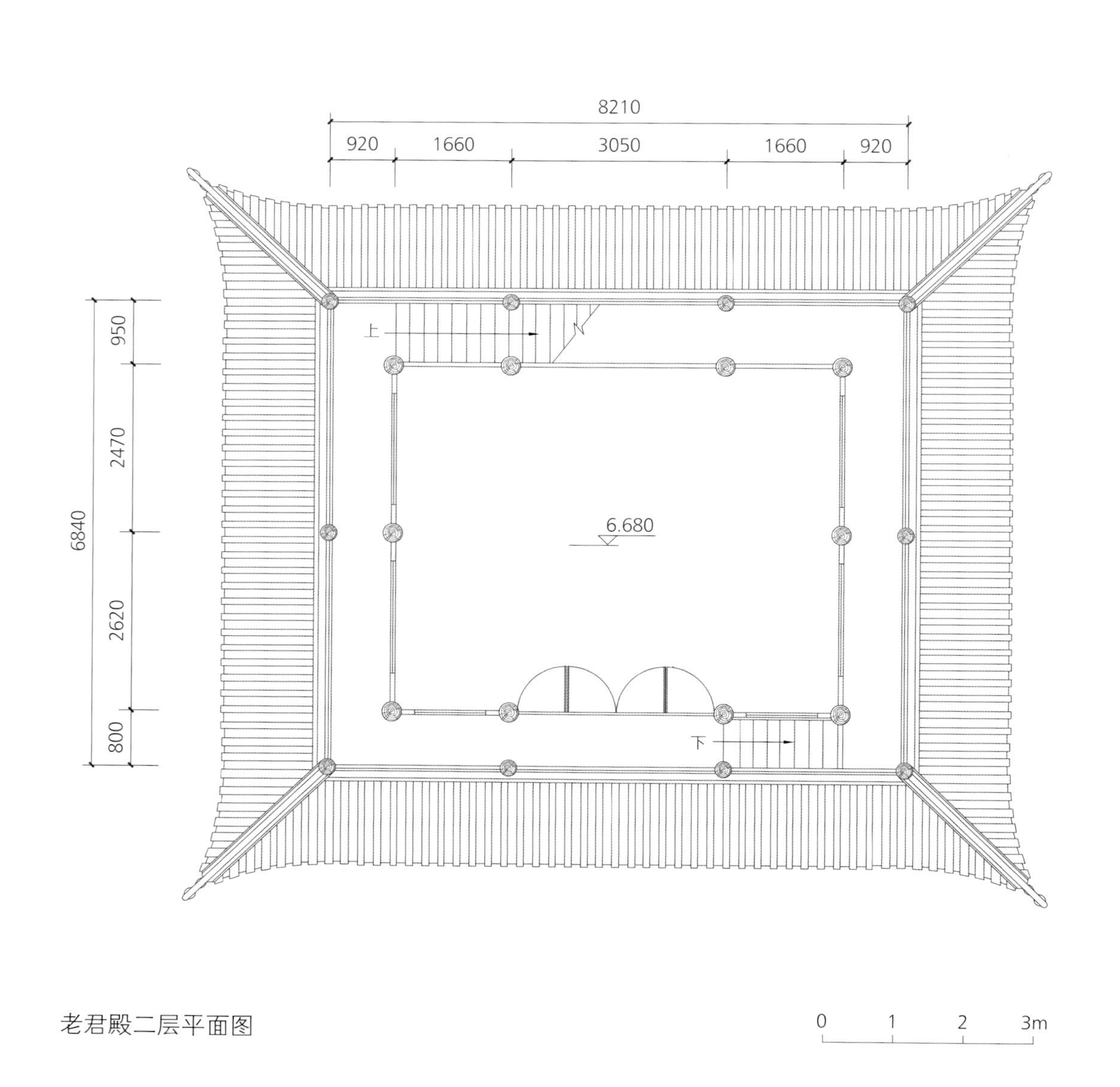

老君殿二层平面图

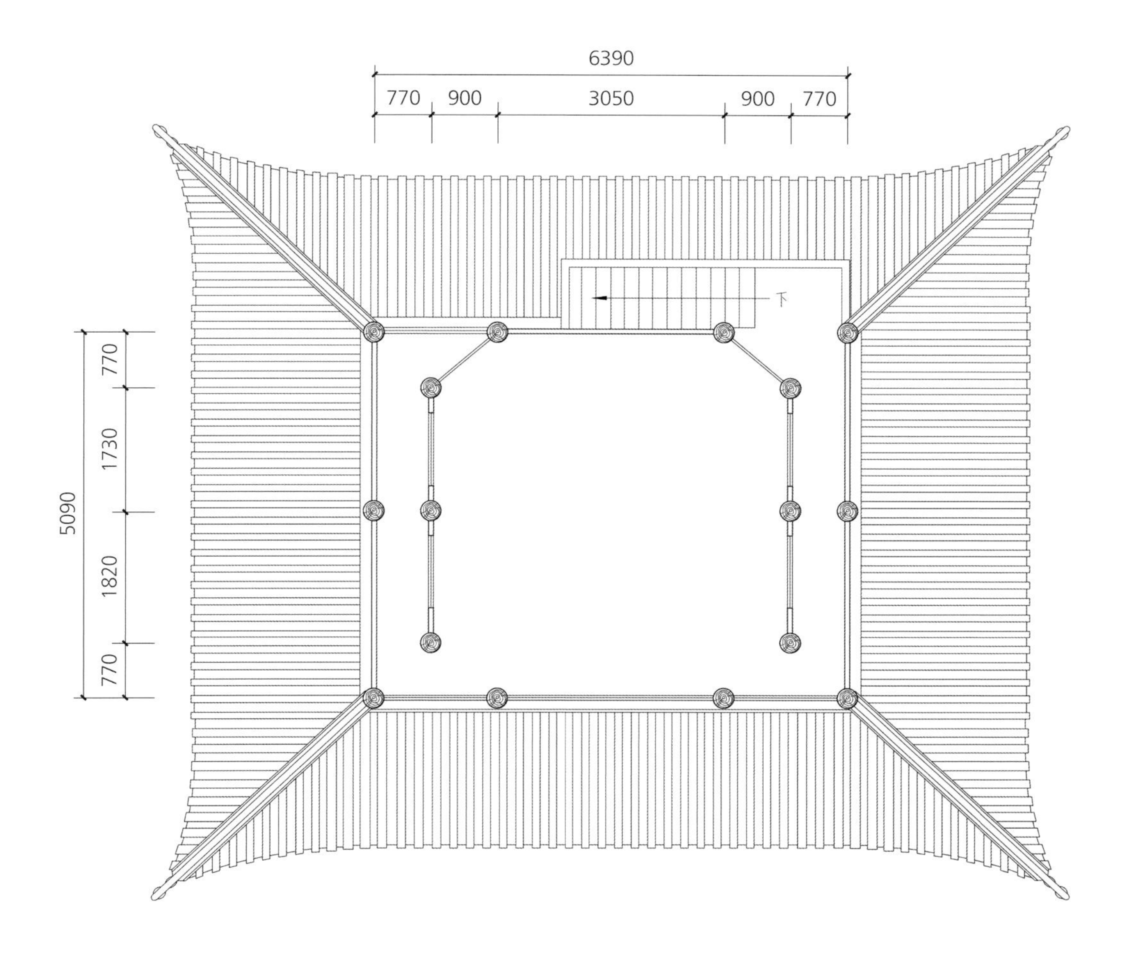

老君殿三层平面图

0 1 2 3m

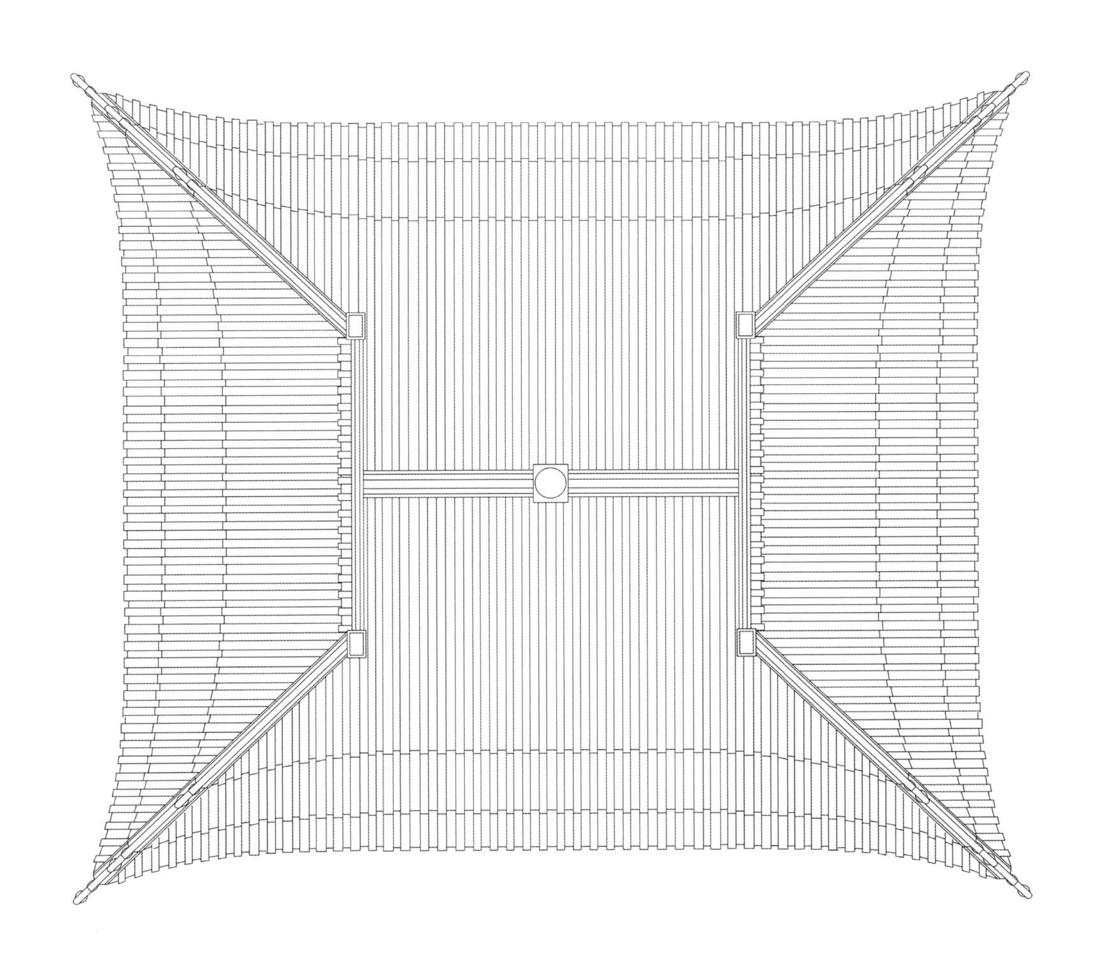

老君殿屋顶层平面图

0 1 2 3m

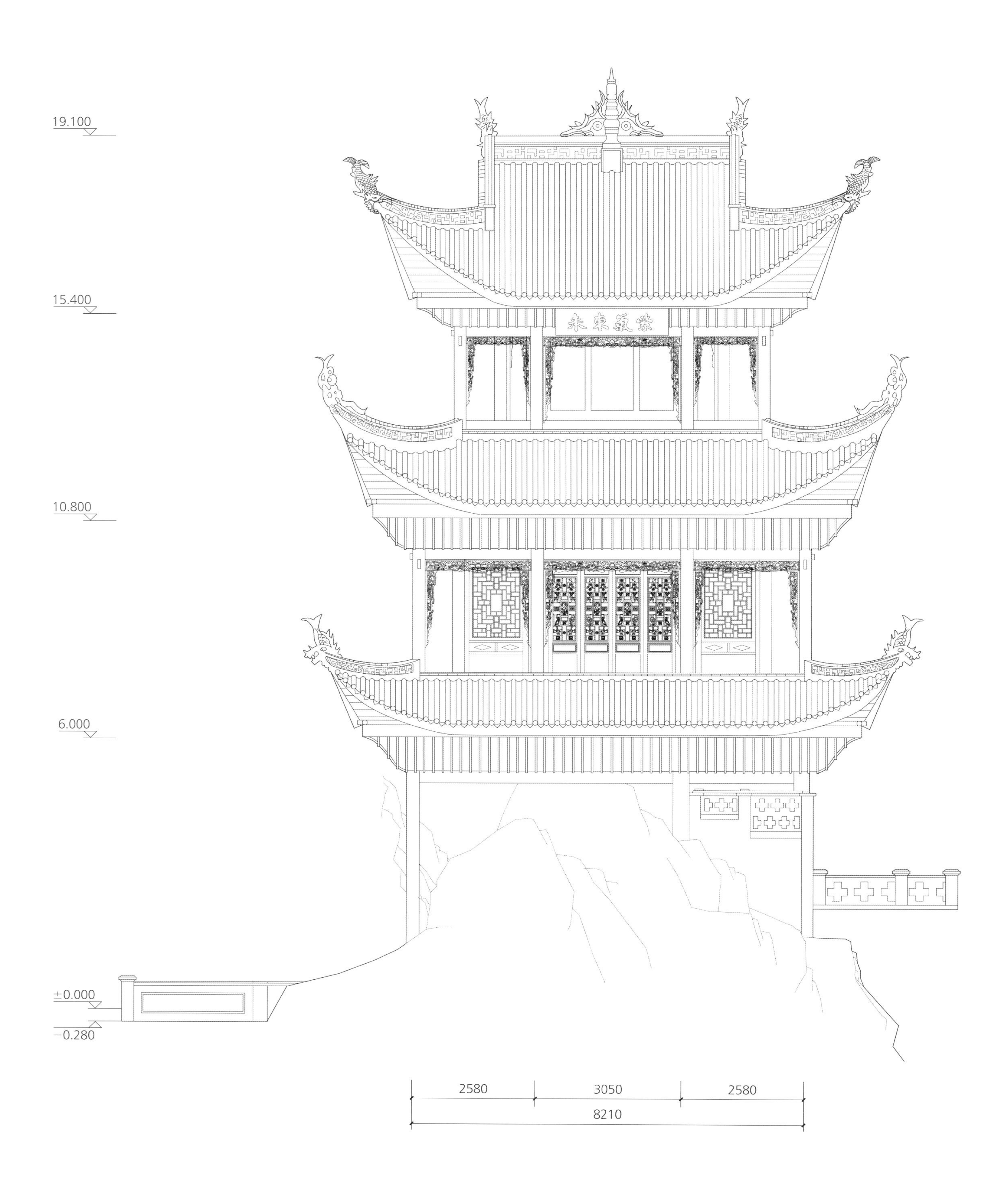

老君殿正立面图

0 1 2 3m

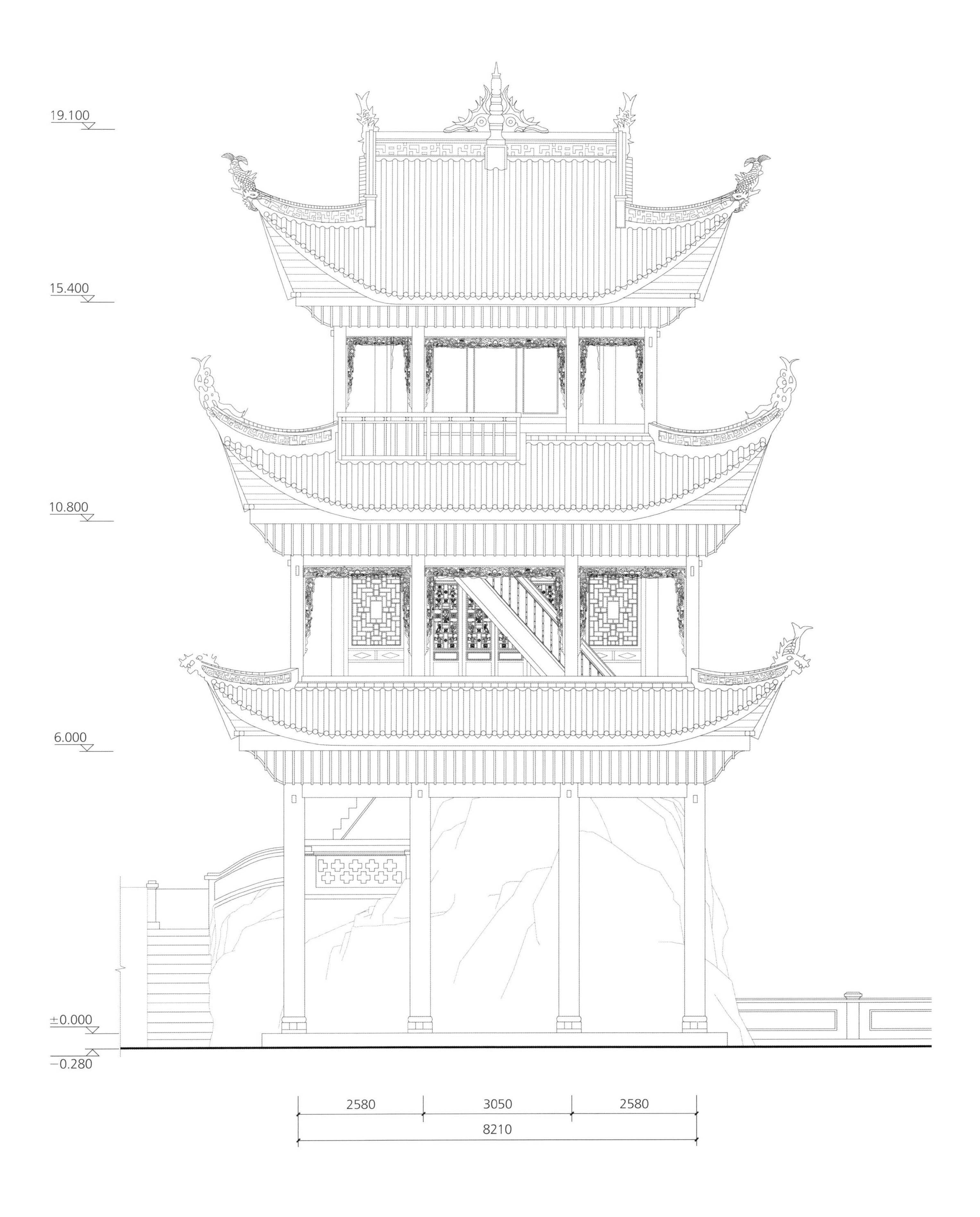

老君殿背立面图

0 1 2 3m

老君殿侧立面图

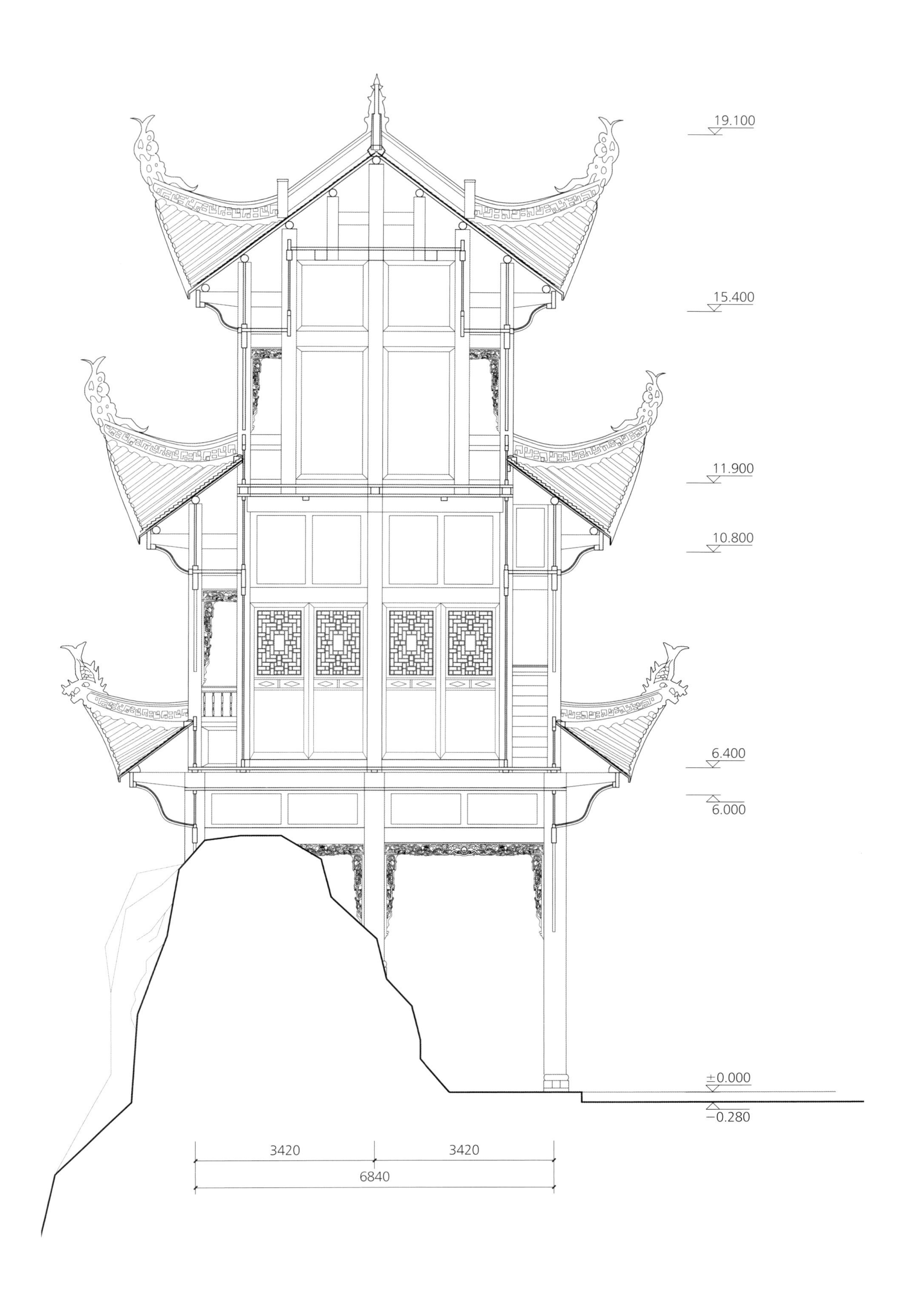

老君殿明间剖面图

0 1 2 3m

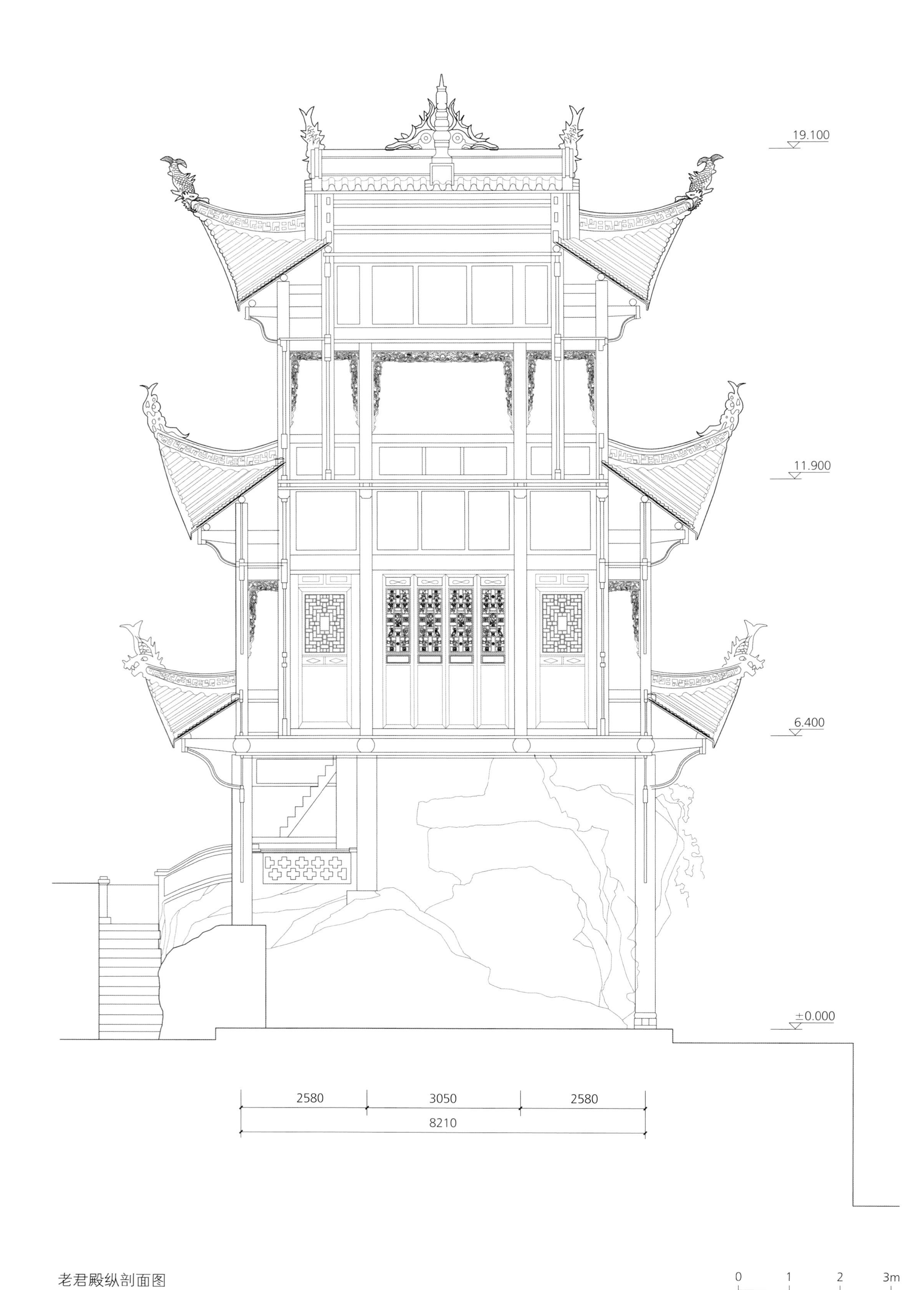

老君殿纵剖面图

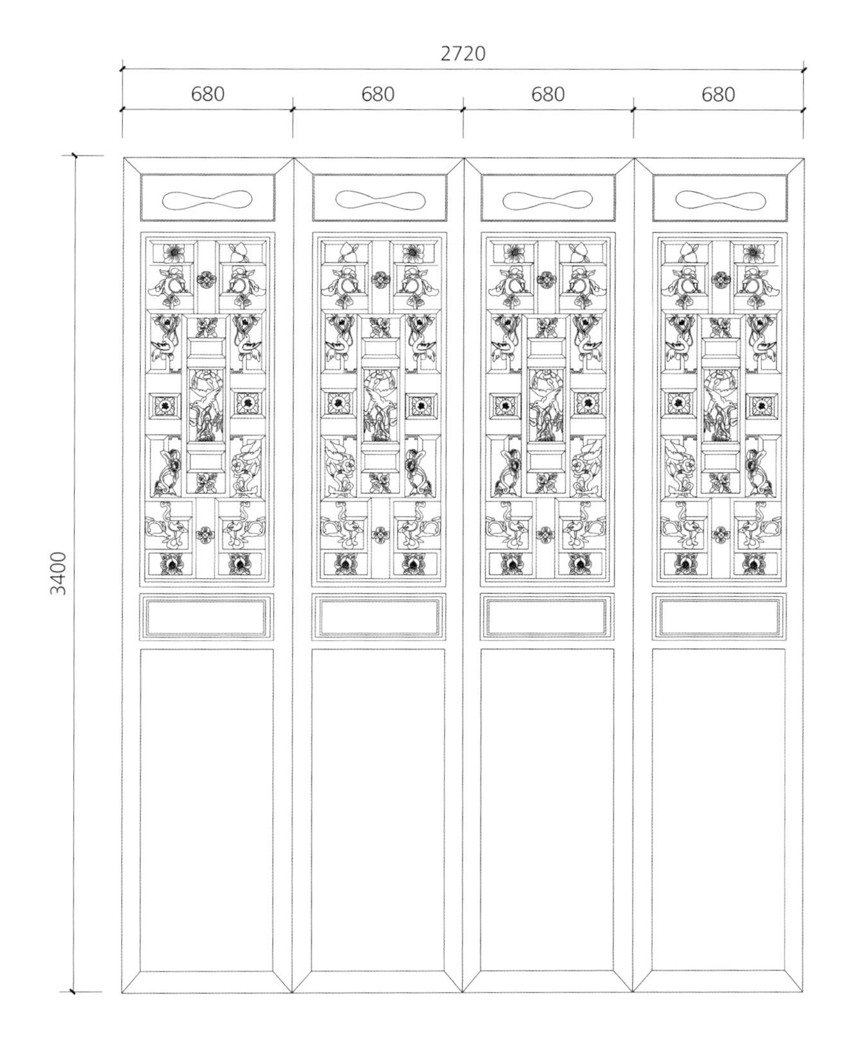

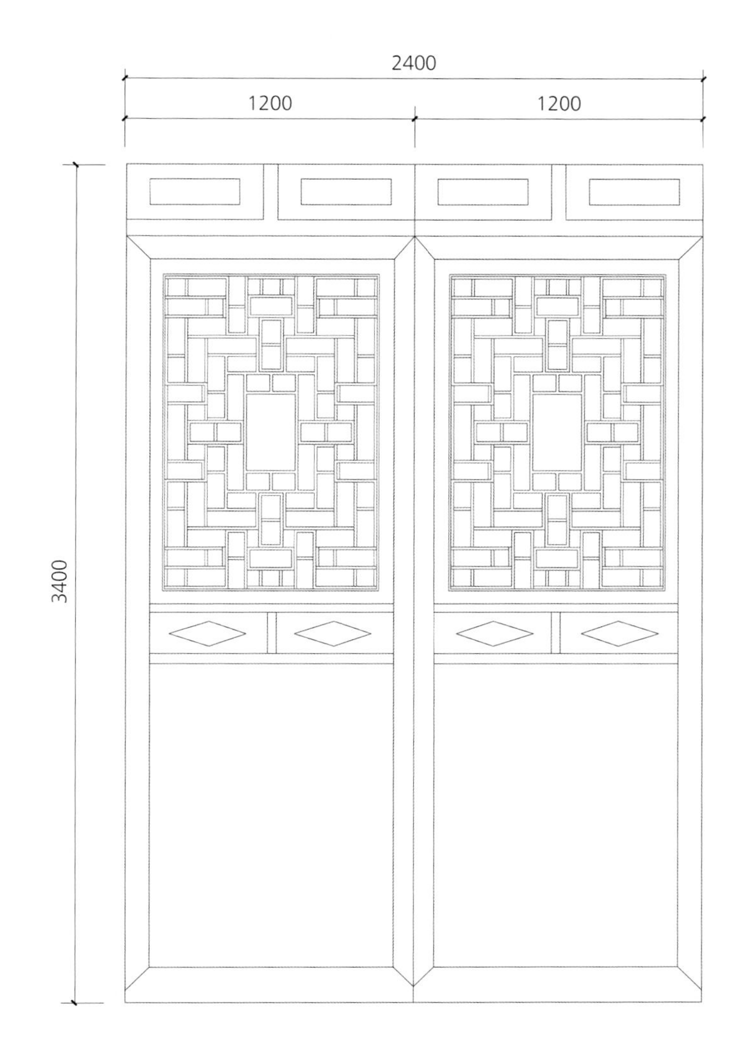

老君殿门窗饰样图

老君殿装饰罩饰样图

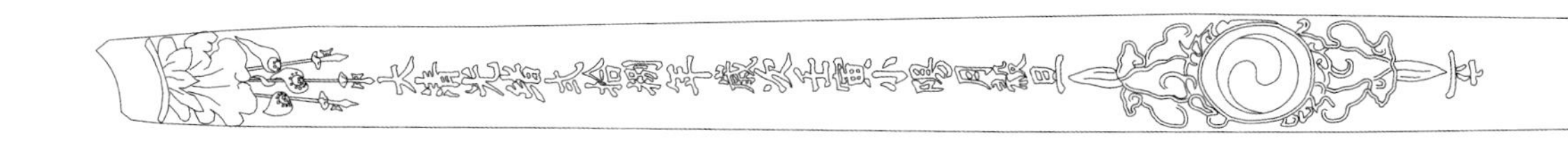

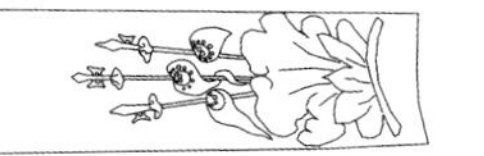

老君殿脊梁装饰、题记

考祠

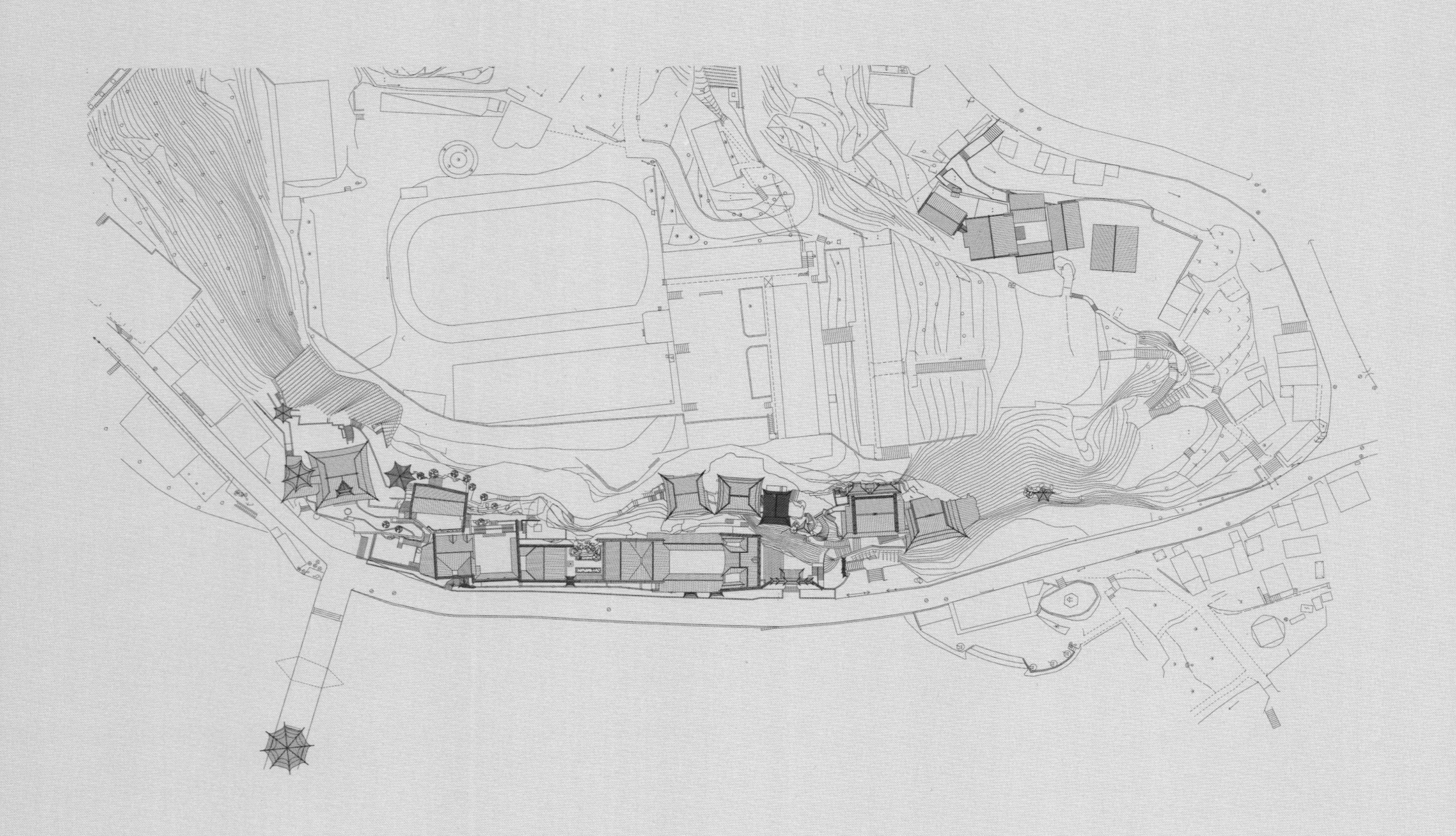

考祠紧靠老君殿，面阔三间，三层楼阁歇山屋顶。建筑转向90度以歇山屋顶侧面为临江主立面。通过筑台、吊脚等手法，形成东面靠台两层、西面临江三层的楼阁外观。一层的南北两面为石砌墙体；二层的正面向内退进一步架，其余三面均向外悬挑；顶层的四面有外廊环绕；底层悬空下吊。入口与老君殿共用室外踏步进入二楼，是典型山地园林式建筑的空间处理手法。

考祠正面

考祠侧面

谐趣亭

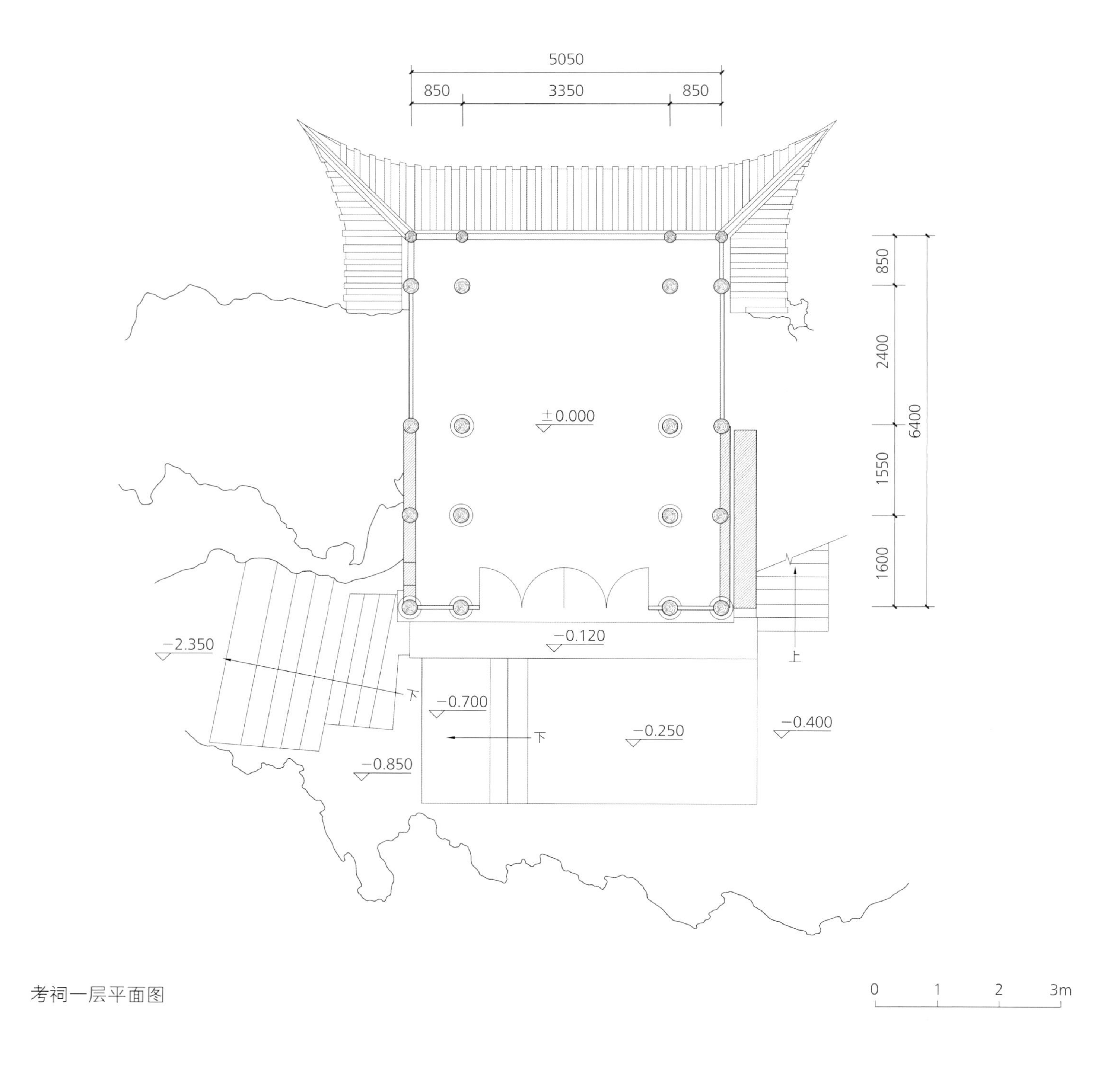

考祠一层平面图

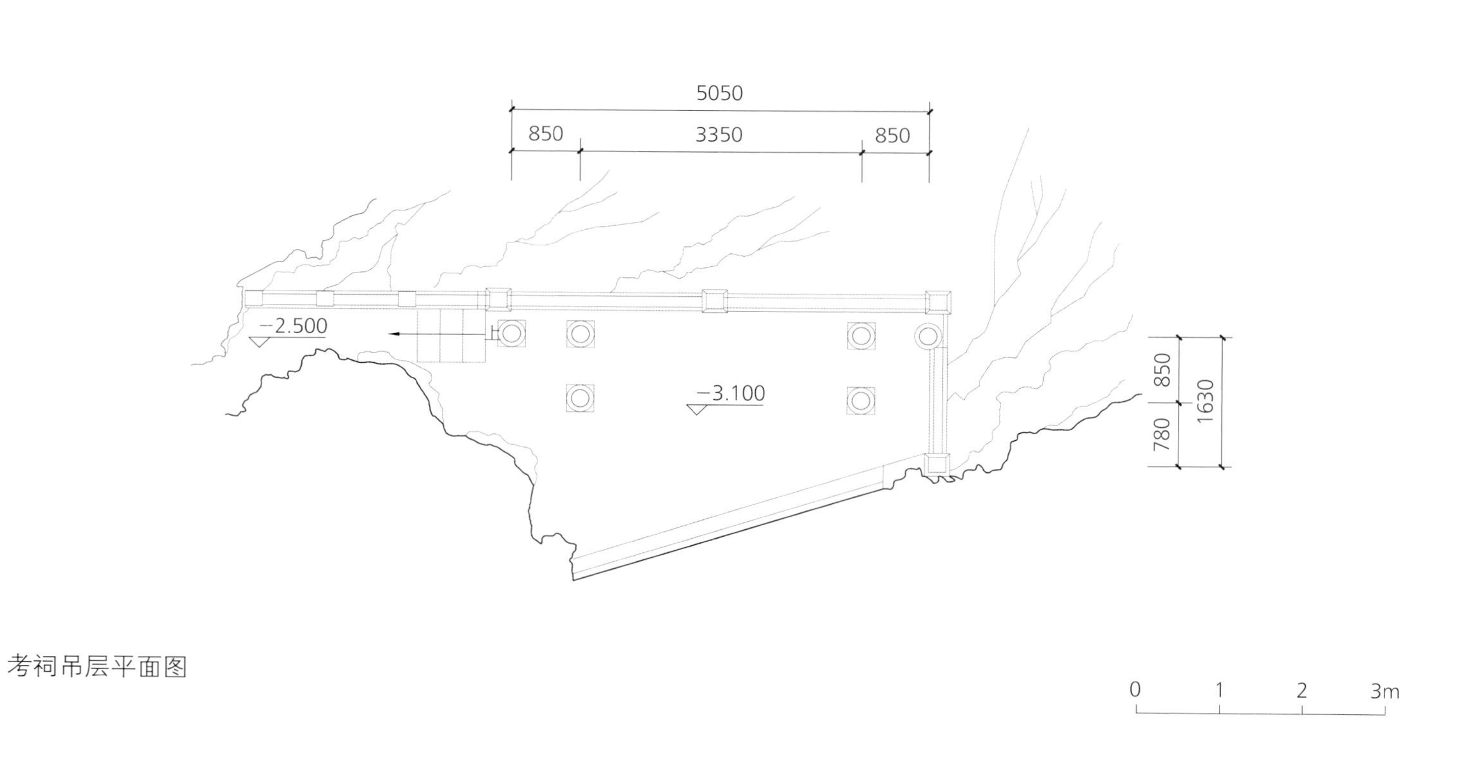

考祠吊层平面图

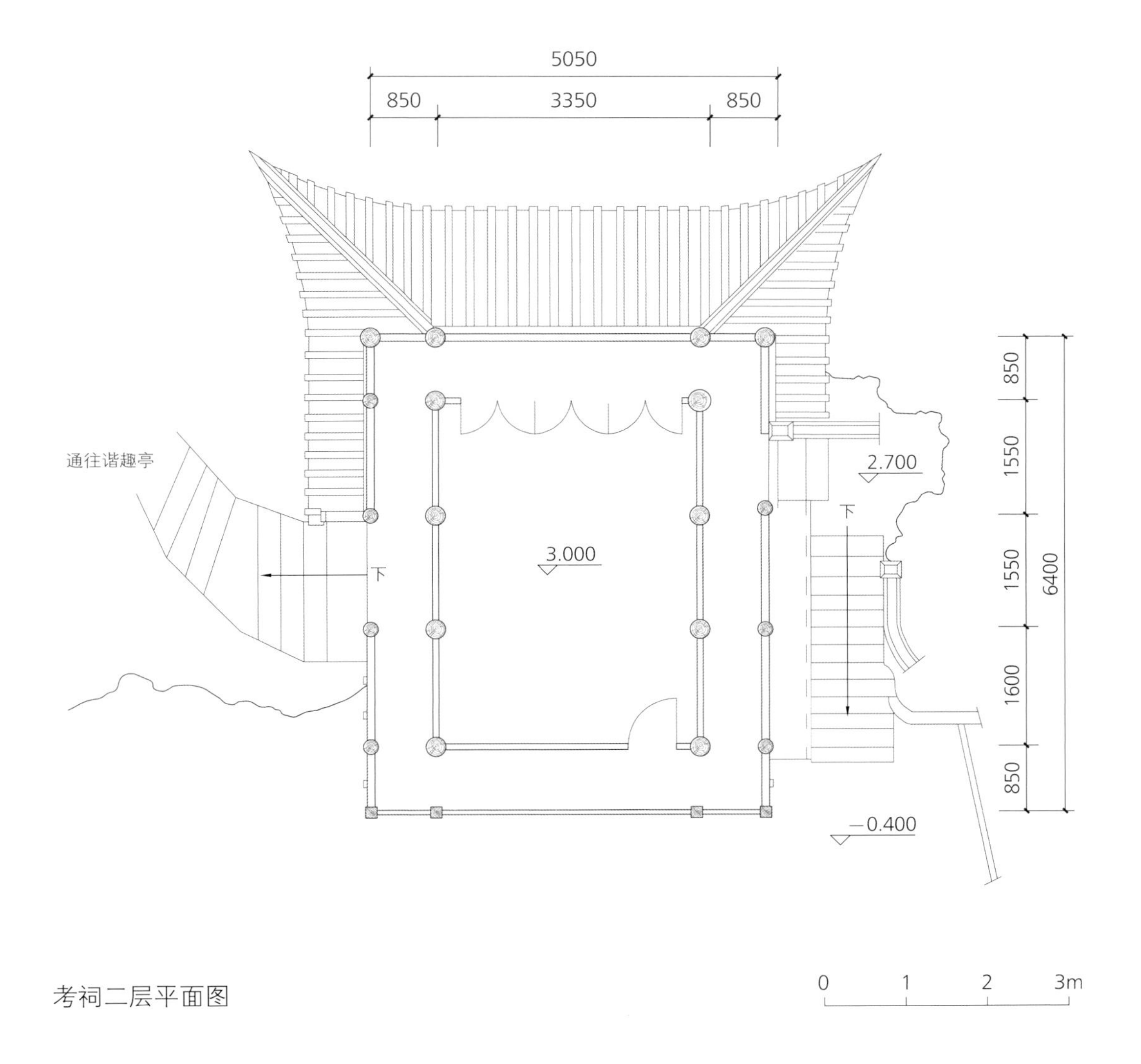

考祠二层平面图

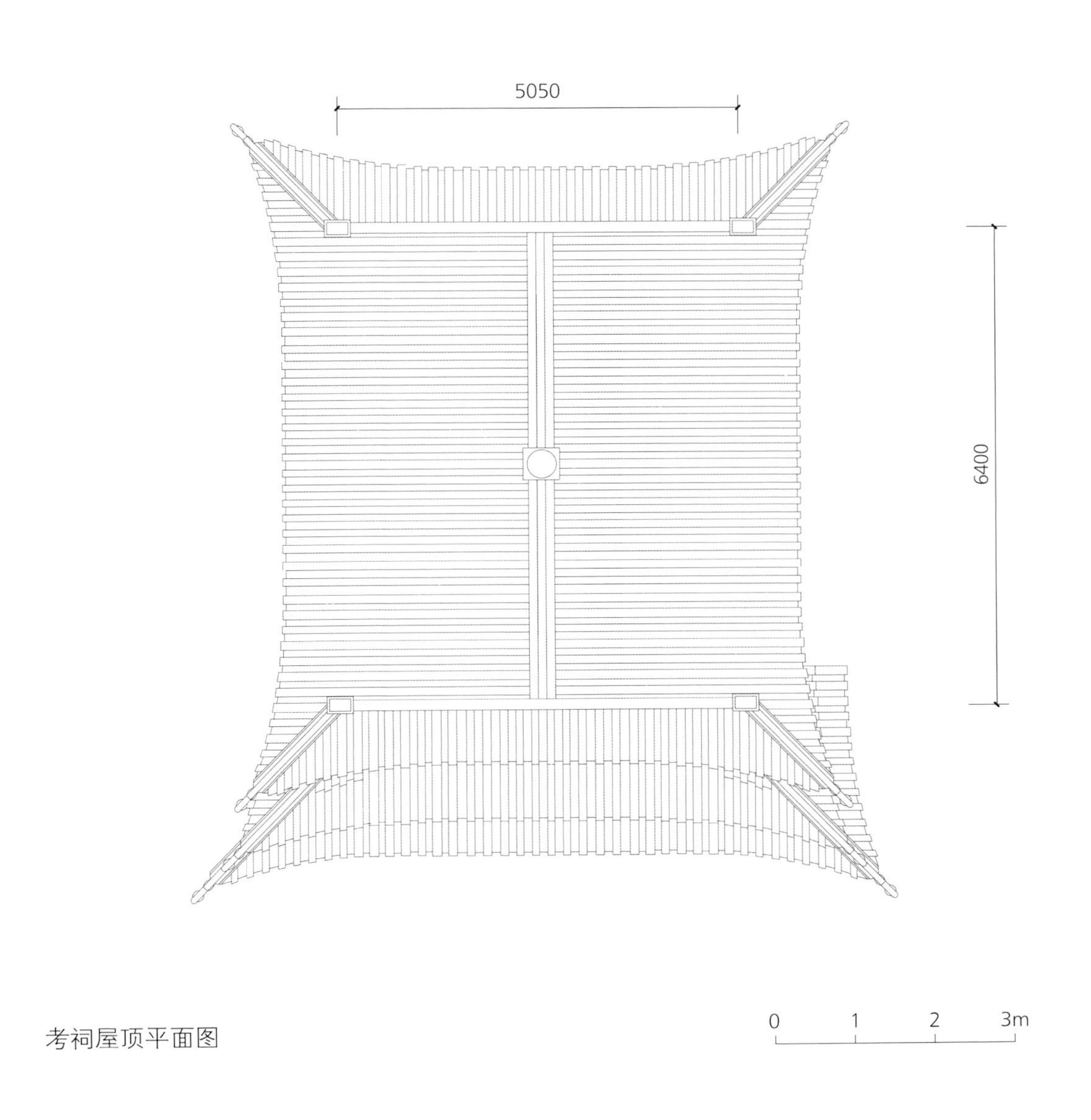

考祠屋顶平面图

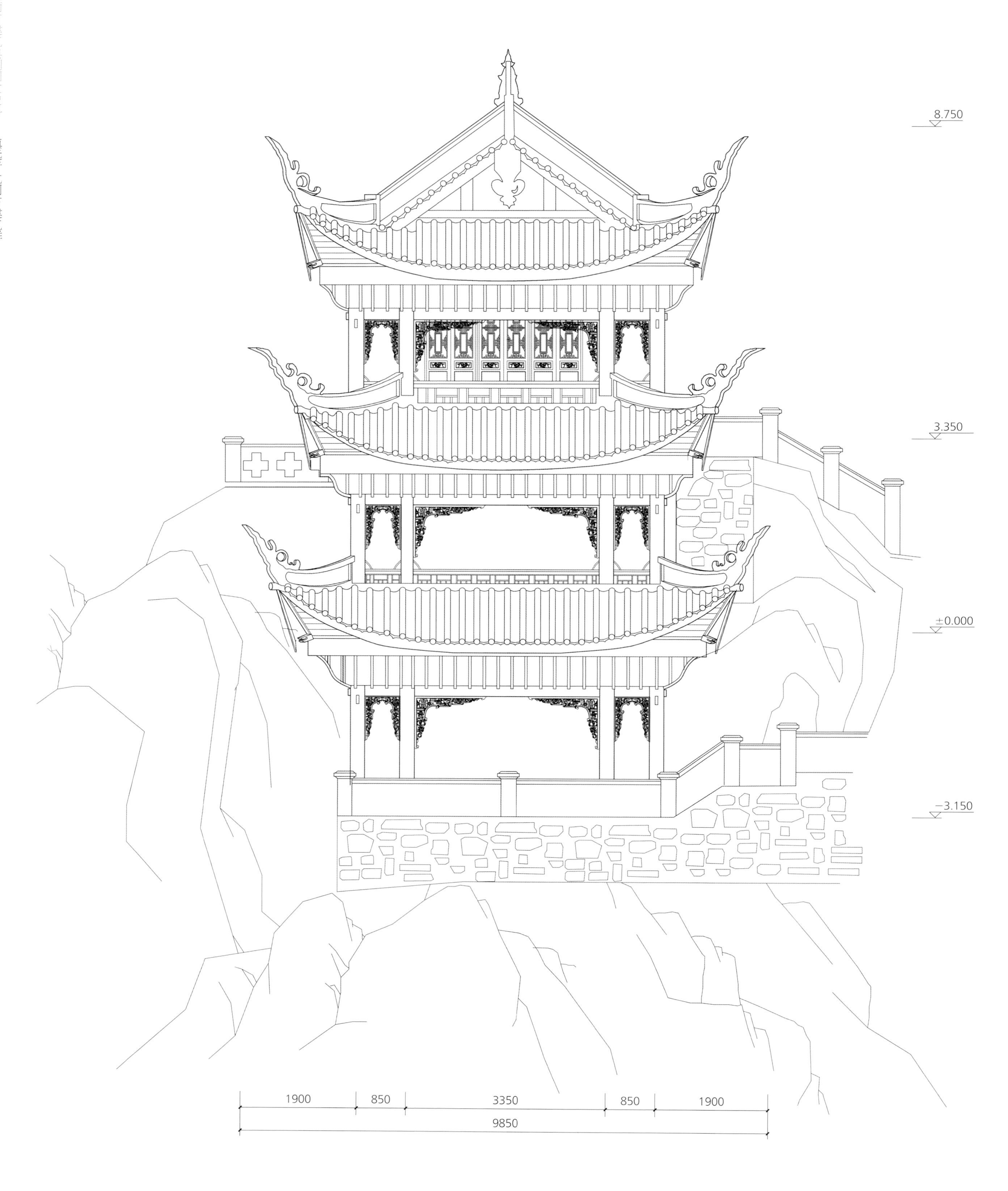

考祠正立面图

0 1 2 3m

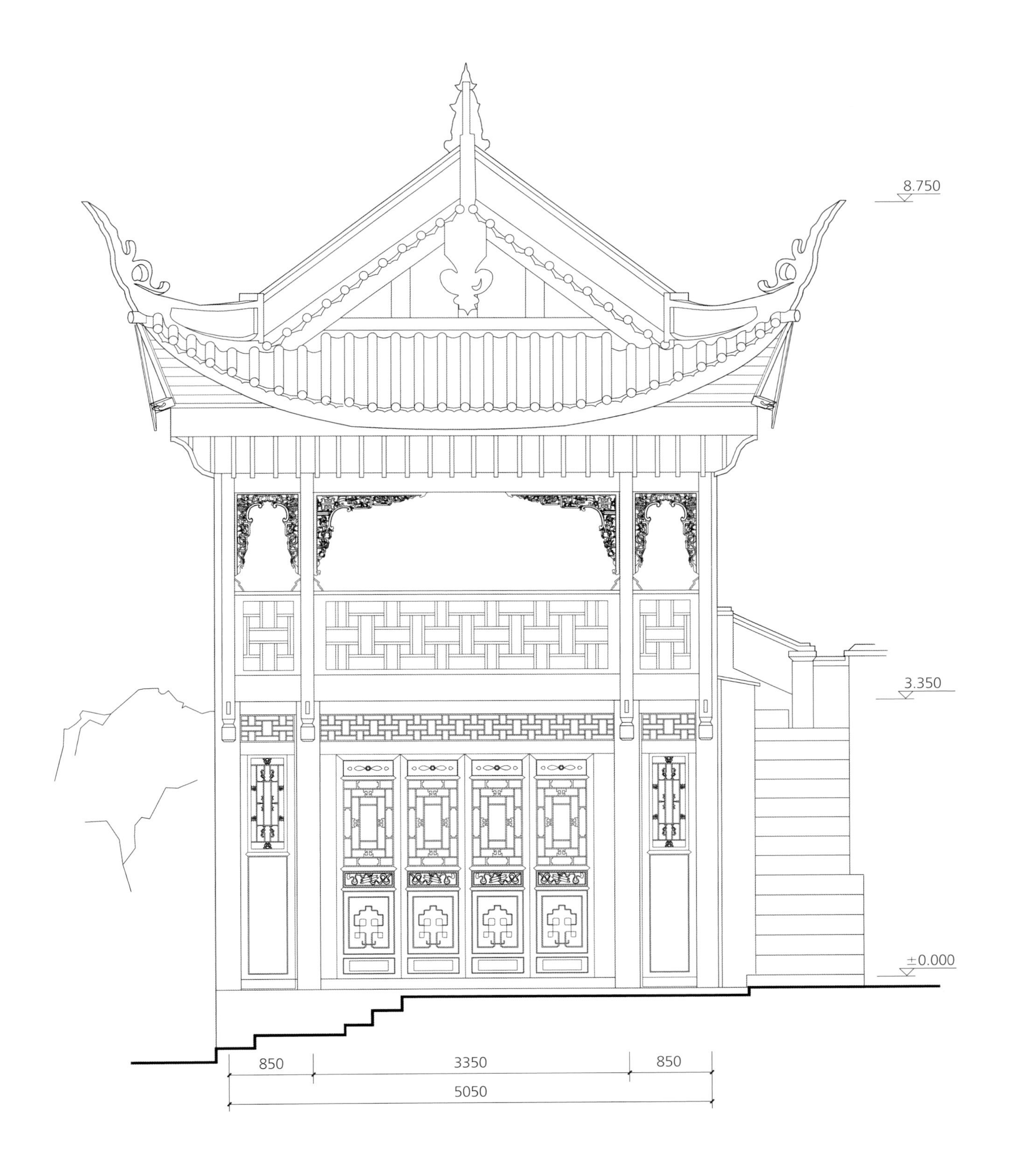

考祠背立面图

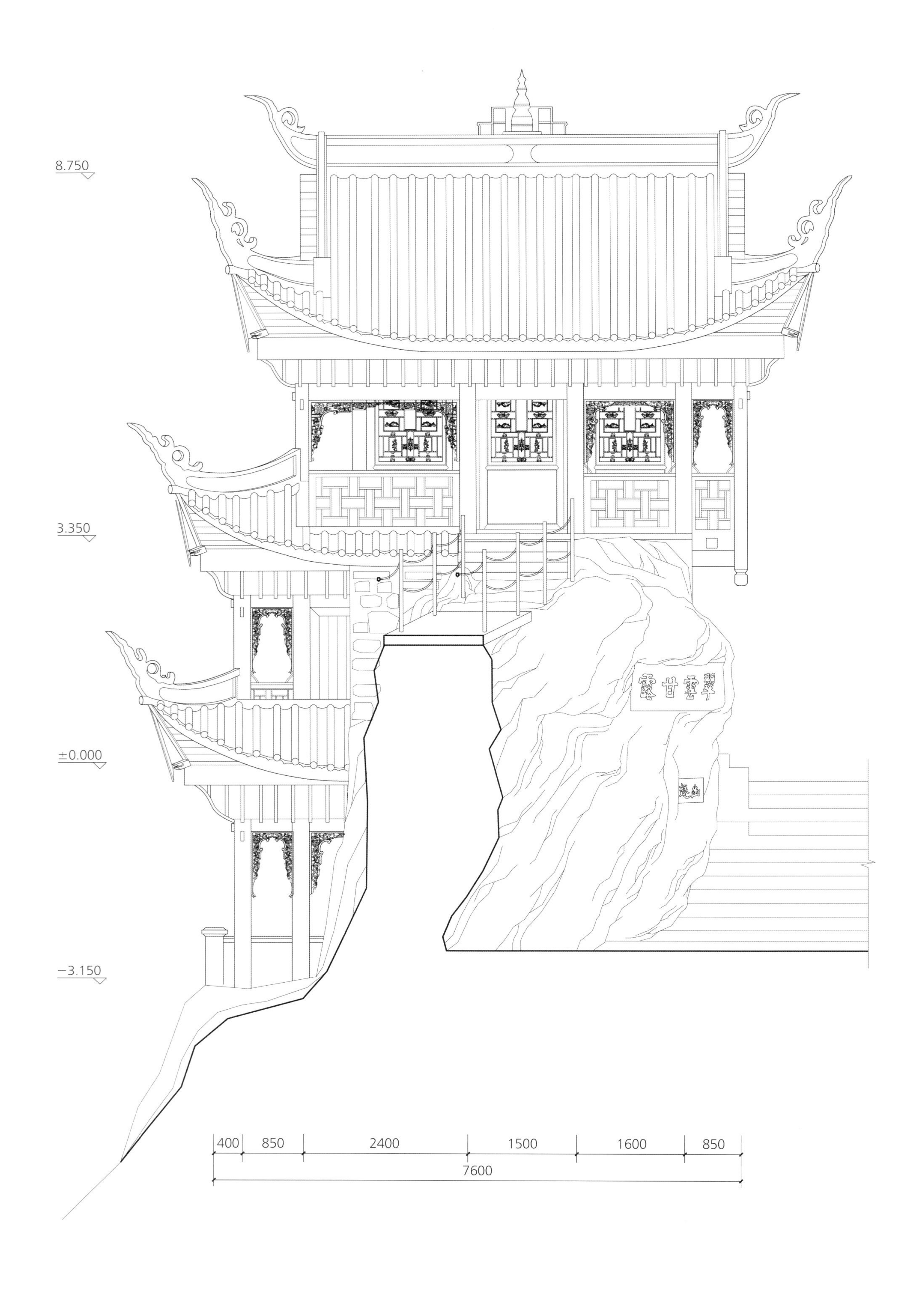

考祠南侧立面图

0 1 2 3m

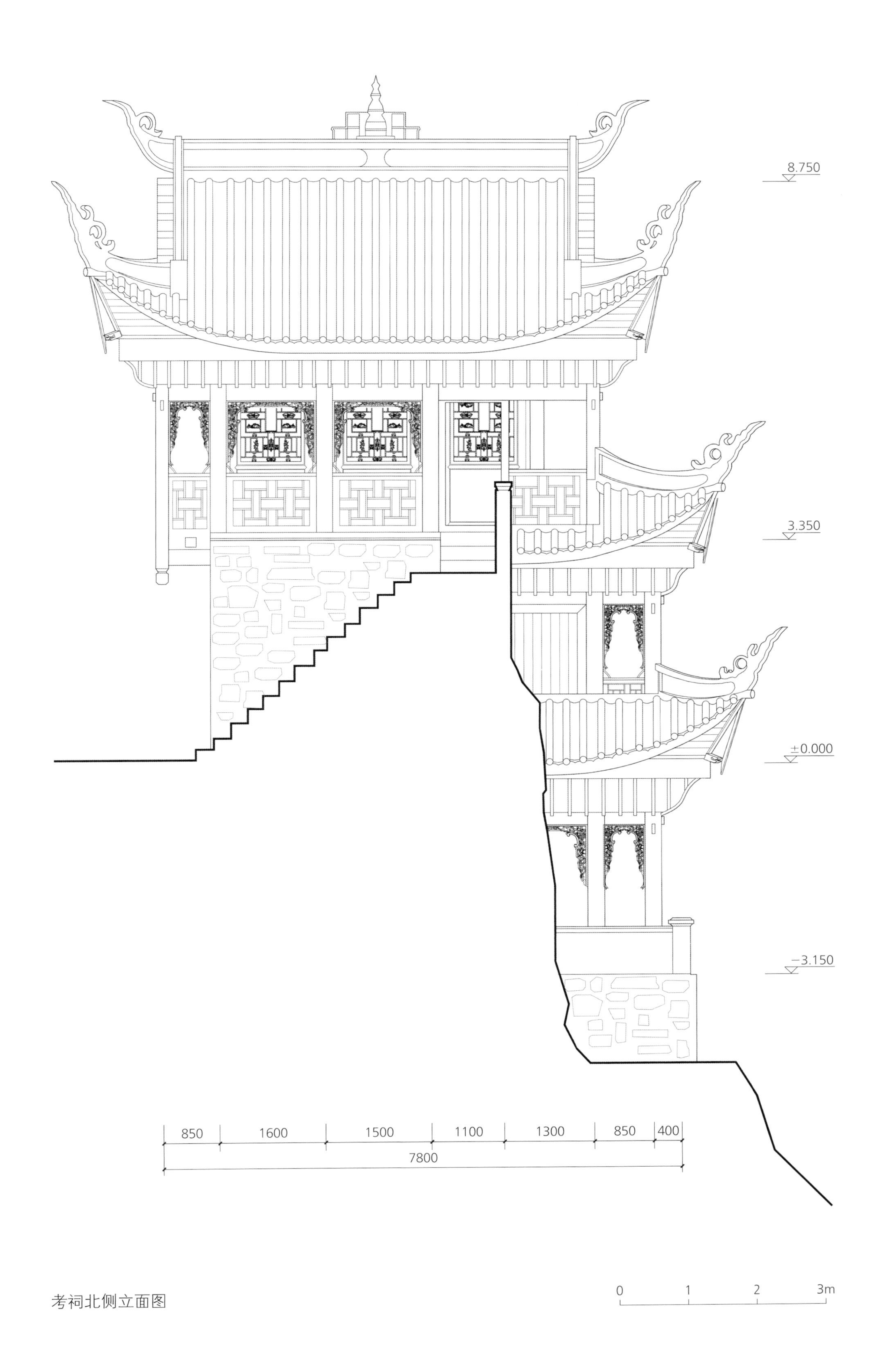
8.750
3.350
±0.000
−3.150
850
1600
1500
1100
1300
850
400
7800
0
1
2
3m

考祠北侧立面图

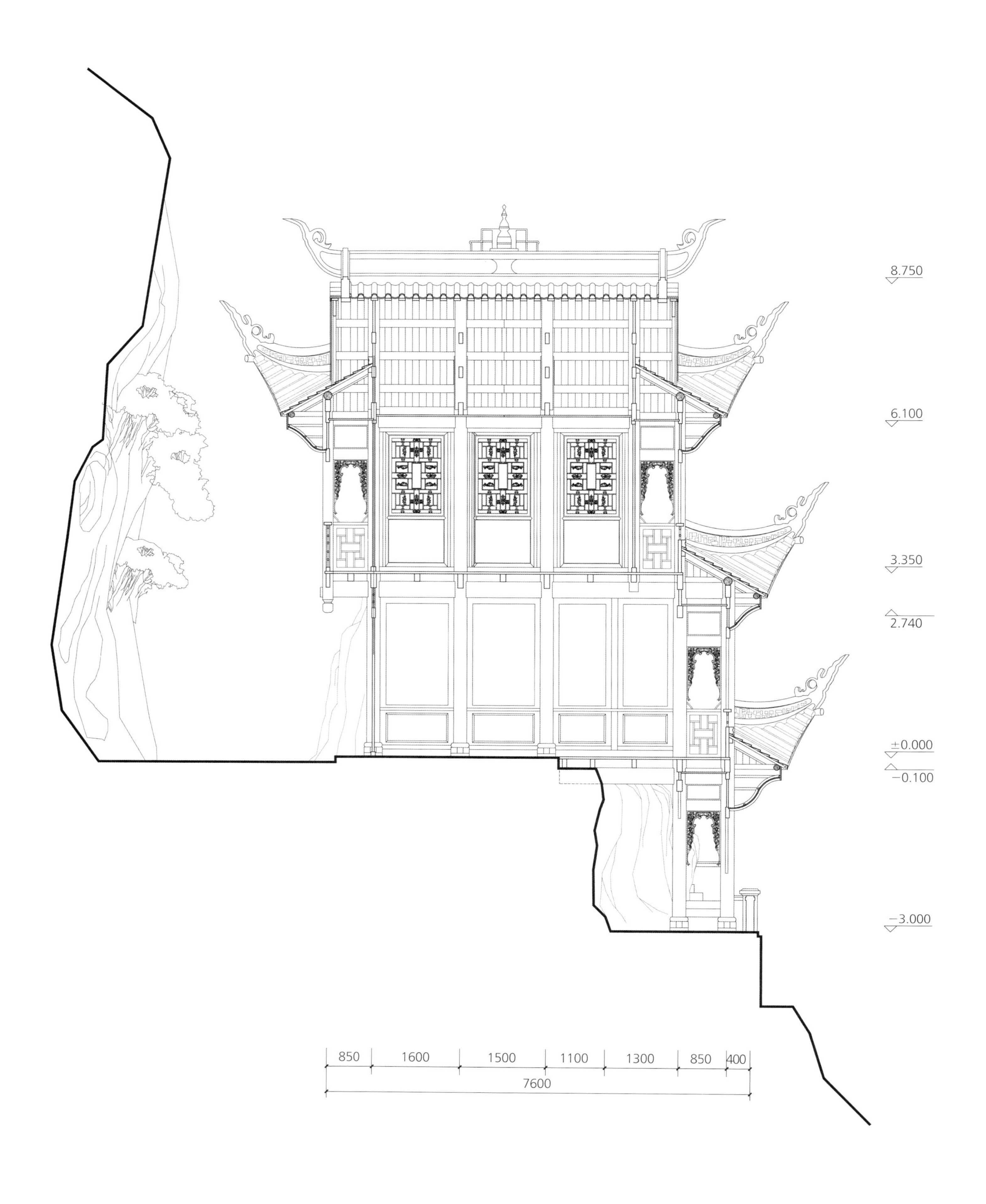
8.750
6.100
3.350
2.740
±0.000
−0.100
−3.000
850
1600
1500
1100
1300
850
400
7600
0
1
2
3m

考祠纵剖面图

考祠次间横剖面图

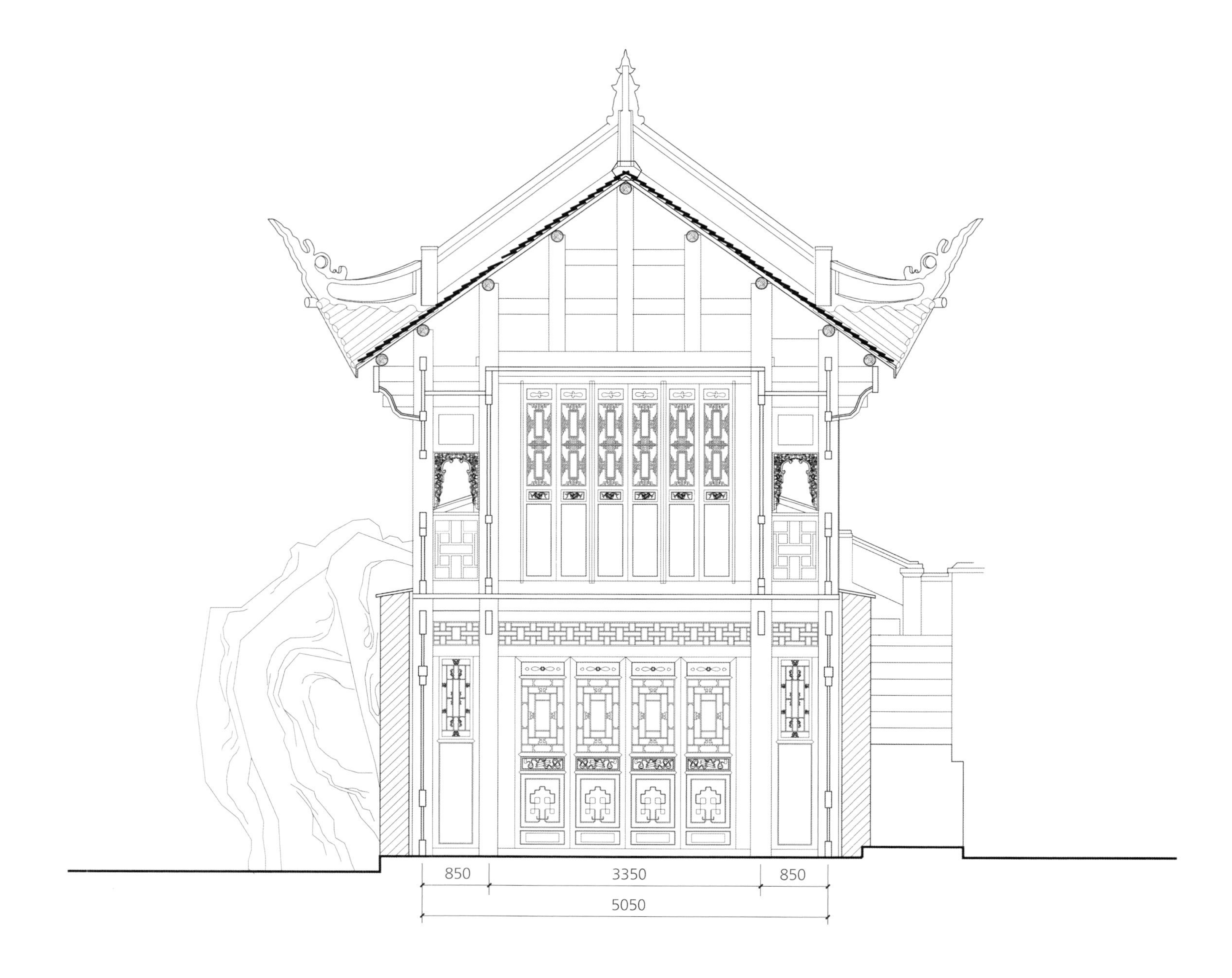

考祠明间横剖面图

0 1 2 3m

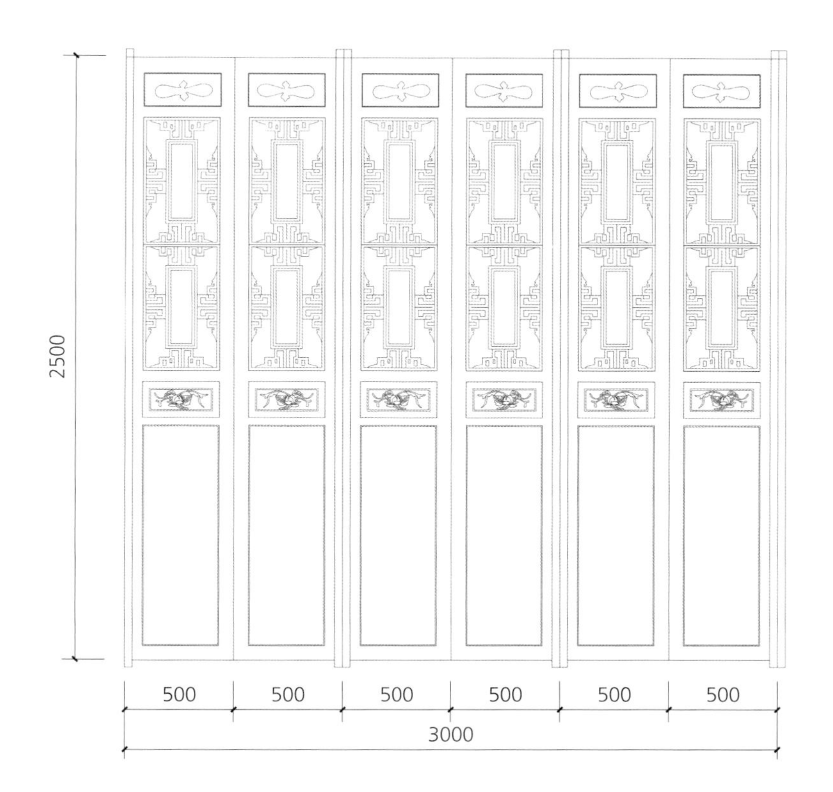

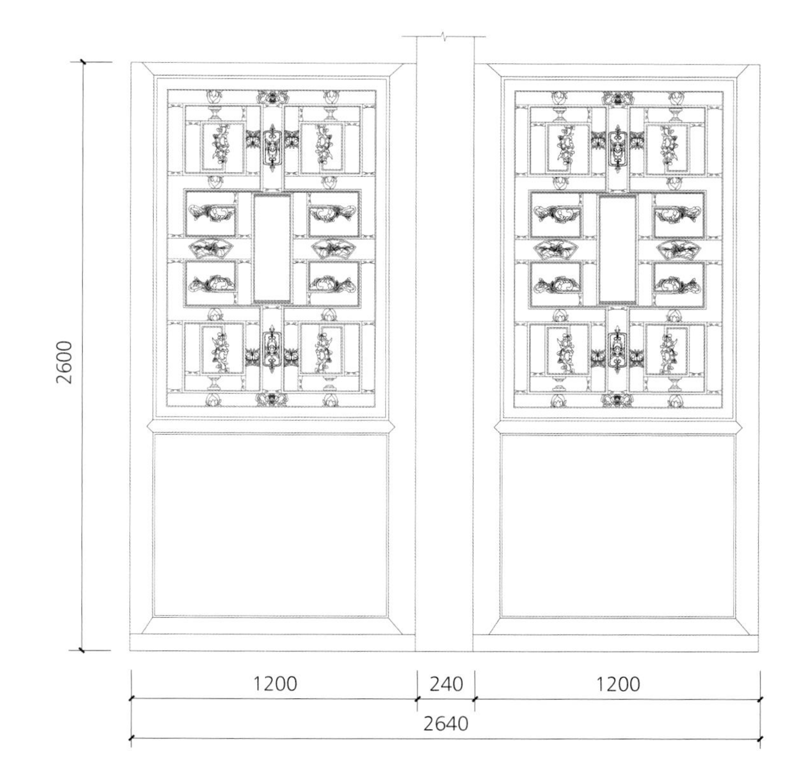

考祠门窗饰样图

考祠檐廊挂落饰样图

考祠明间挂落饰样图

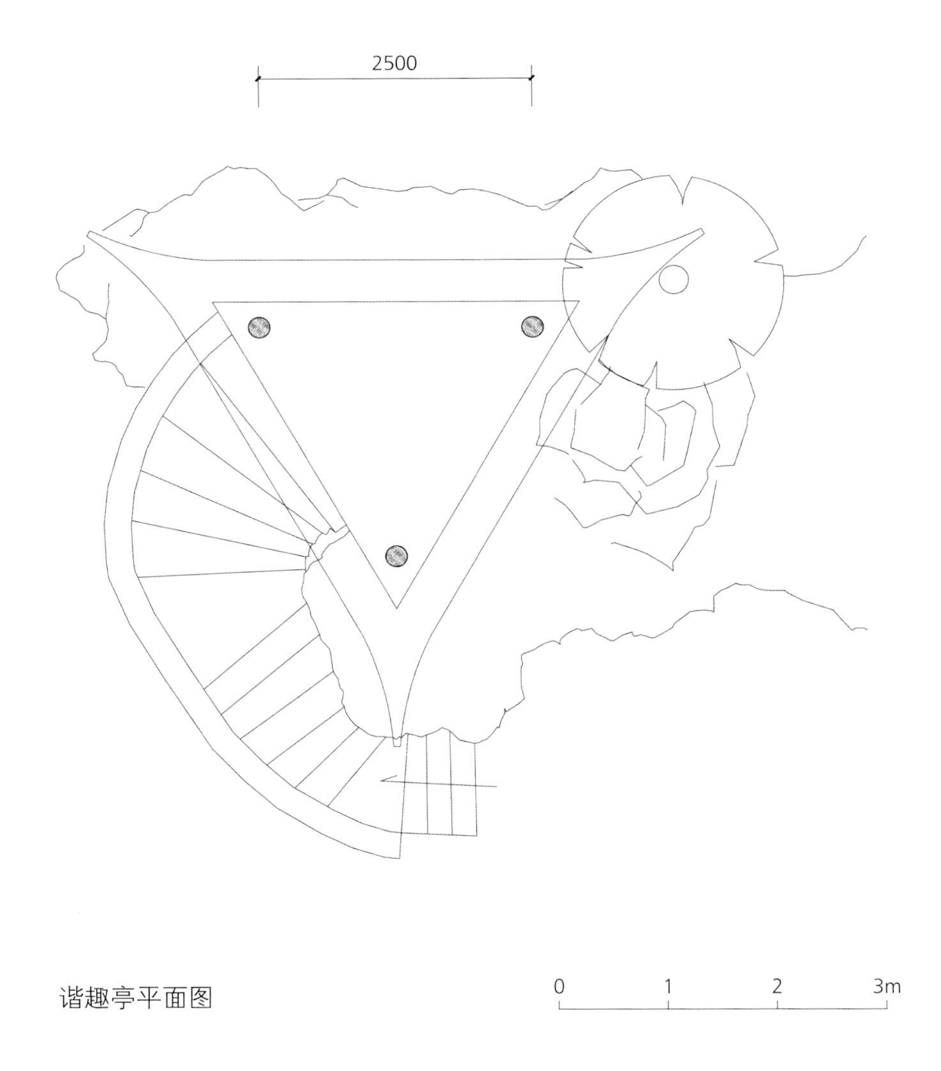

谐趣亭平面图

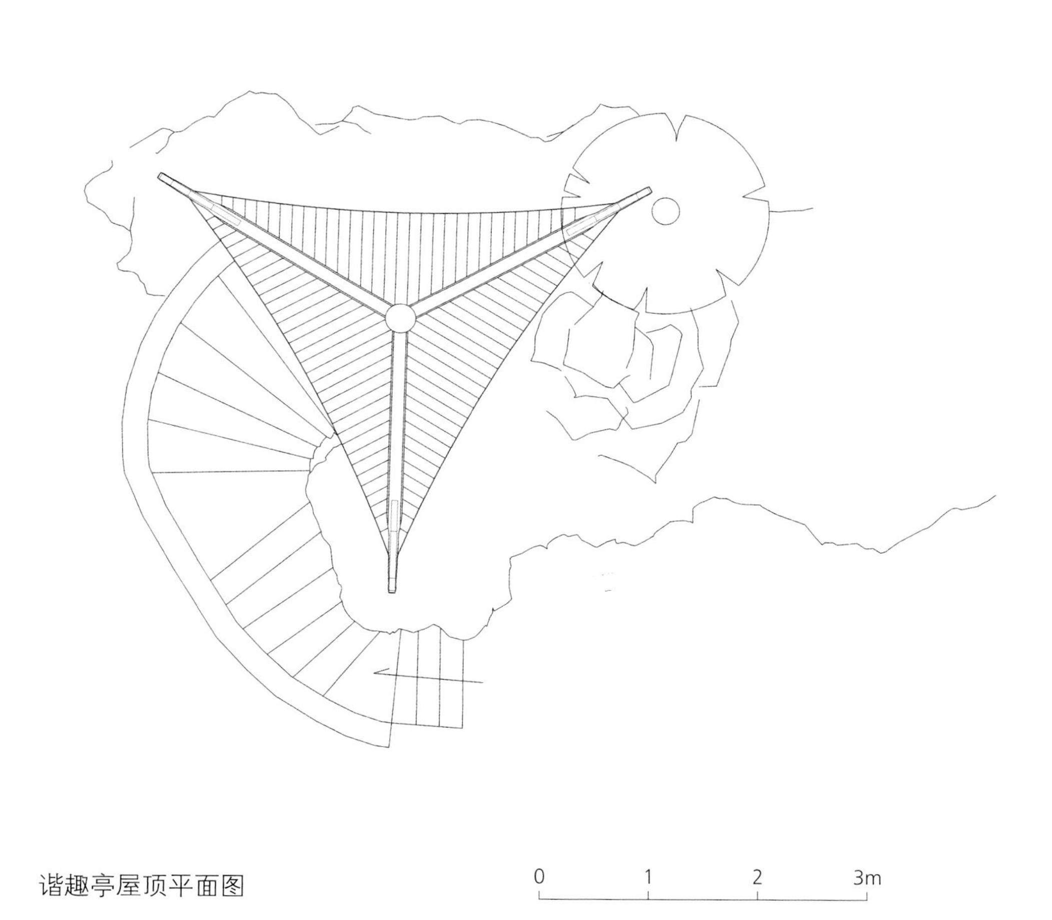

谐趣亭屋顶平面图

谐趣亭立面图

圣人殿

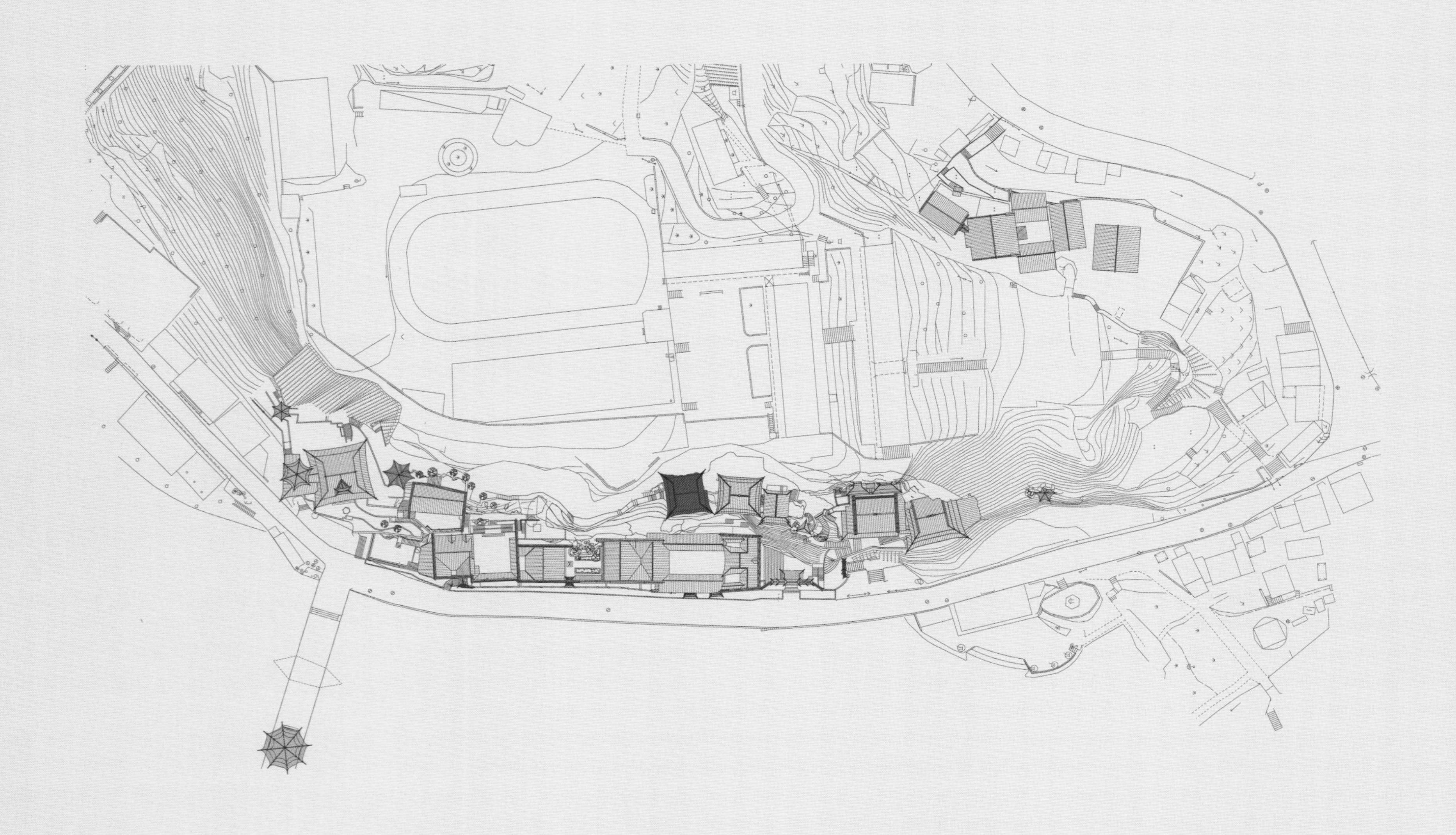

圣人殿位于老君殿北侧，建筑面宽三间，东面紧靠崖壁，南面依靠庭院台地下吊，平台上外观效果一层，平台外下吊一层与架空吊脚一层，形成三层楼阁的外观效果。建筑与崖壁间有狭长的爬山通道，并通过吊脚楼下空间转换联系上、下空间。建筑门窗隔扇以“福”“禄”“寿”“喜”等系列文字镂空雕刻，形成具有浓郁民俗文化特色的装饰图案，是建筑群中别具特色的门窗装饰效果。

圣人殿左侧面

圣人殿右侧面

圣人殿歇山构架

圣人殿窗花图案

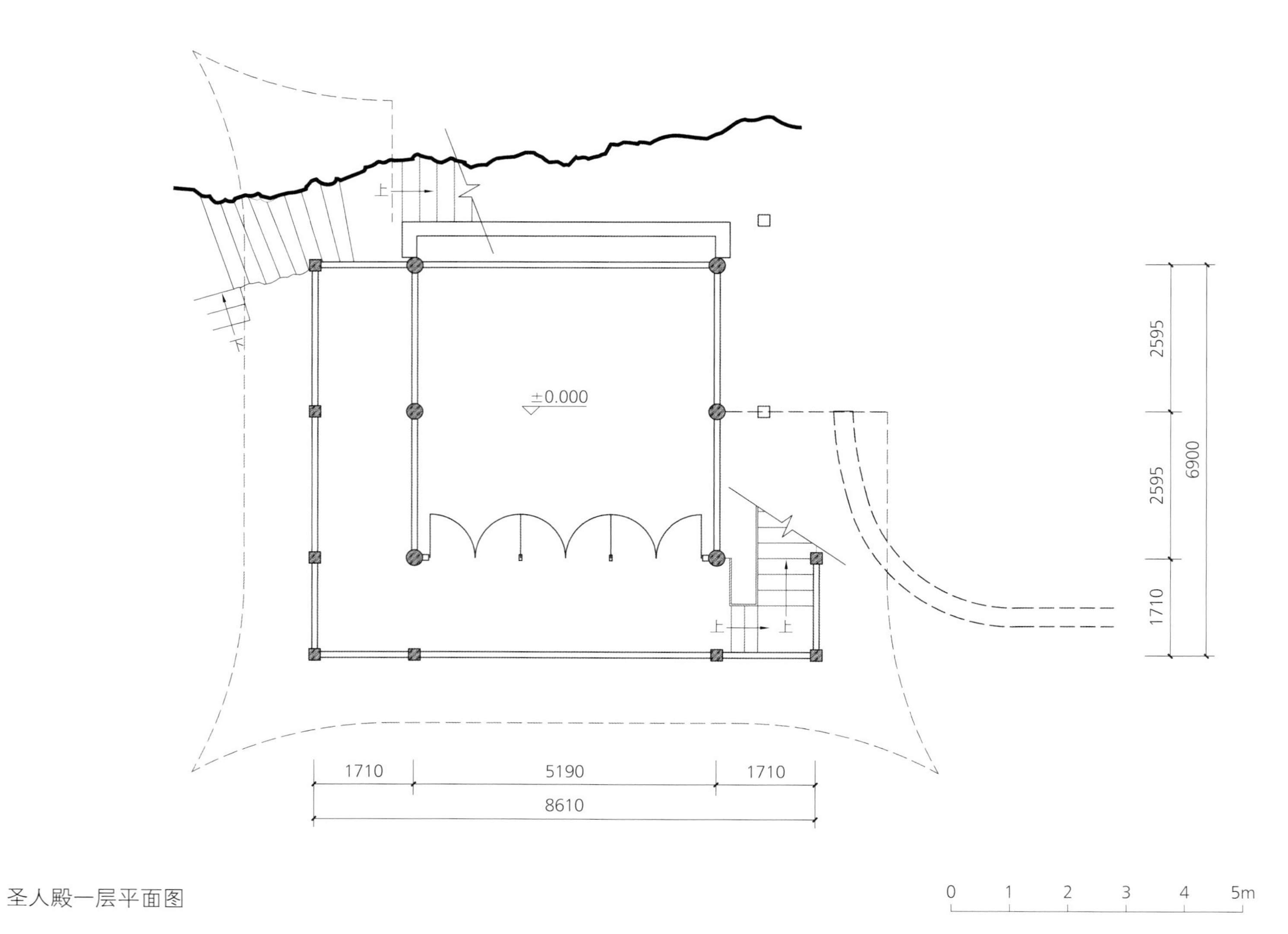

圣人殿一层平面图

圣人殿吊层平面图

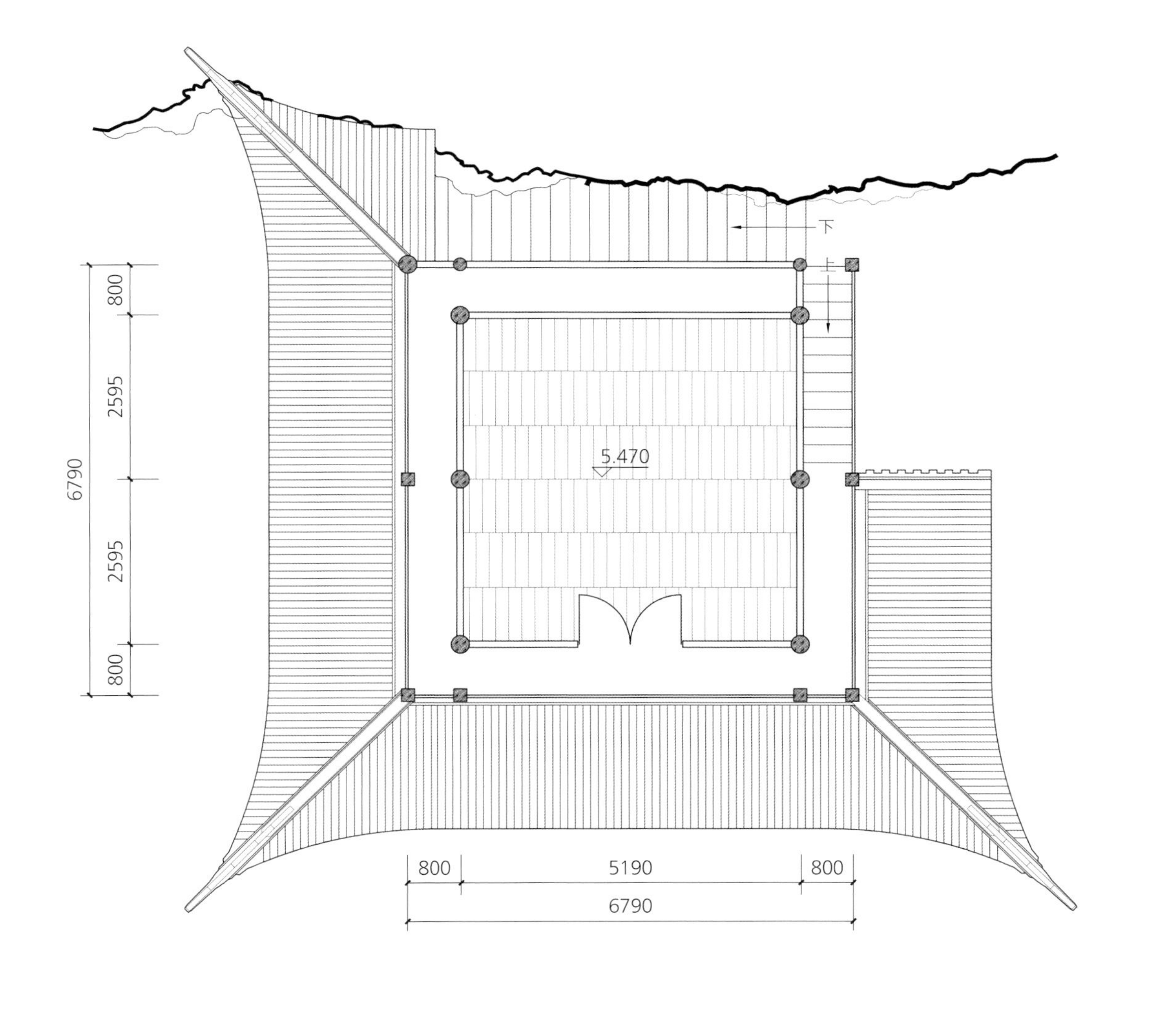

圣人殿二层平面图

0 1 2 3 4 5m

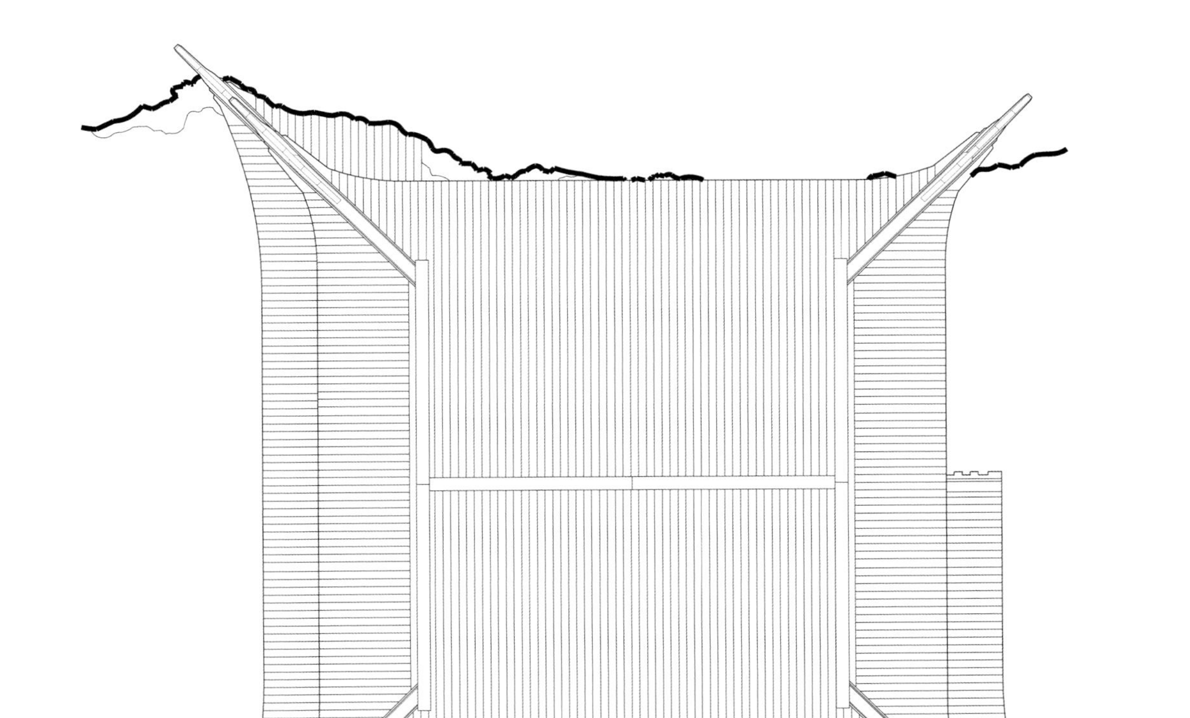

圣人殿屋顶平面图

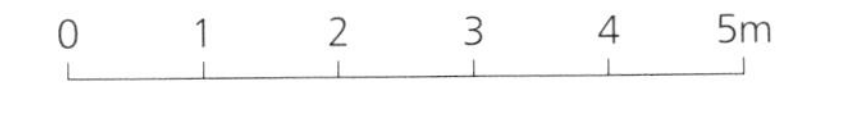

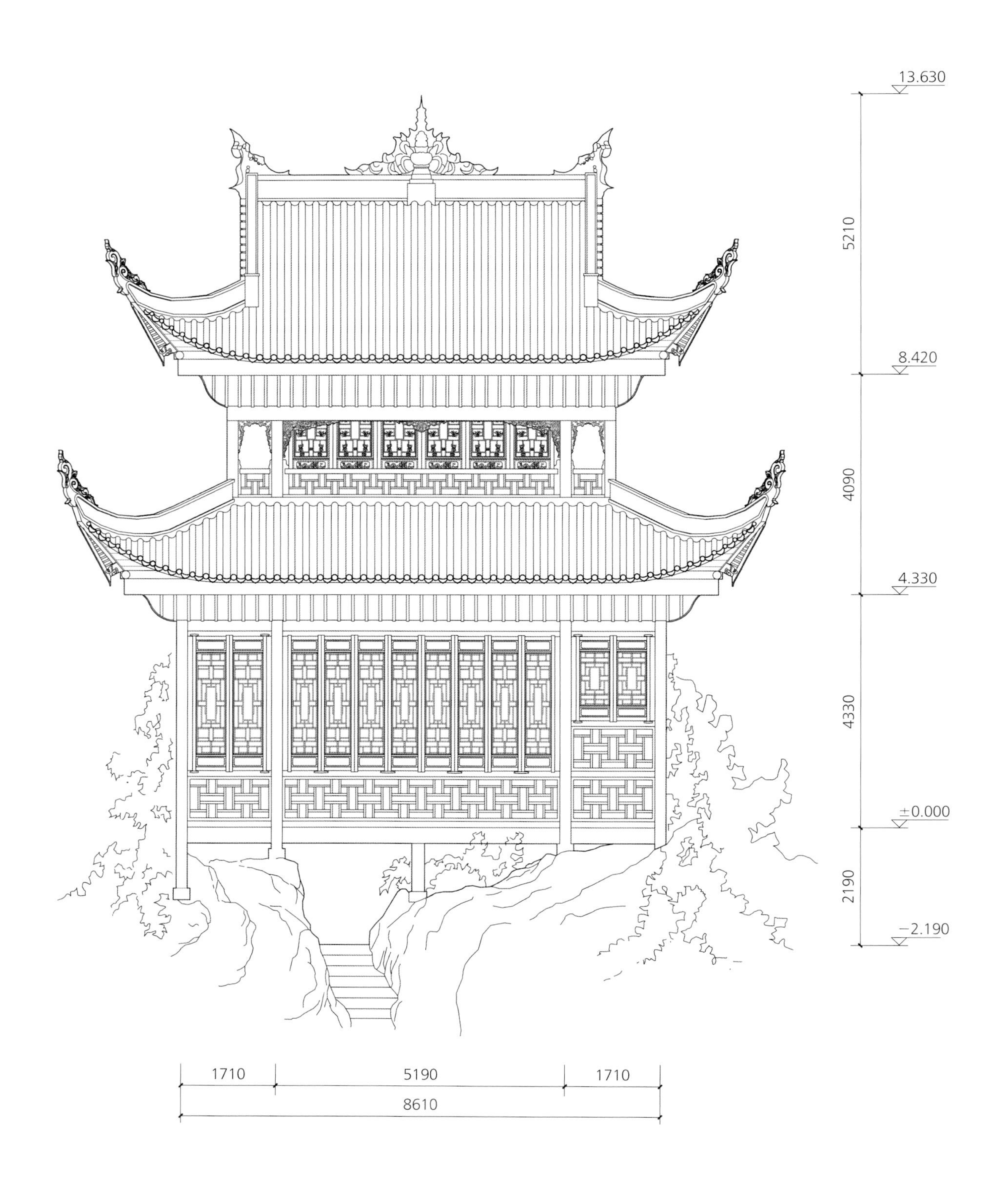

圣人殿正立面图

0 1 2 3 4 5m

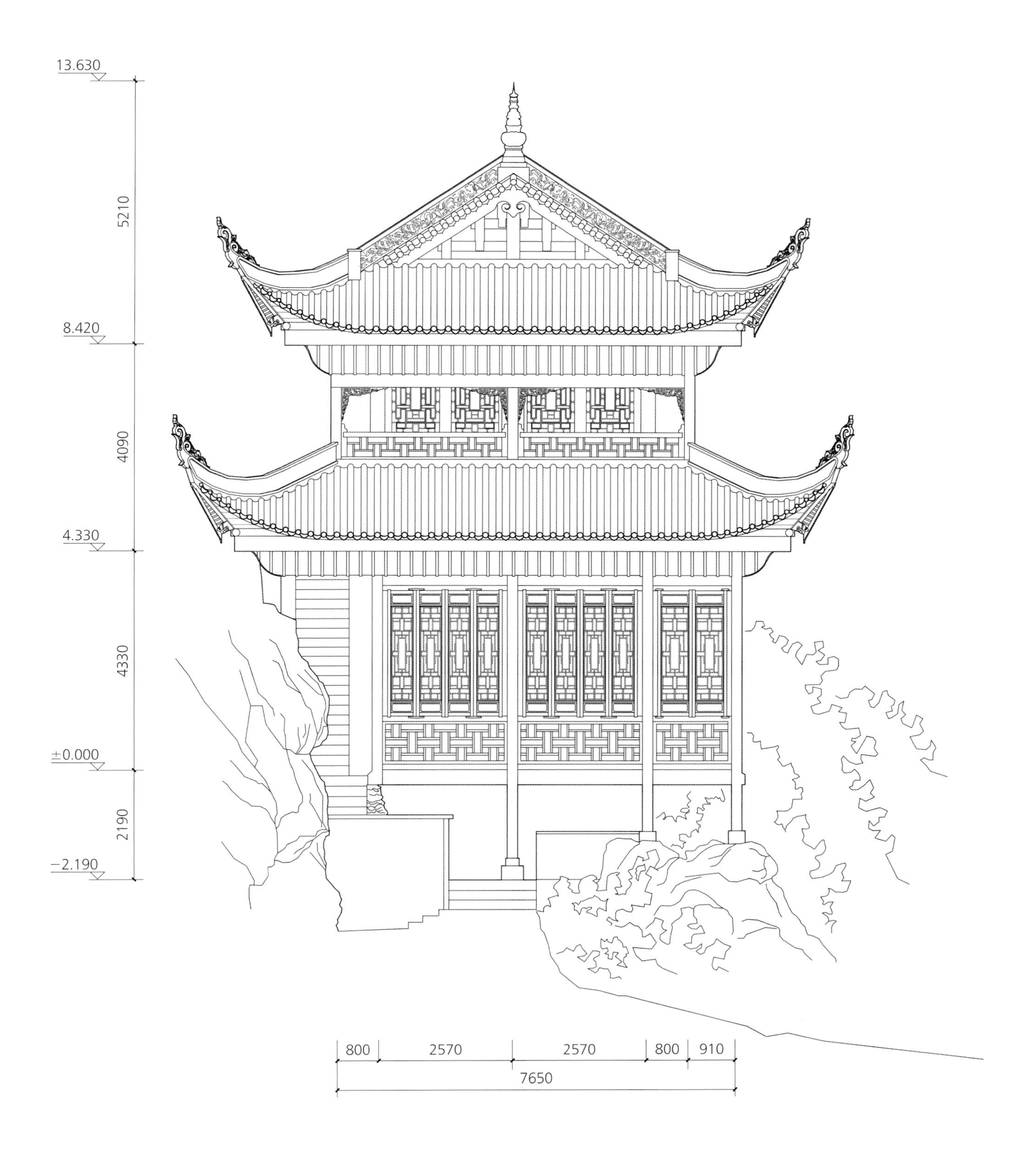
13.630
5210
8.420
4090
4.330
4330
±0.000
2190
−2.190
800
2570
2570
800
910
7650

圣人殿北侧立面图

0
1
2
3
4
5m

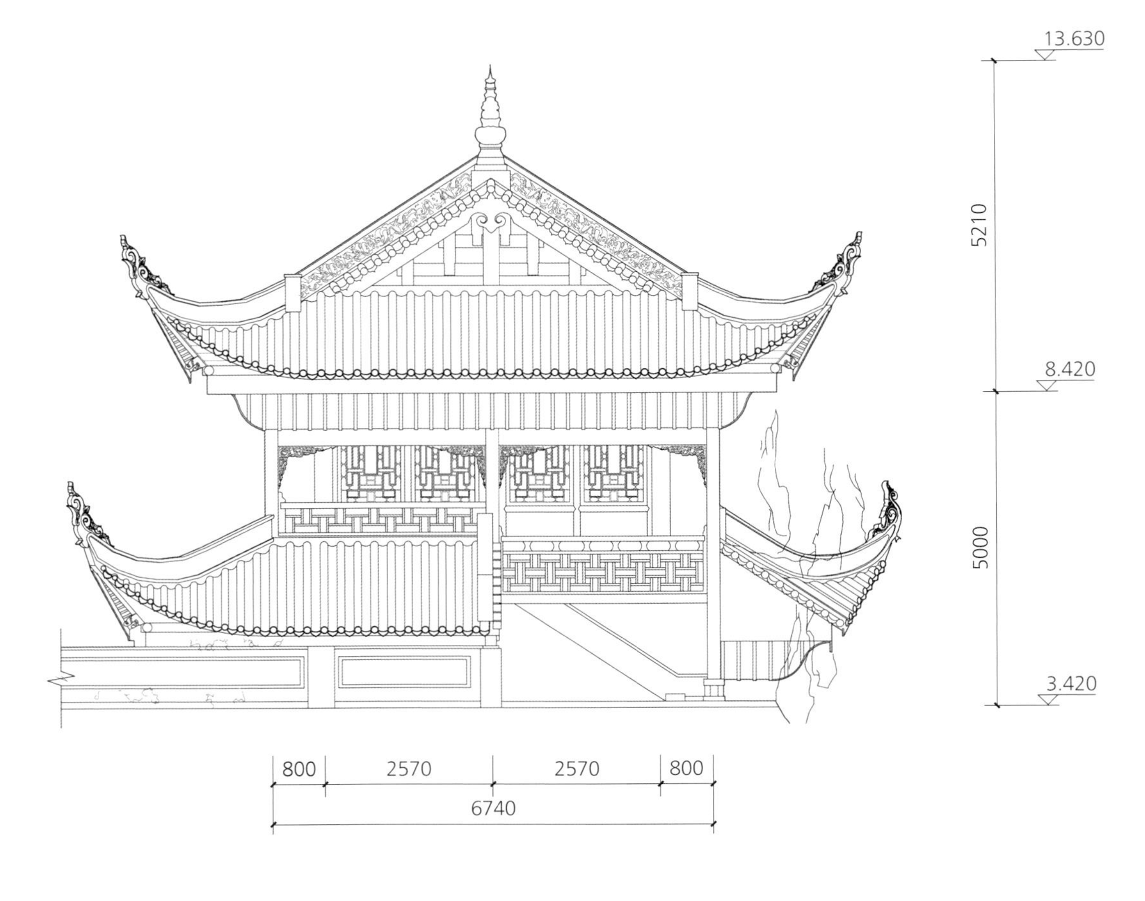

圣人殿南侧立面图

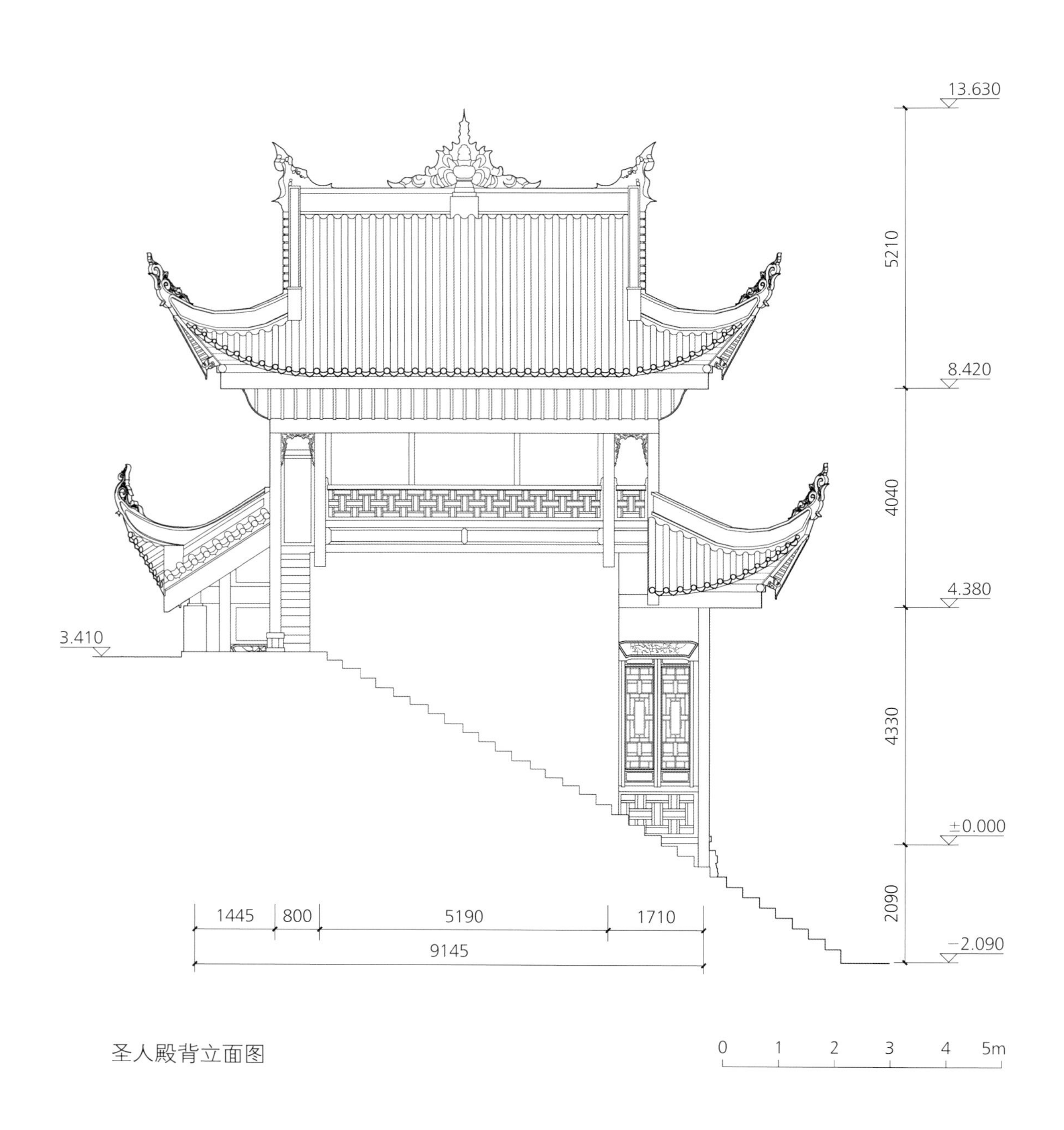

圣人殿背立面图

0 1 2 3 4 5m

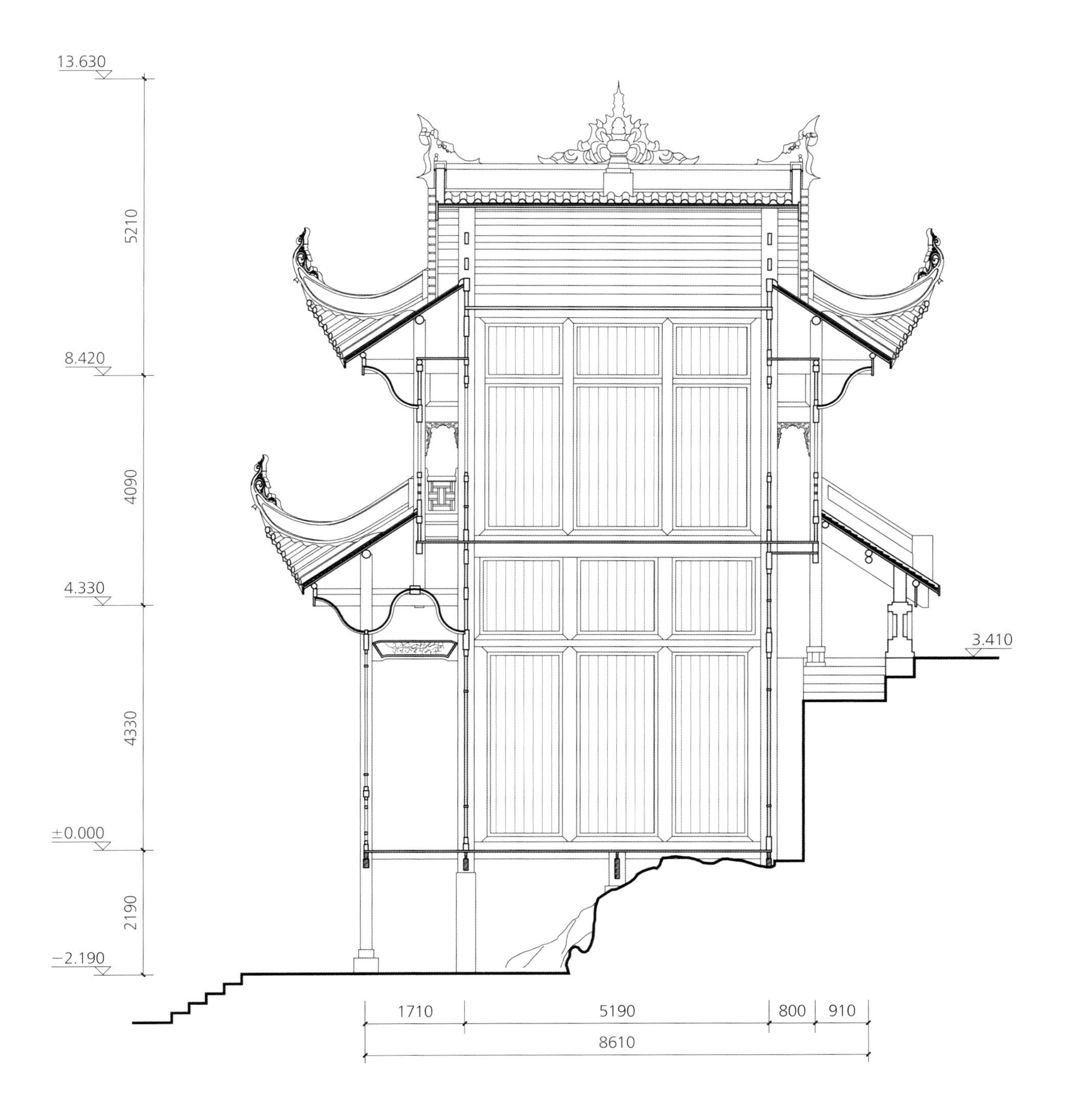
13.630
5210
8.420
4090
4.330
4330
3.410
±0.000
2190
−2.190
1710
5190
800
910
8610

圣人殿西向横剖面图

0 1 2 3 4 5m

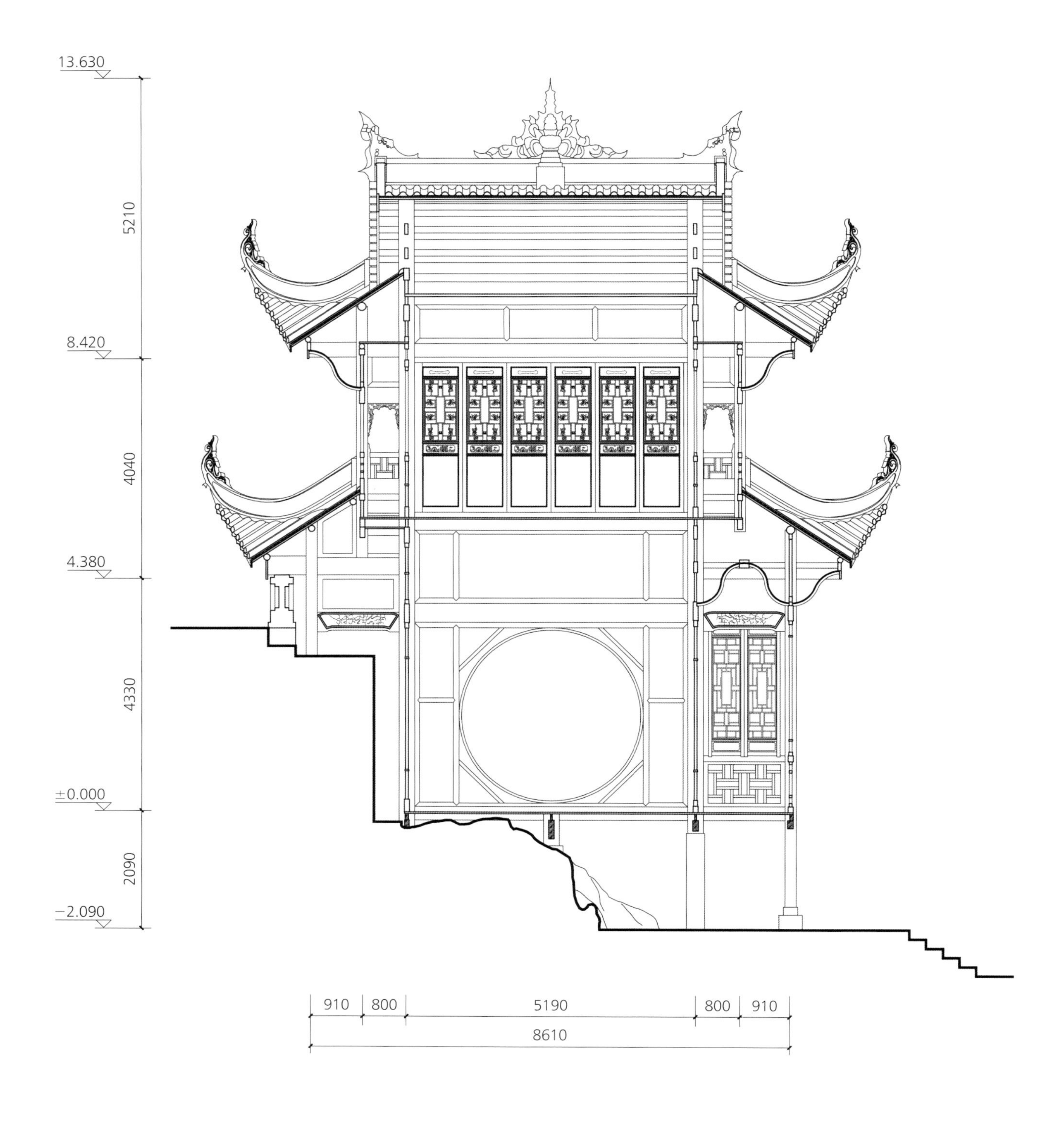

圣人殿东向横剖面图

0 1 2 3 4 5m

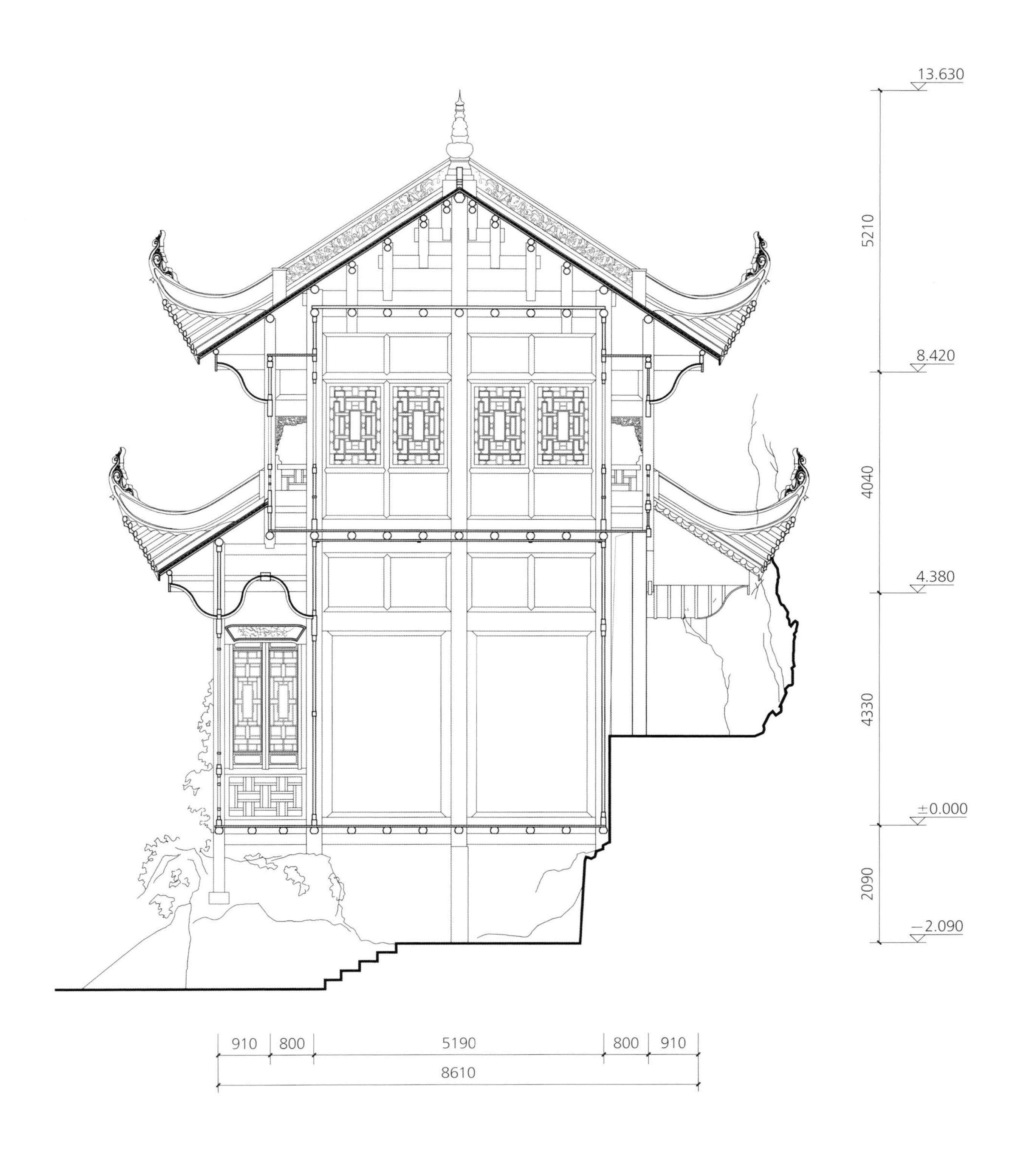
13.630
5210
8.420
4040
4.380
4330
±0.000
2090
−2.090
910
800
5190
800
910
8610

圣人殿明间剖面图

0 1 2 3 4 5m

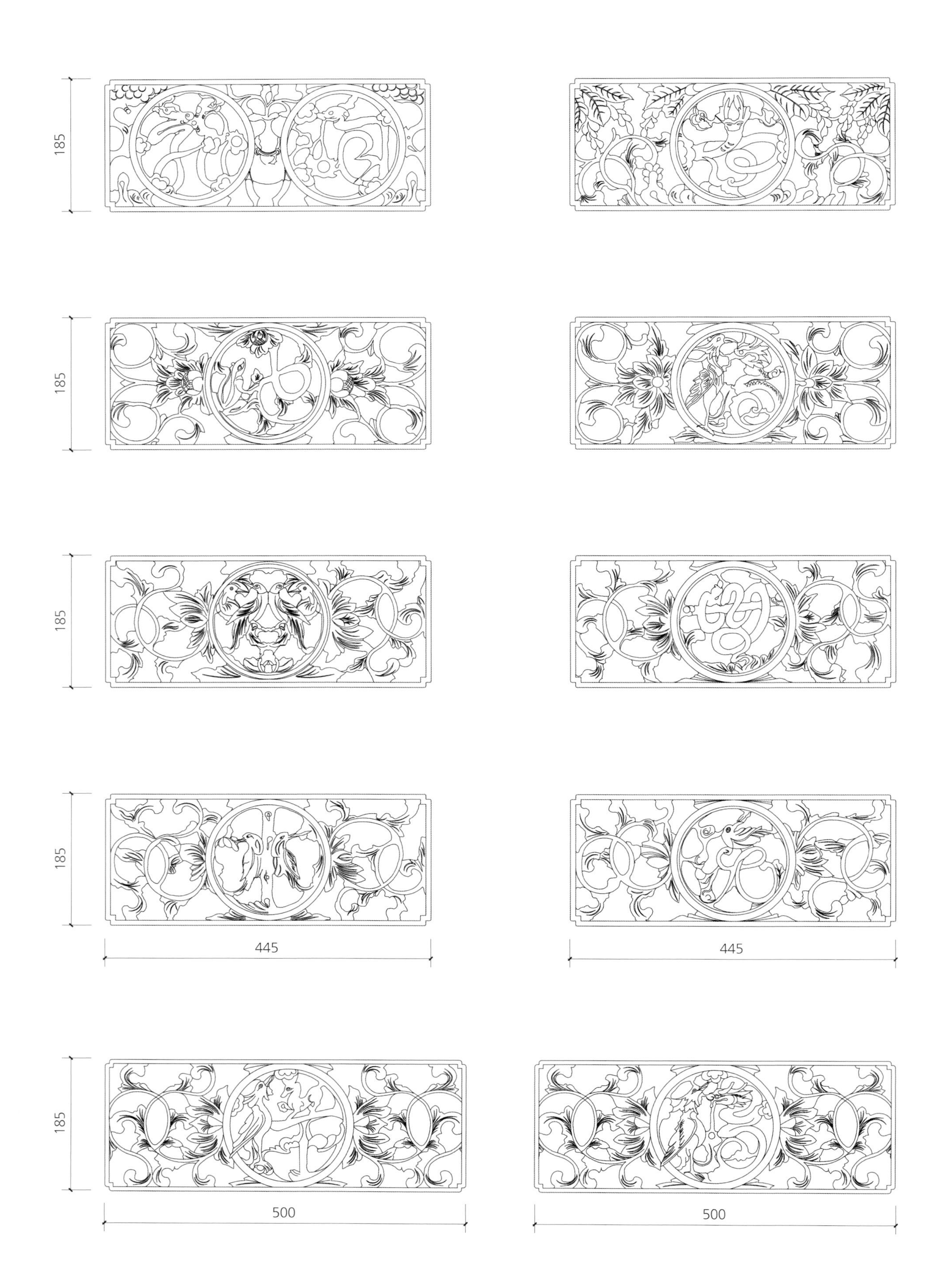

圣人殿门窗装饰图案（一）

圣人殿门窗装饰图案（二）

青龙洞建筑群

青龙洞建筑群由观音殿、吕祖殿和玉皇殿等建筑组成，位于中和山崖壁最高处。上山道路在垂直陡峭的崖壁盘旋，山腰台地有石砌牌楼山门，上有精美的“青龙洞”浮雕匾额。建筑群利用地形前、后高差呈两排布局：前排观音殿与吕祖殿并列布置，两栋建筑形态处理各异，均以出挑吊脚与退台手法处理，楼阁之间由架空天桥相互联系；后排为玉皇殿，建筑整体悬挑在崖壁之上，经过夹壁通道、爬山梯道和两层洞窟进入，建筑外观悬吊，内部洞窟幽深，有仙山楼阁般的环境氛围。

青龙洞建筑群

观音殿

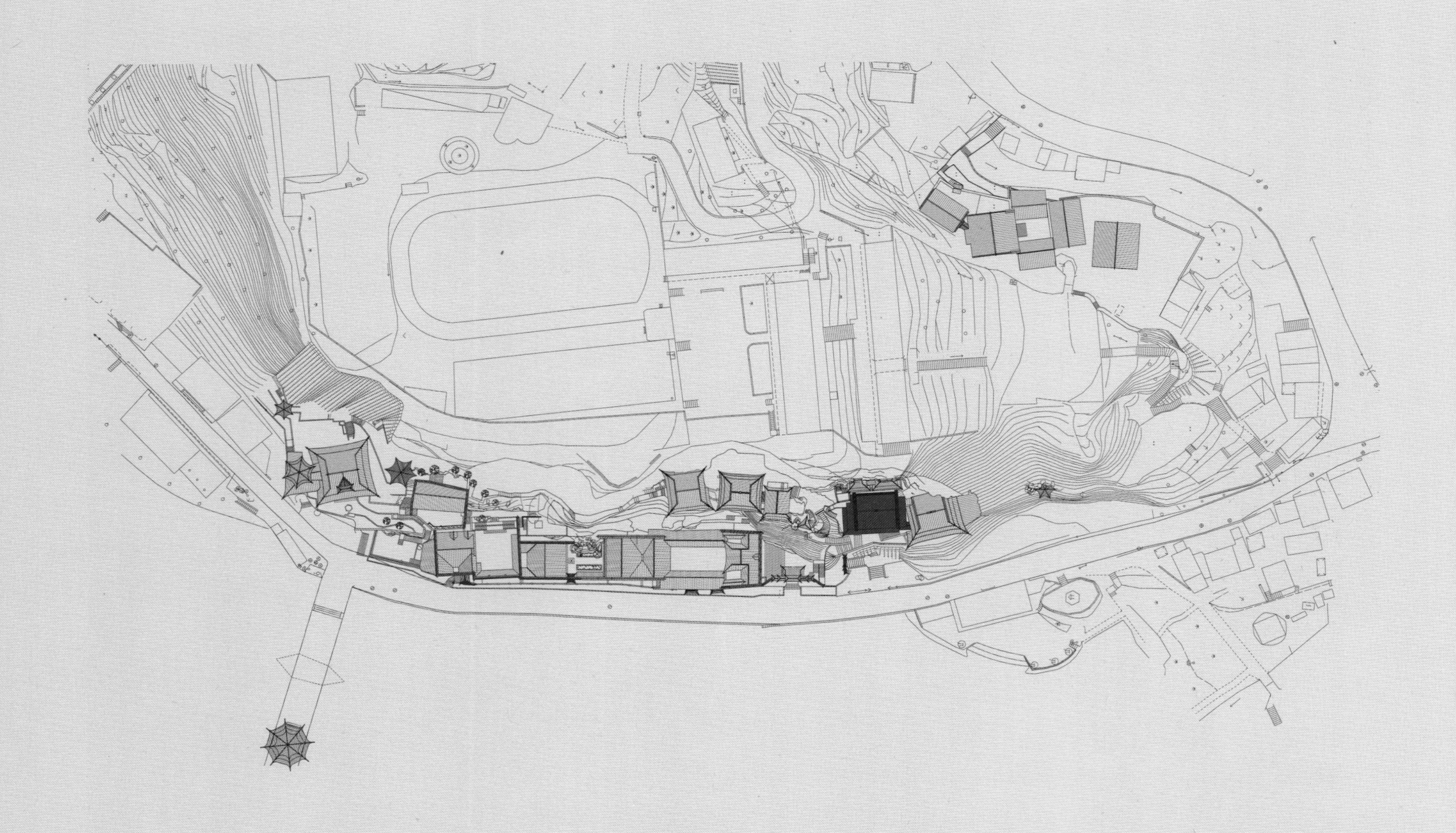

观音殿始建于明弘治二年，清光绪三十年重建。殿堂主体面阔三间，两侧为封火山墙。一层在封火山墙外侧各增一间，形成面阔五间的平面，二层也在封火墙外设檐廊，建筑风格独特。两层楼阁建在后退的台地上，正面宽敞的檐廊出挑，底层整体架空，建筑虚实相生，空间变换丰富。入口利用地形高差变化，可从室外直接进入各层。建筑背面与崖壁之间形成狭长通道，是通往玉皇殿的必经路径。通道围墙上有黑白水墨画，描绘镇远古城十二景。

观音殿正面

观音殿吊脚楼

观音殿仰视（一）

观音殿仰视（二）

观音殿封火墙

观音殿封火墙绘画

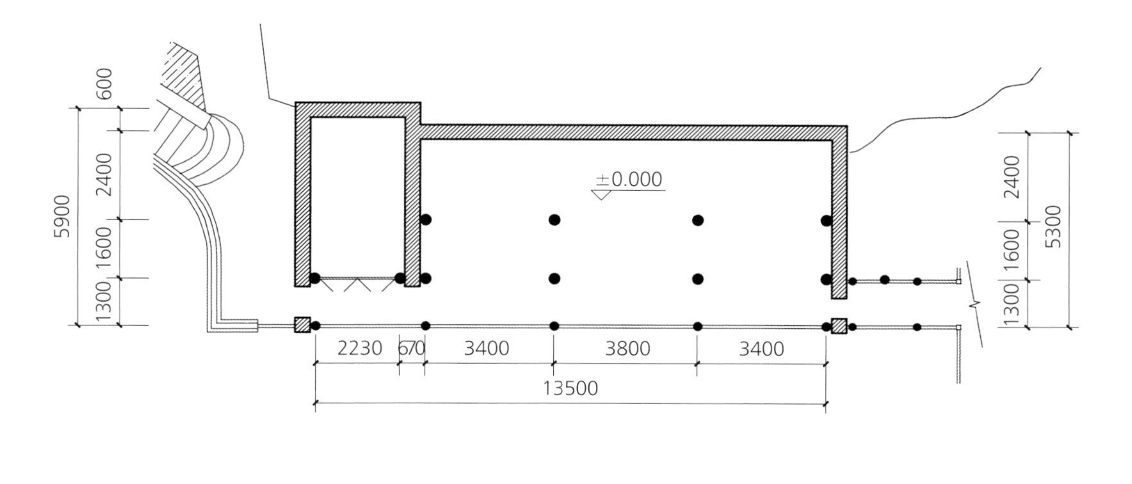

观音殿一层平面图

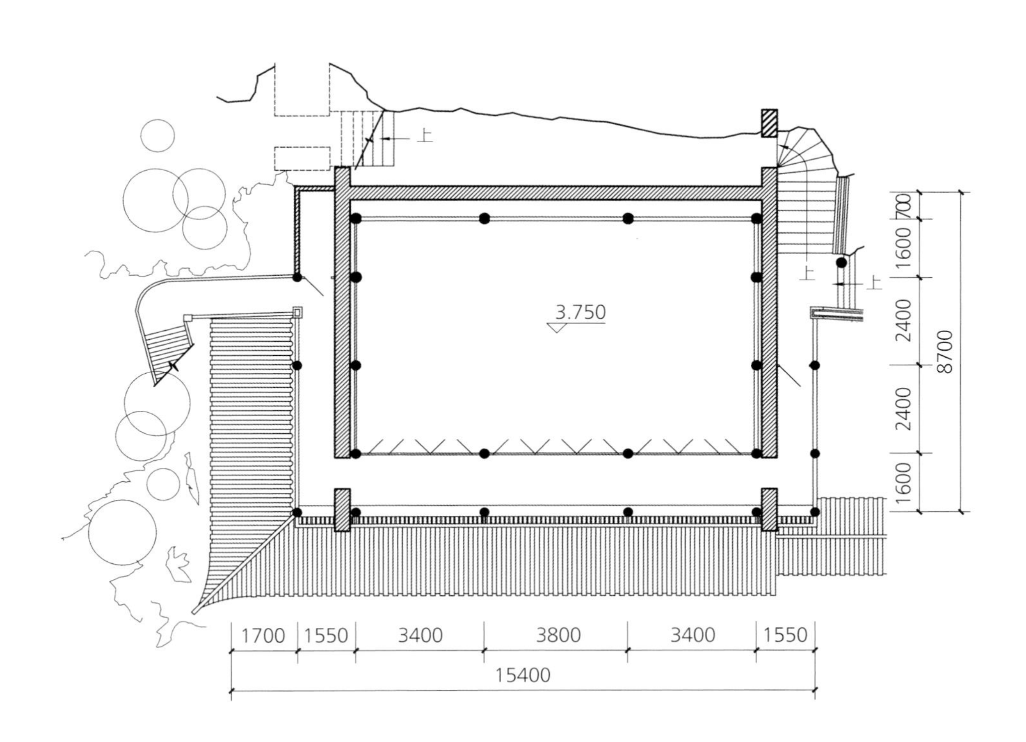

观音殿二层平面图

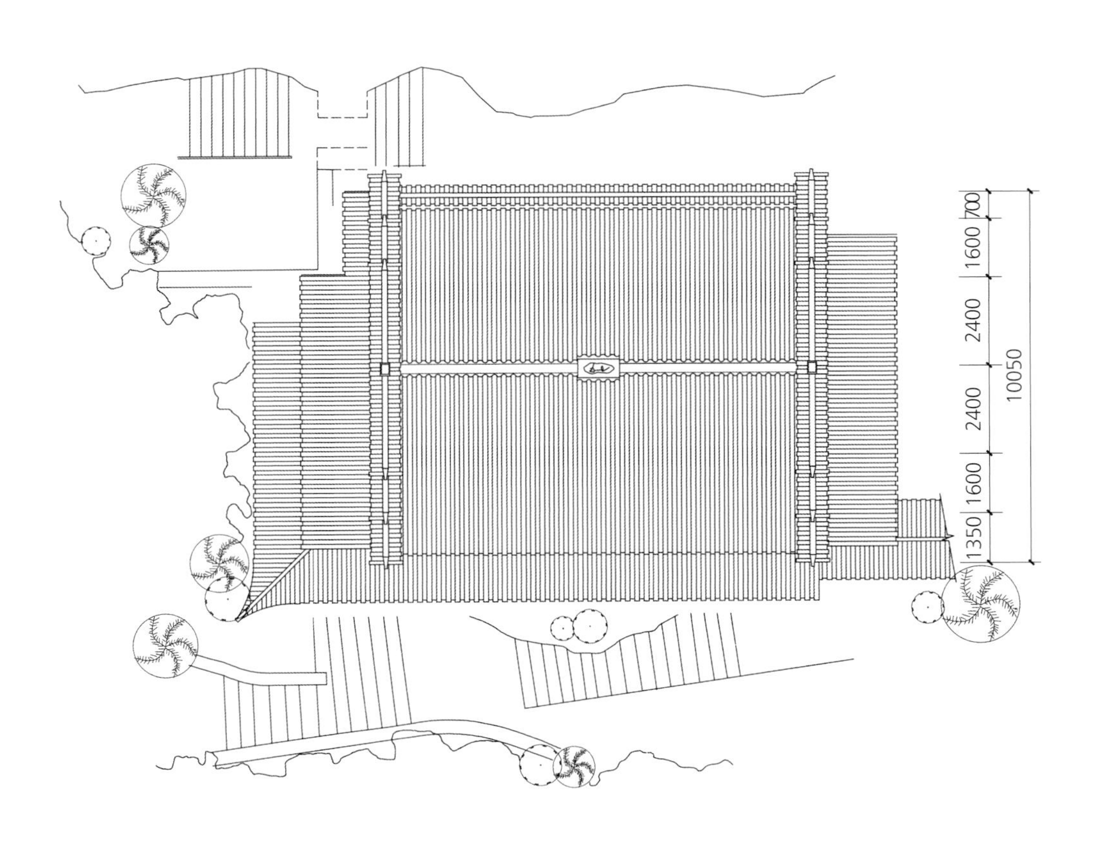

观音殿屋顶平面图

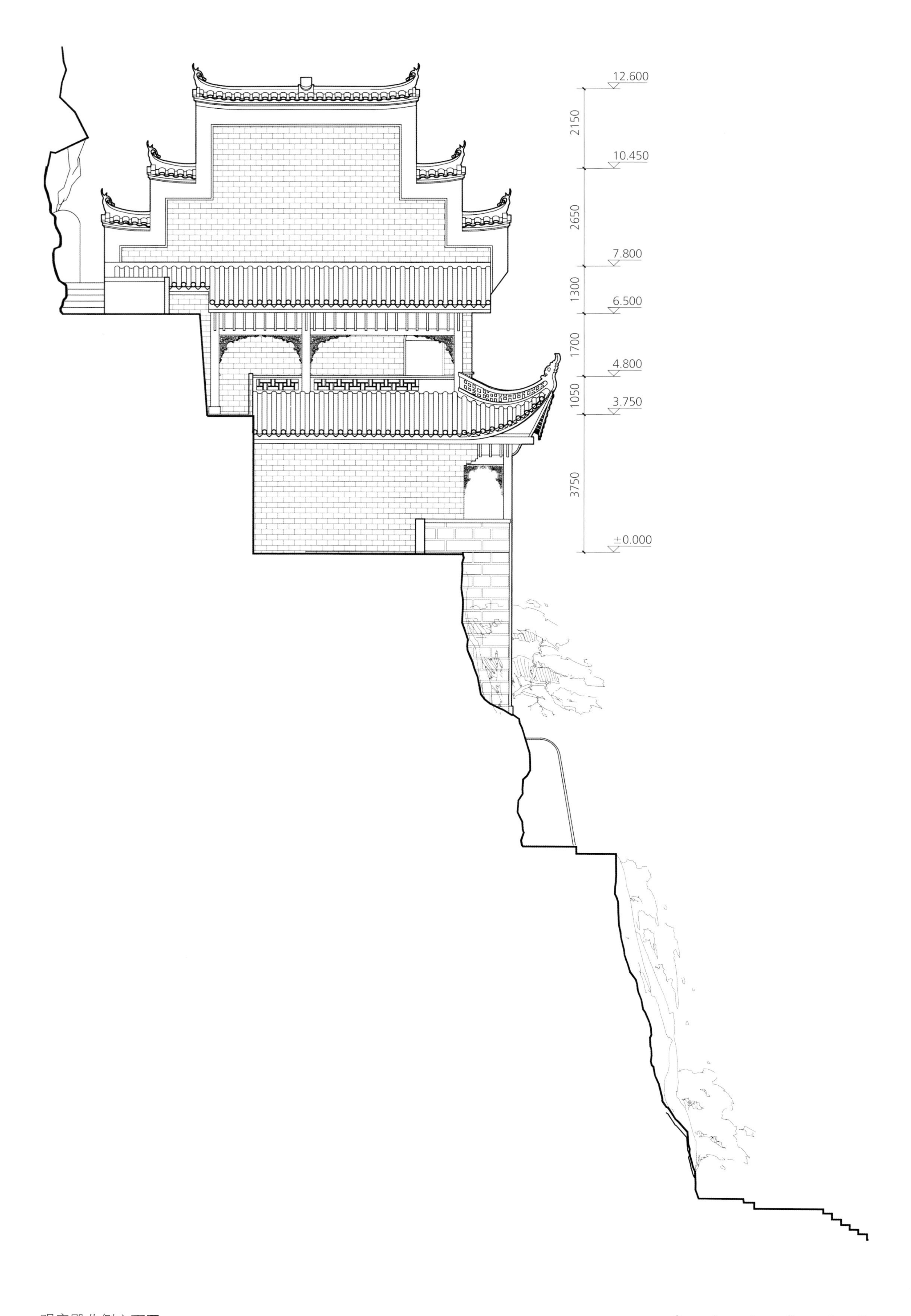
12.600
2150
10.450
2650
7.800
1300
6.500
1700
4.800
1050
3.750
3750
±0.000
0
1
2
3
4
5m

观音殿北侧立面图

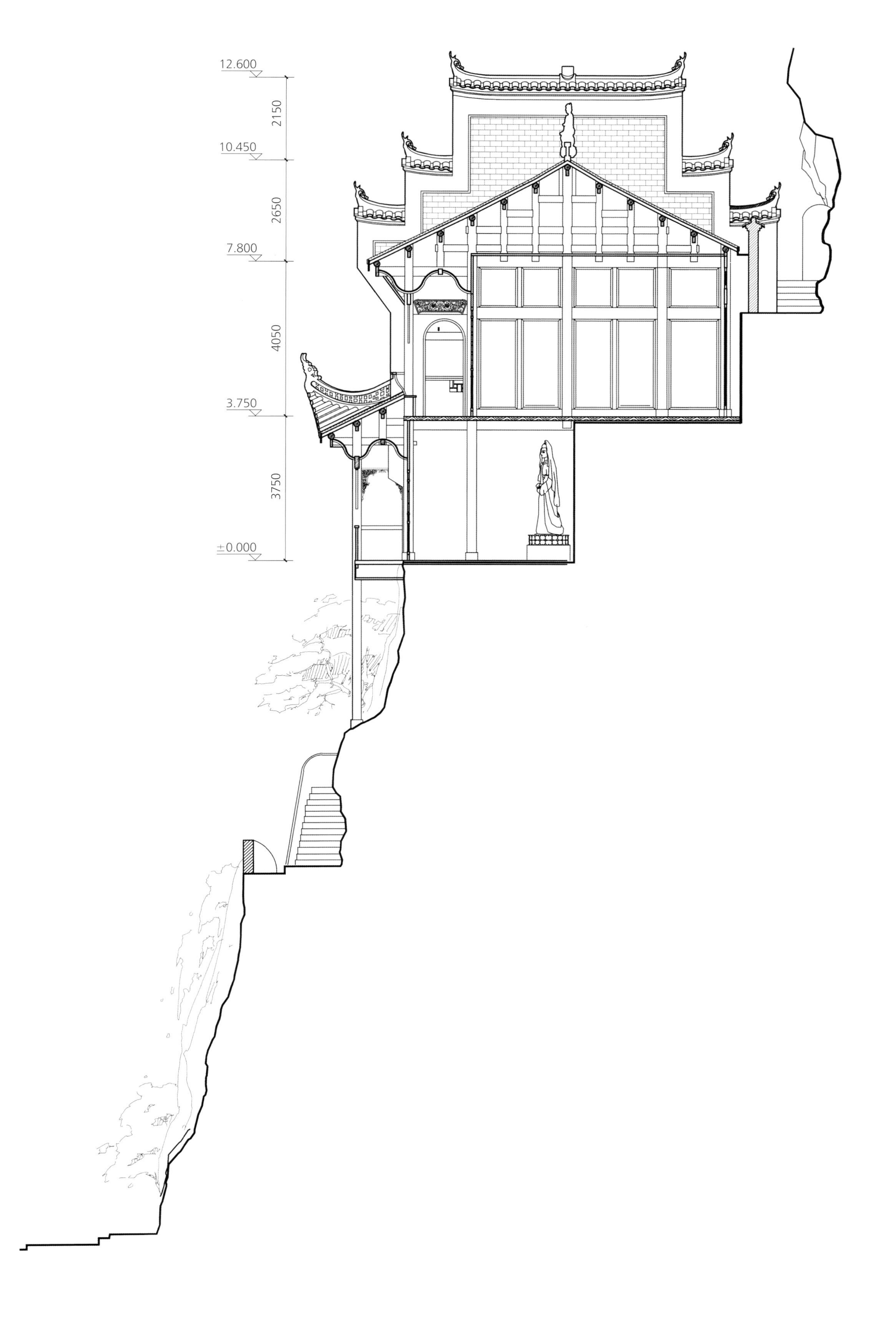

观音殿明间剖面图

0 1 2 3 4 5m

观音殿正立面图

0 1 2 3 4 5m

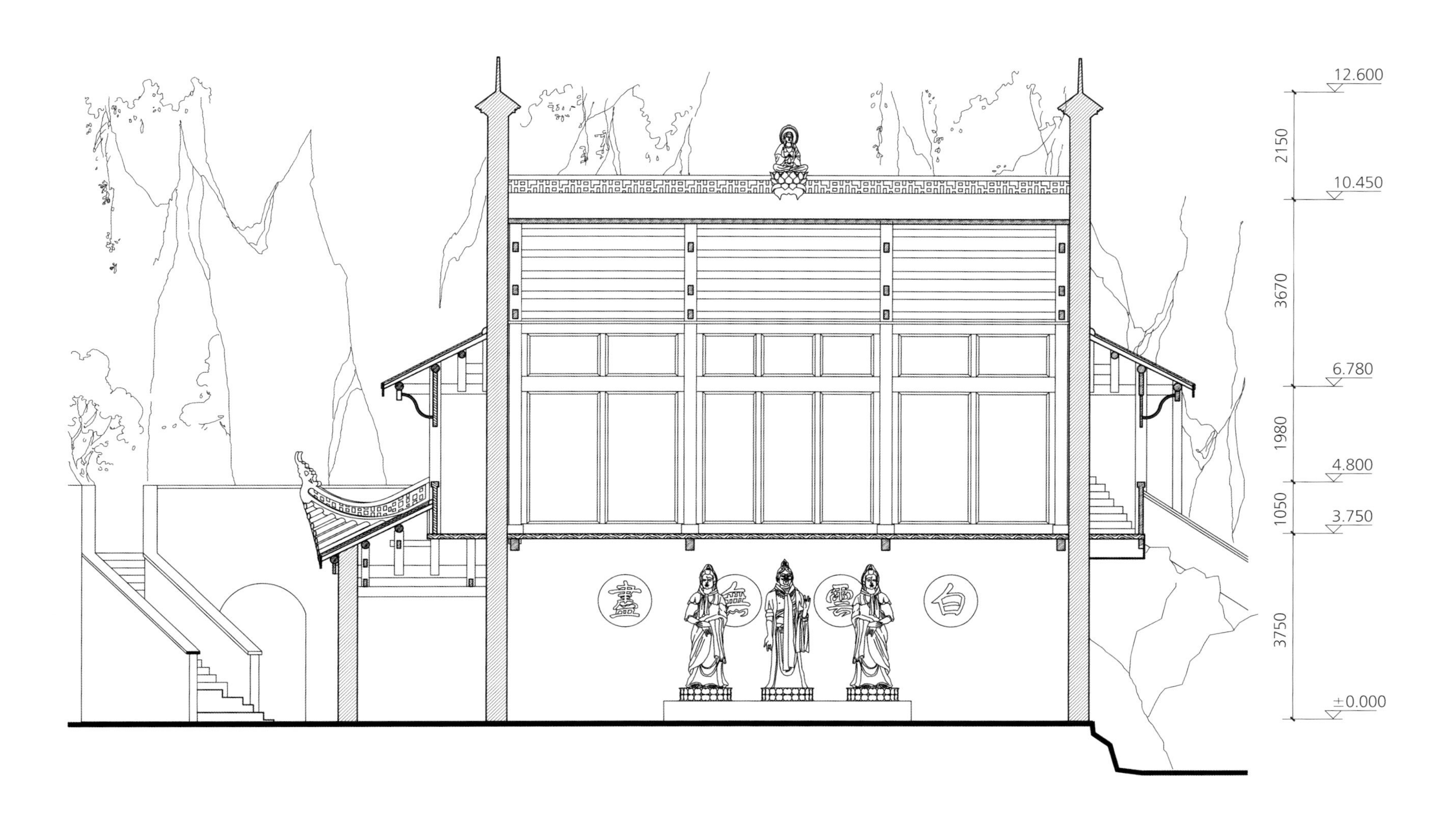
12.600
2150
10.450
3670
6.780
1980
4.800
1050
3.750
3750
±0.000
白
0 1 2 3 4 5m

观音殿纵剖面图

观音殿挂落饰样图

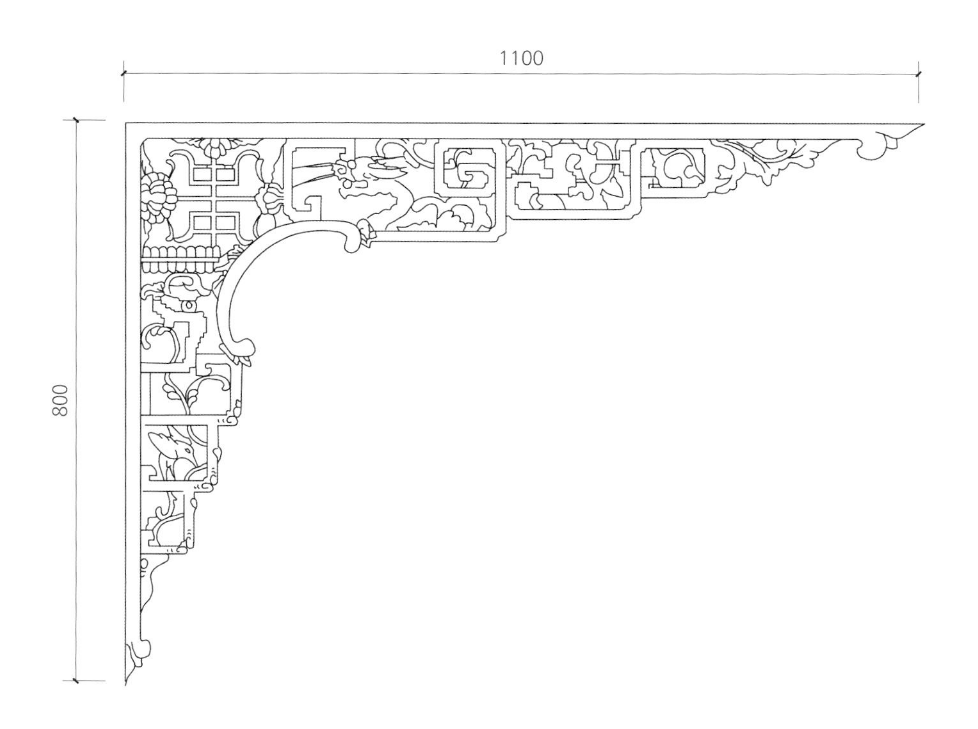

观音殿挂落饰样图

观音殿月梁饰样图

吕祖殿

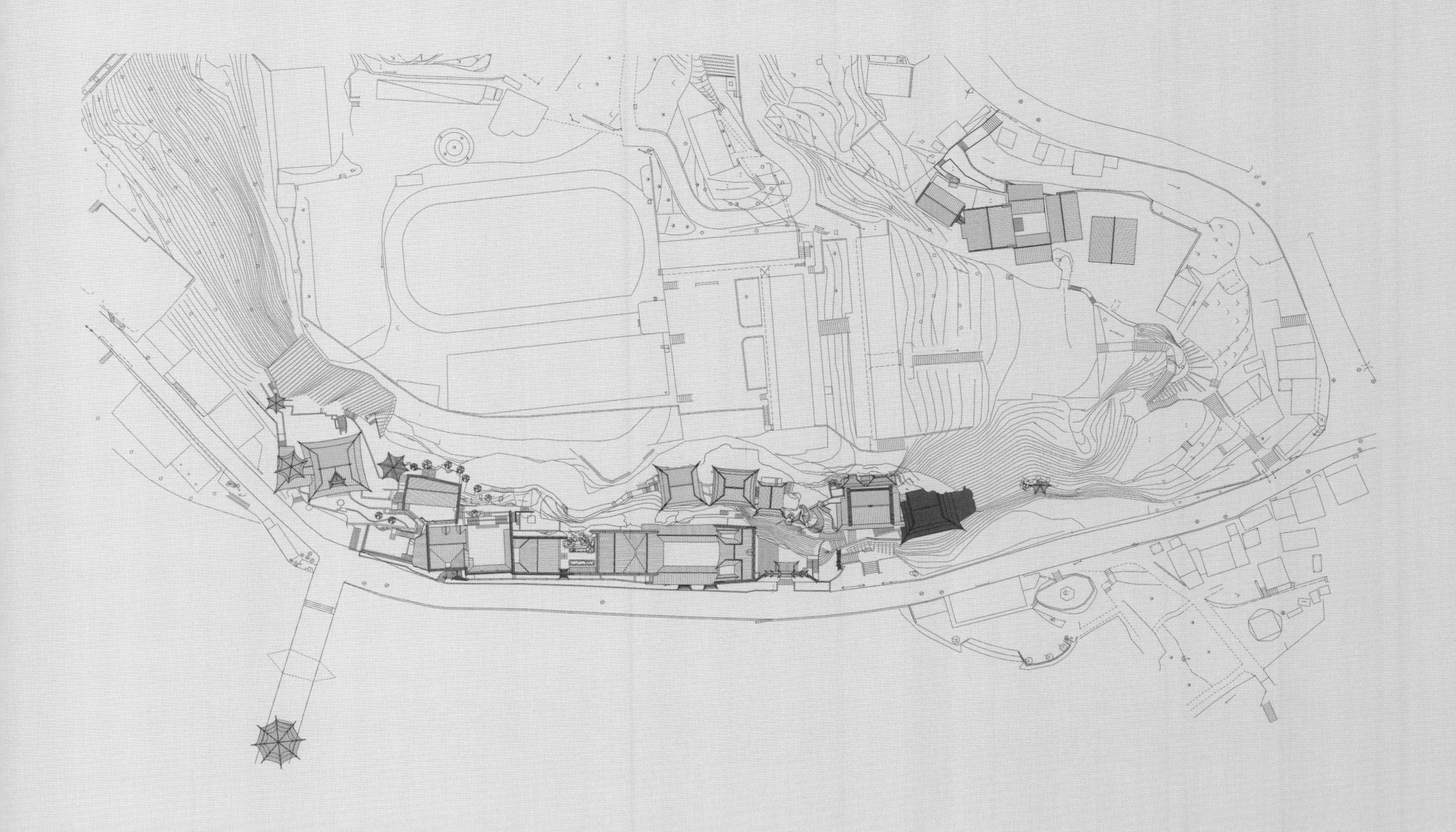

吕祖殿始建于清光绪十五年，光绪三十年重建，面阔三间，三层楼阁式建筑，重檐歇山屋顶，穿斗抬梁组合式构架。利用崖壁层层退台的地形环境，楼阁也由下往上逐层后退，形成稳定的建筑外观。吊层退台3.5米全部架空形成吊脚楼空间；一层除外檐廊柱与吊脚立柱贯通、内檐柱立于下层抬梁上外，其余立柱均立于退台台地上；二层外檐廊柱与一层内檐柱贯通，仅后檐廊柱立于靠崖台地上；一、二、三层均有外廊环通，利用退台平台和室外筑台的手法，三层楼均可分别从室外直接进入室内。

吕祖殿正面

吕祖殿靠崖回廊

吕祖殿仰视（一）

吕祖殿仰视（二）

吕祖殿二层外檐廊

吕祖殿二楼影壁

吕祖殿门窗吉祥雕刻（一）

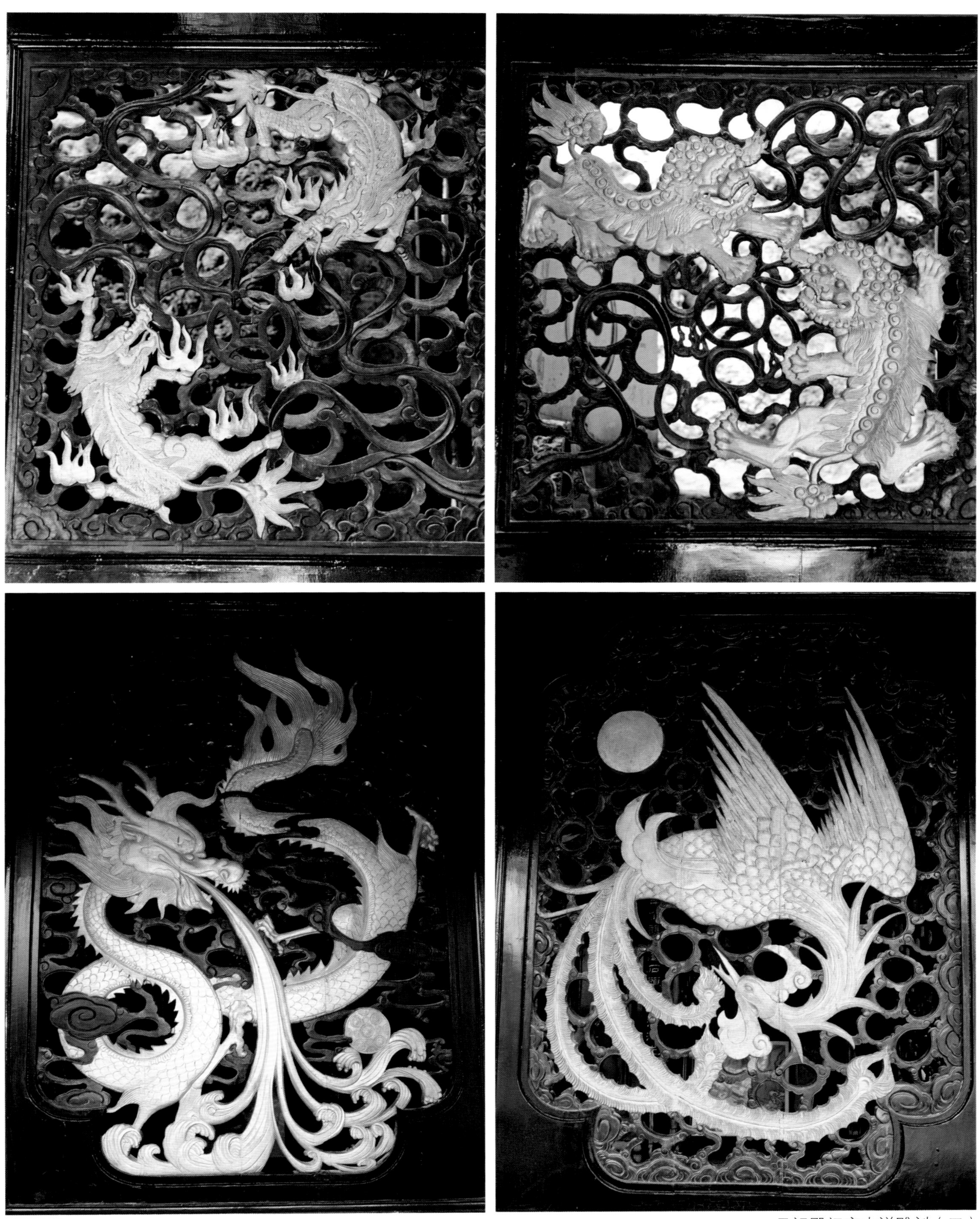

吕祖殿门窗吉祥雕刻（二）

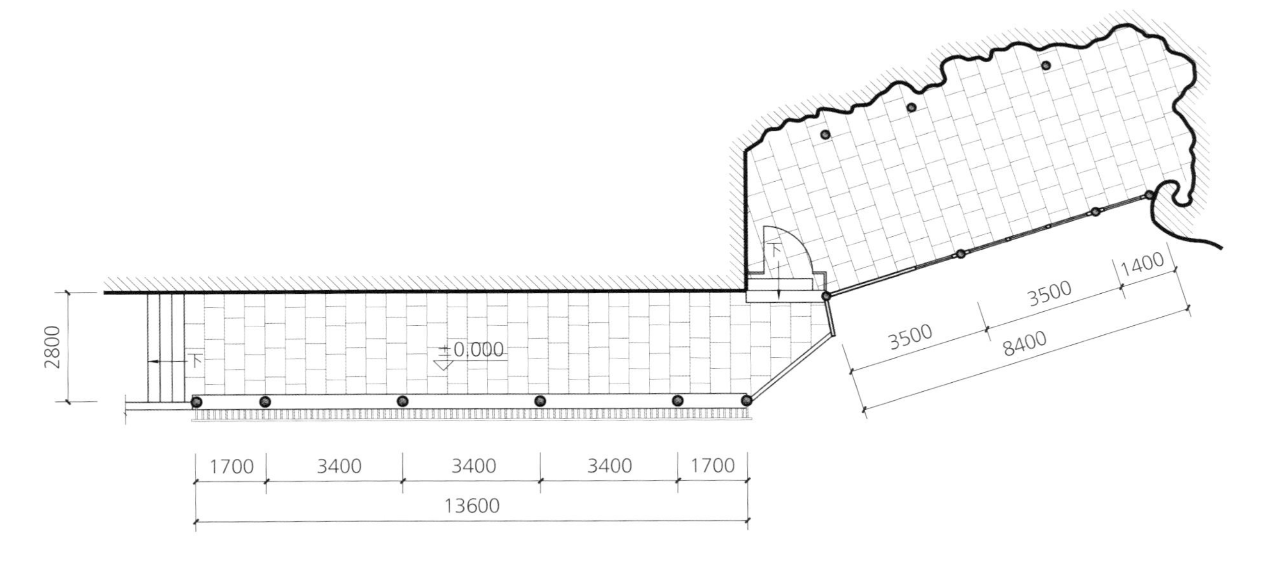

吕祖殿吊层平面图

0 1 2 3 4 5m

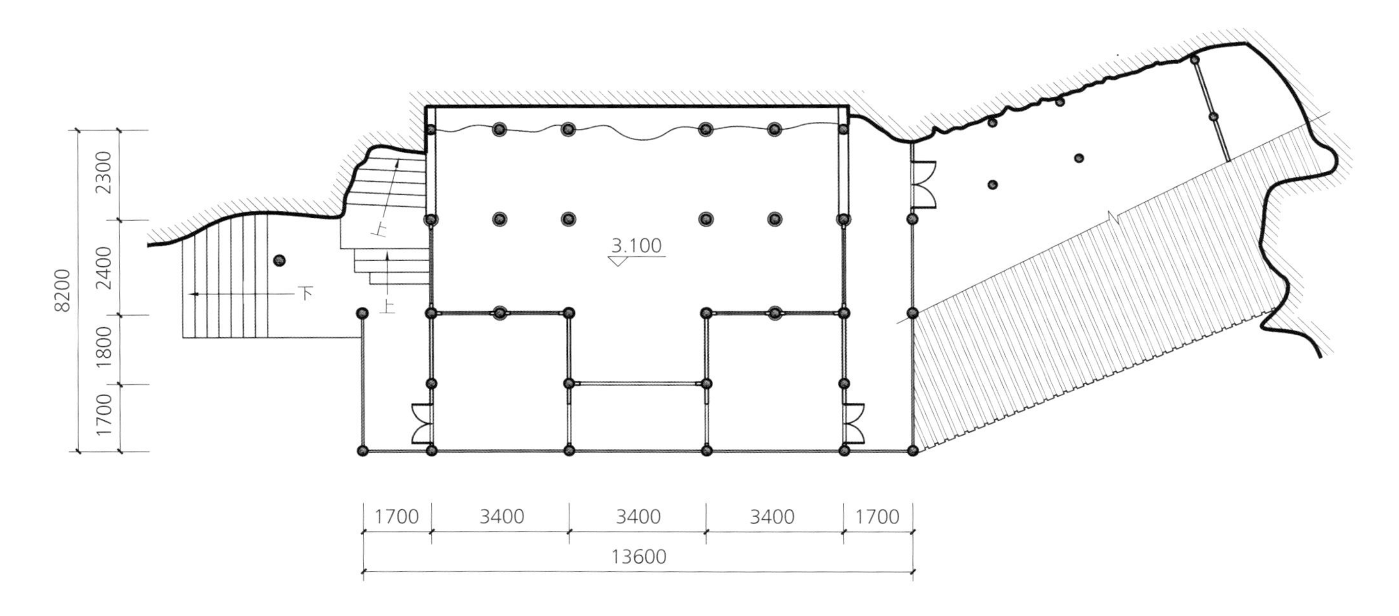

吕祖殿一层平面图

0 1 2 3 4 5m

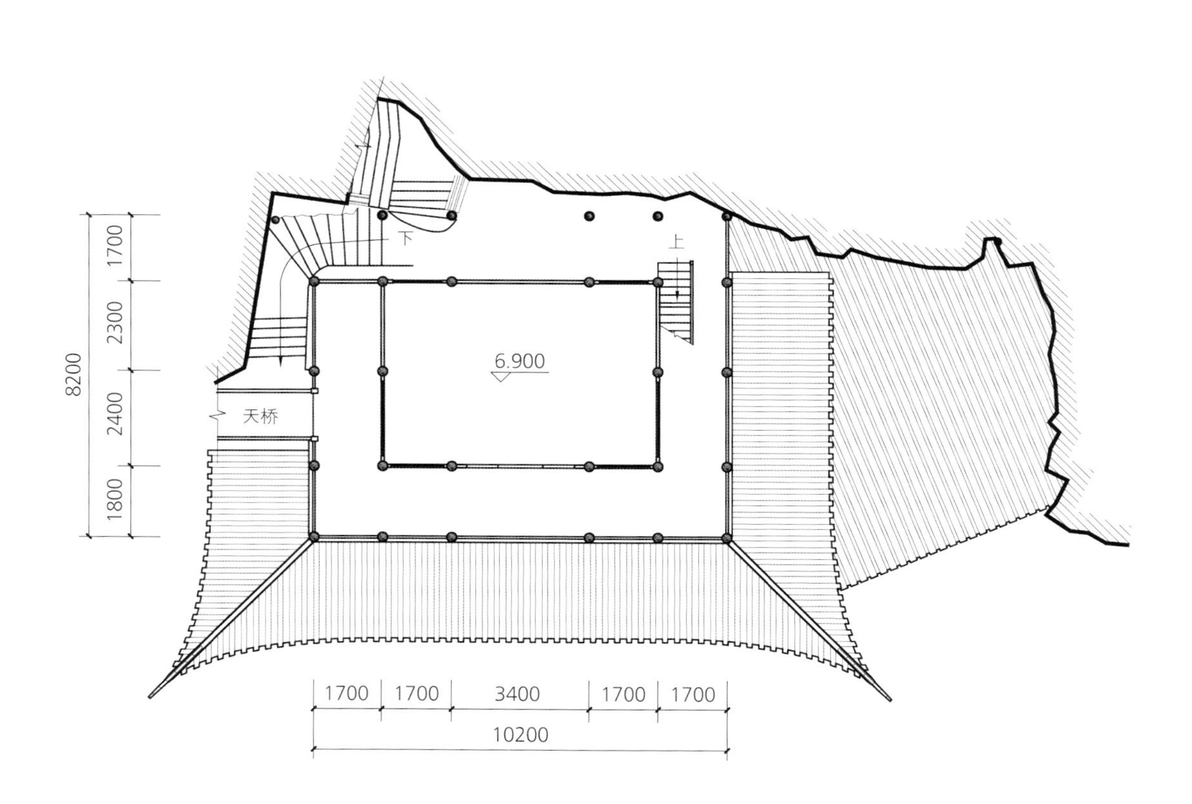

吕祖殿二层平面图

0 1 2 3 4 5m

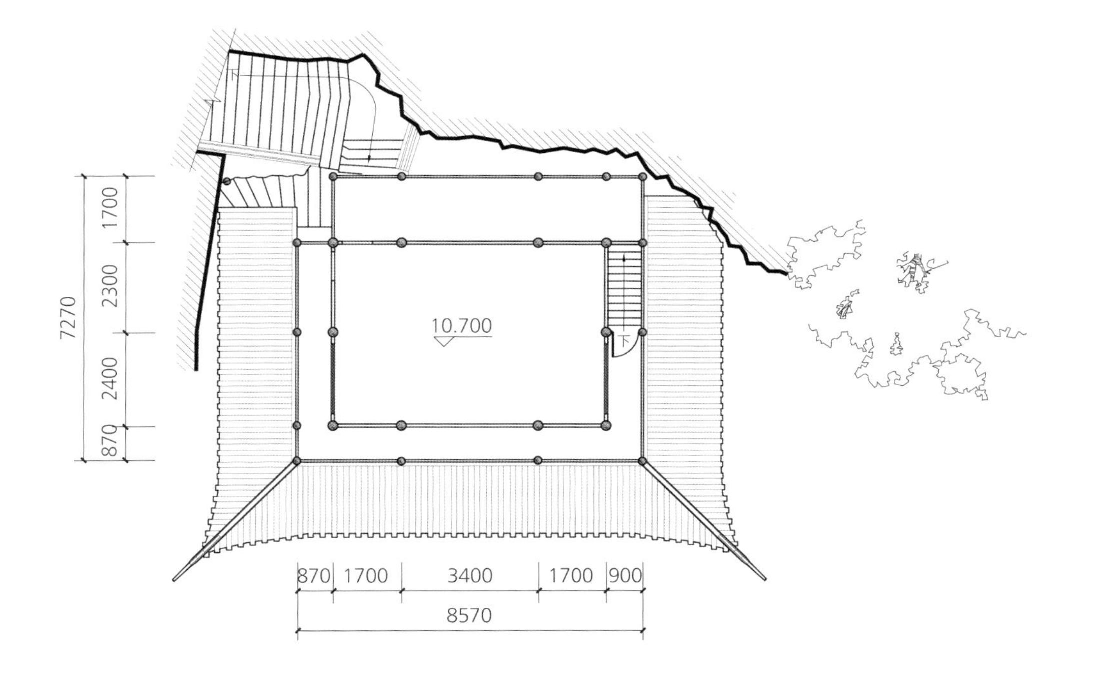

吕祖殿三层平面图

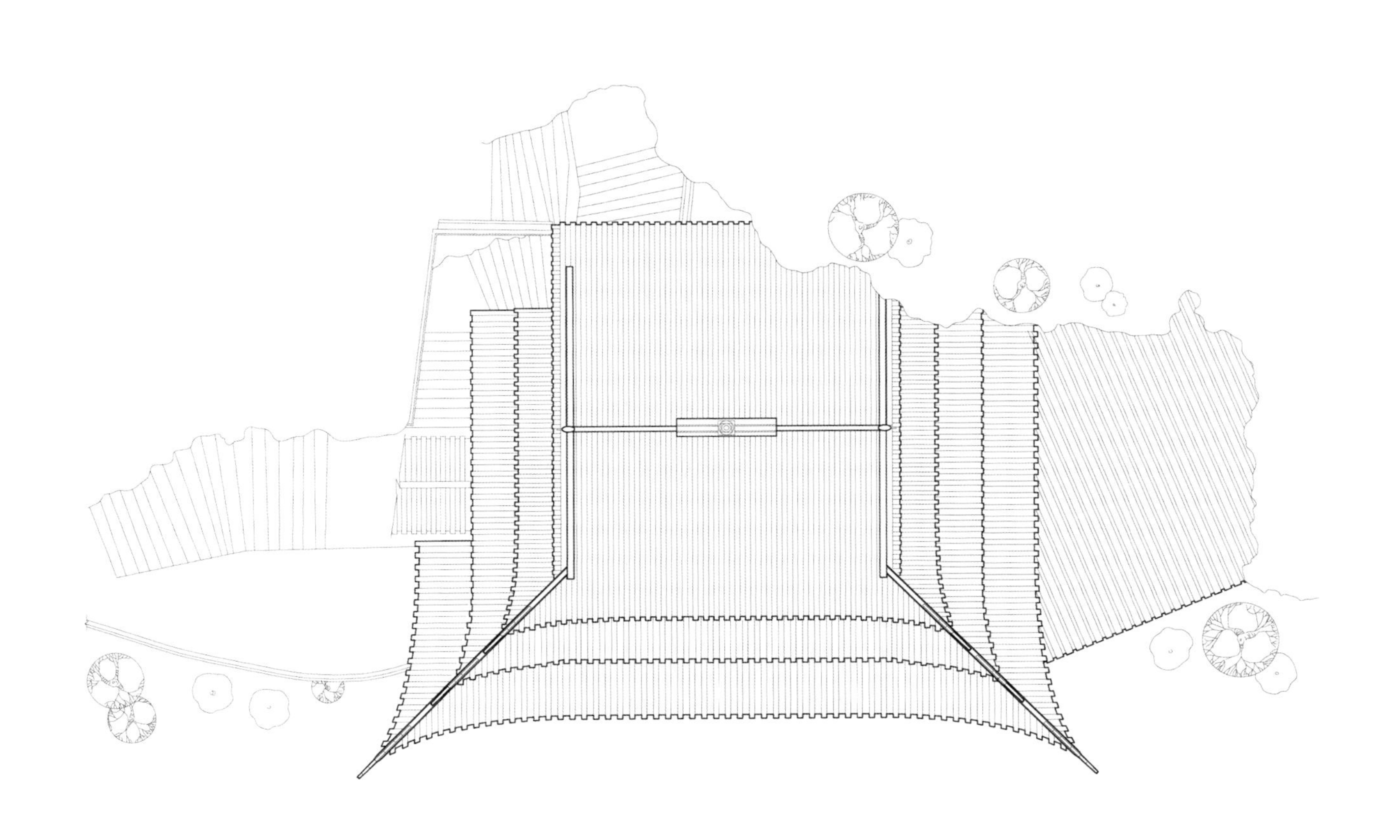

吕祖殿屋顶平面图

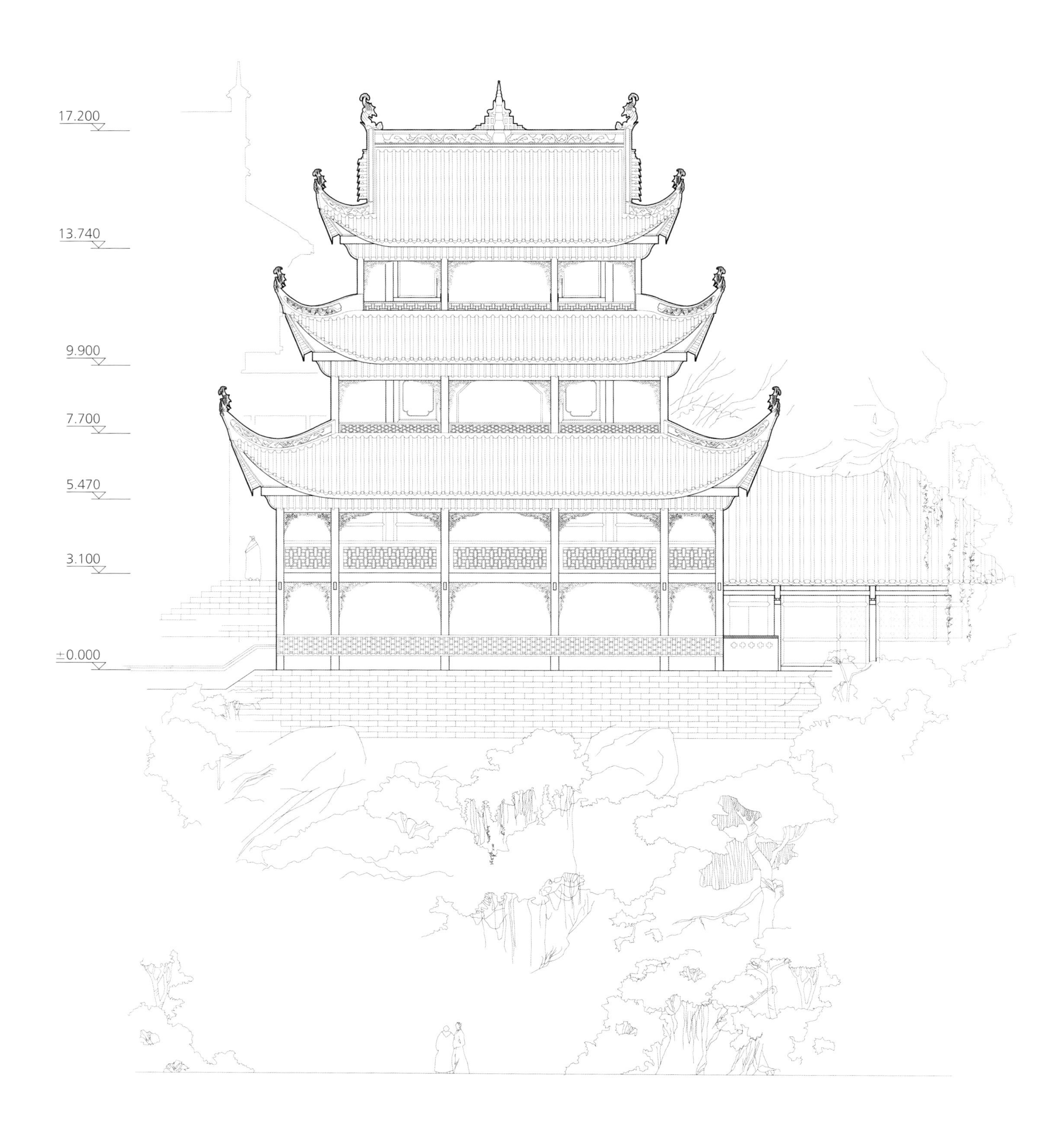

吕祖殿正立面图

0 1 2 3 4 5m

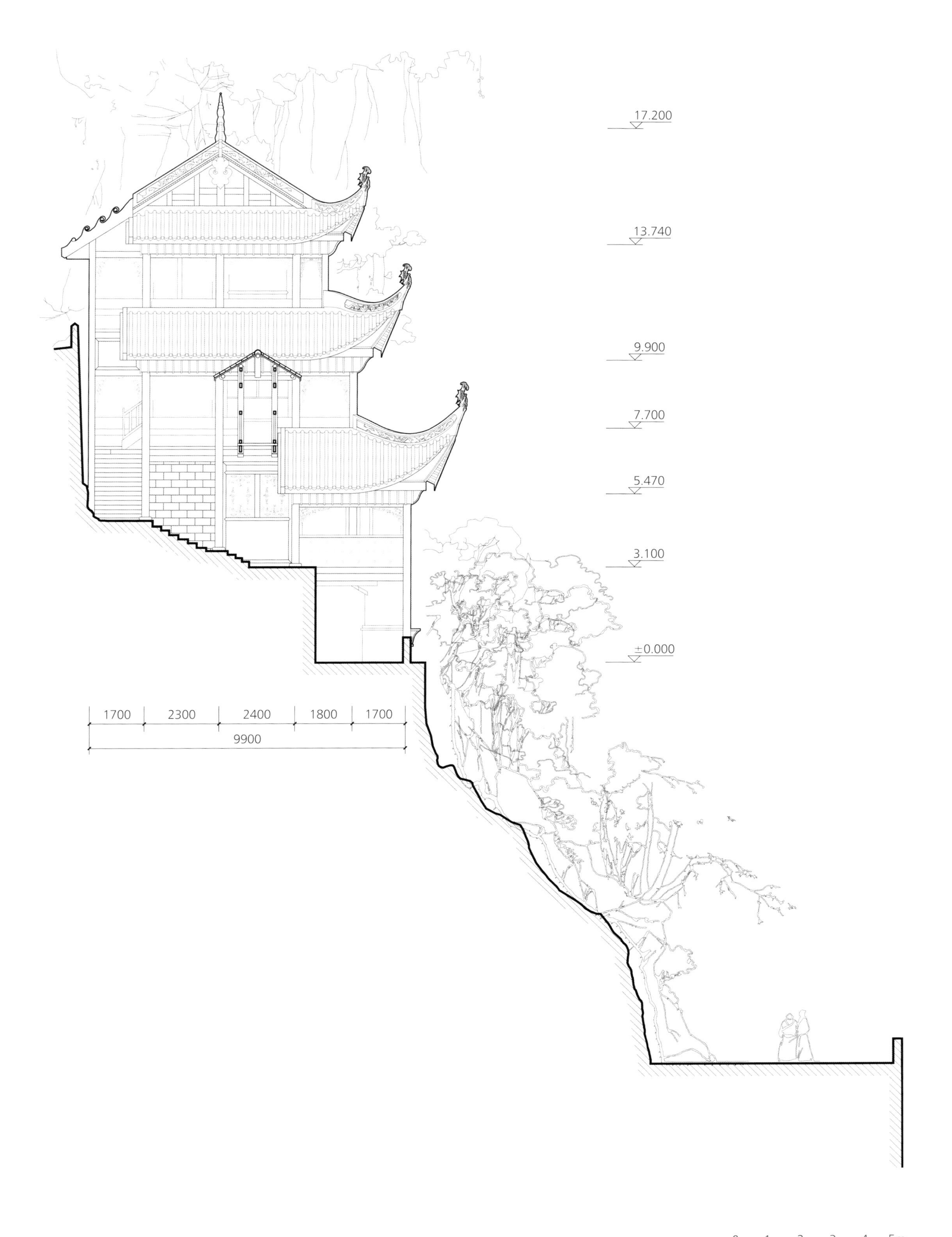
17.200
13.740
9.900
7.700
5.470
3.100
±0.000
1700
2300
2400
1800
1700
9900
0
1
2
3
4
5m

吕祖殿北侧立面图

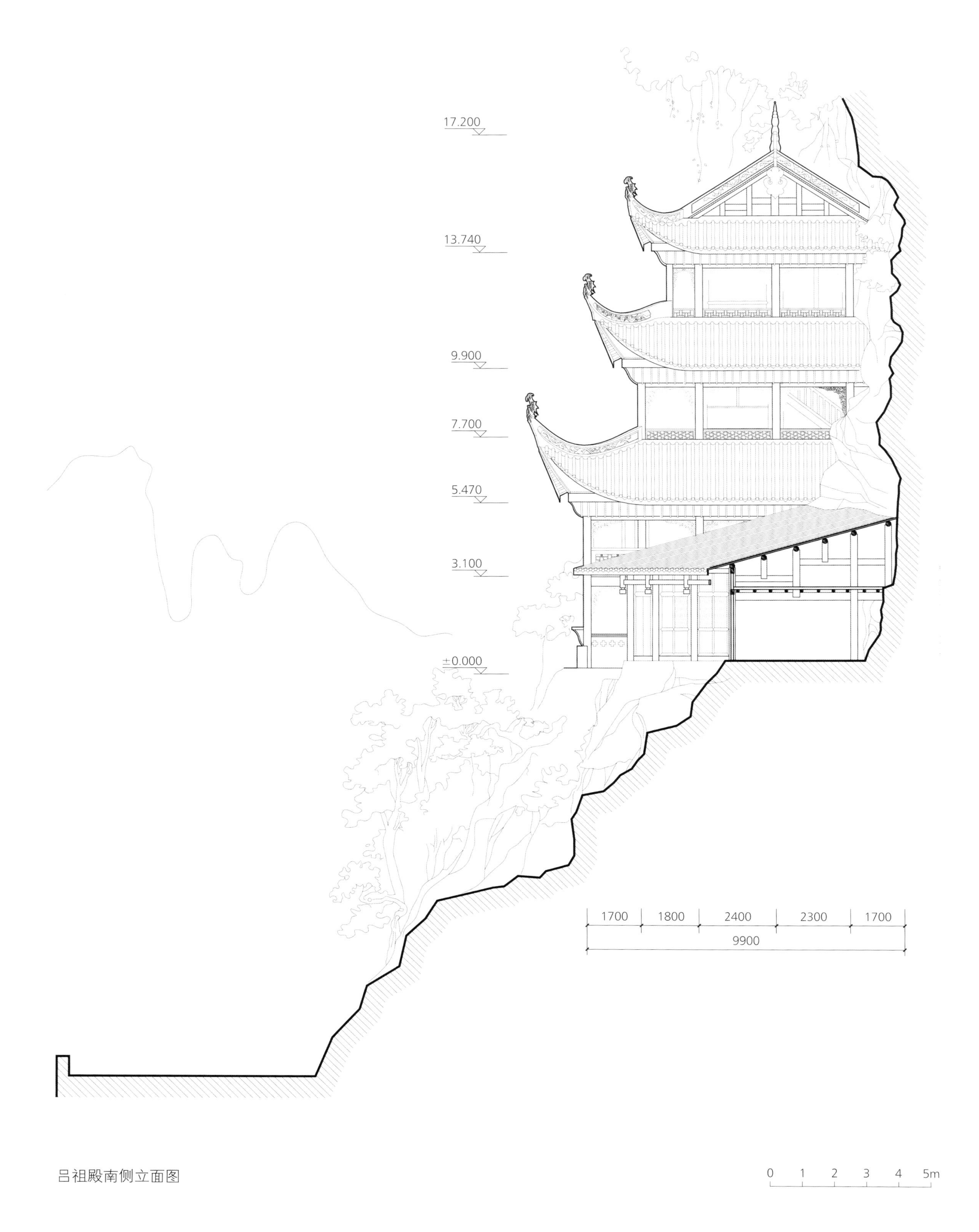
17.200
13.740
9.900
7.700
5.470
3.100
±0.000
1700
1800
2400
2300
1700
9900

吕祖殿南侧立面图

0 1 2 3 4 5m

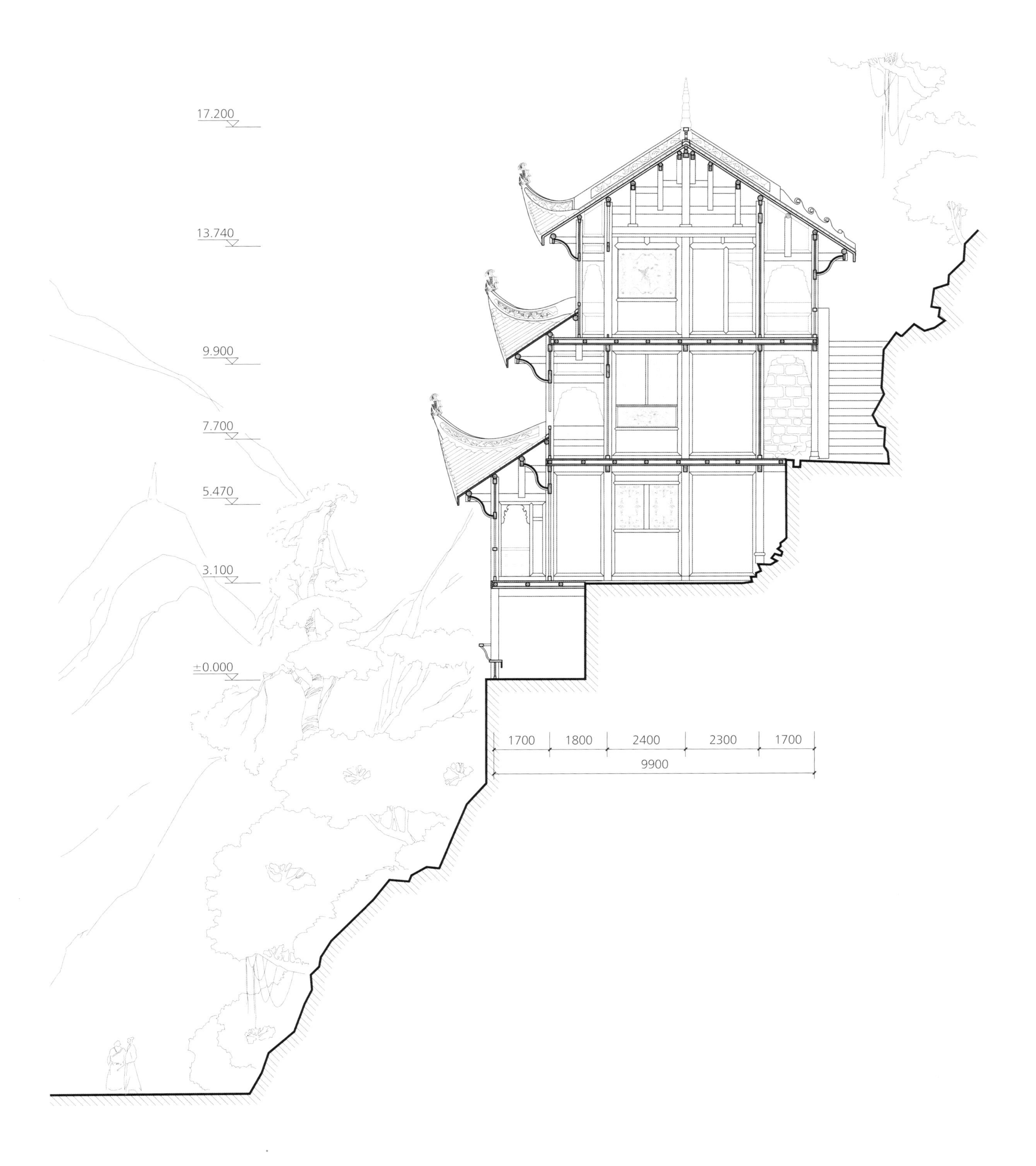
17.200
13.740
9.900
7.700
5.470
3.100
±0.000
1700
1800
2400
2300
1700
9900
0 1 2 3 4 5m

吕祖殿明间剖面图

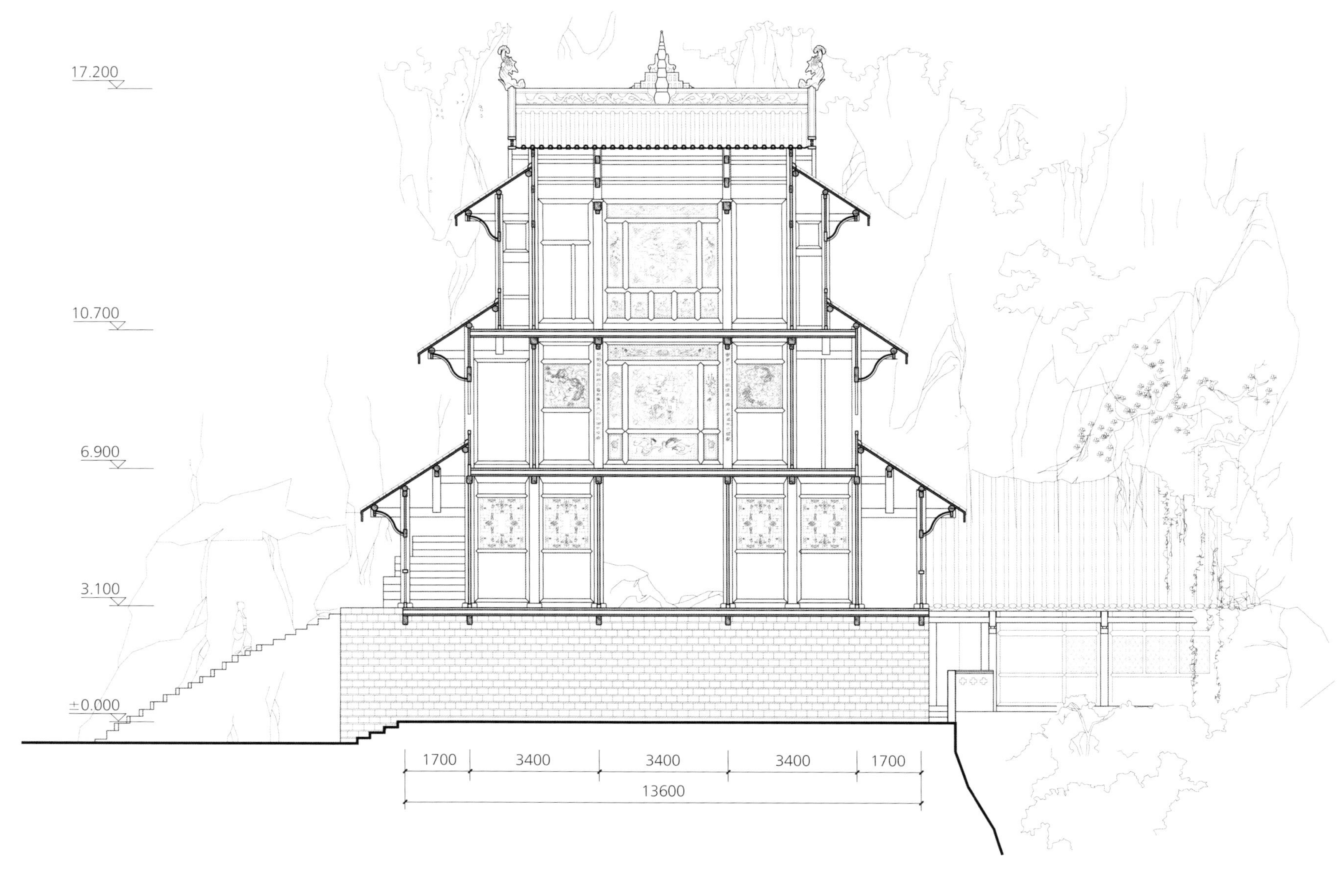
17.200
10.700
6.900
3.100
±0.000
1700
3400
3400
3400
1700
13600
0 1 2 3 4 5m

吕祖殿纵剖面图

吕祖殿二层明间影壁饰样图

吕祖殿三层明间影壁饰样图

吕祖殿花窗饰样图（一）

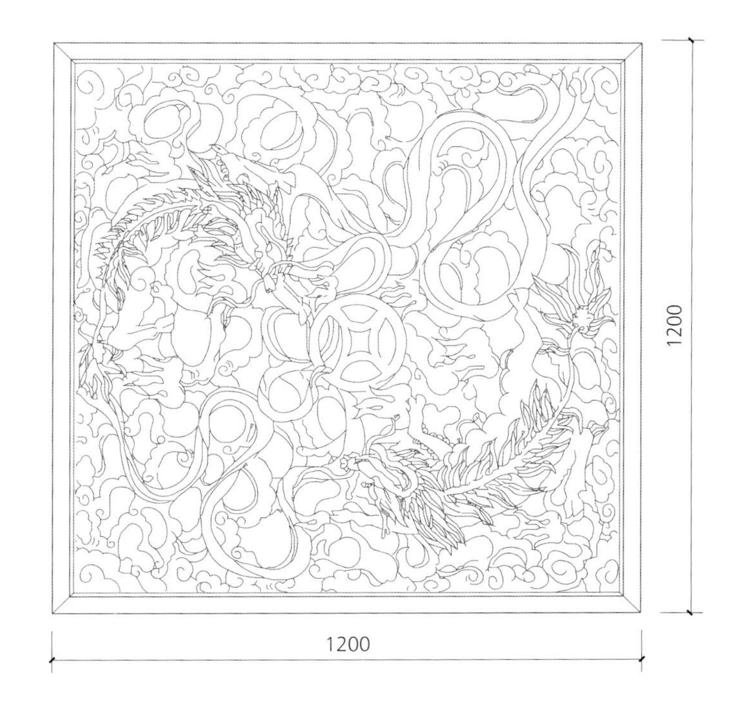

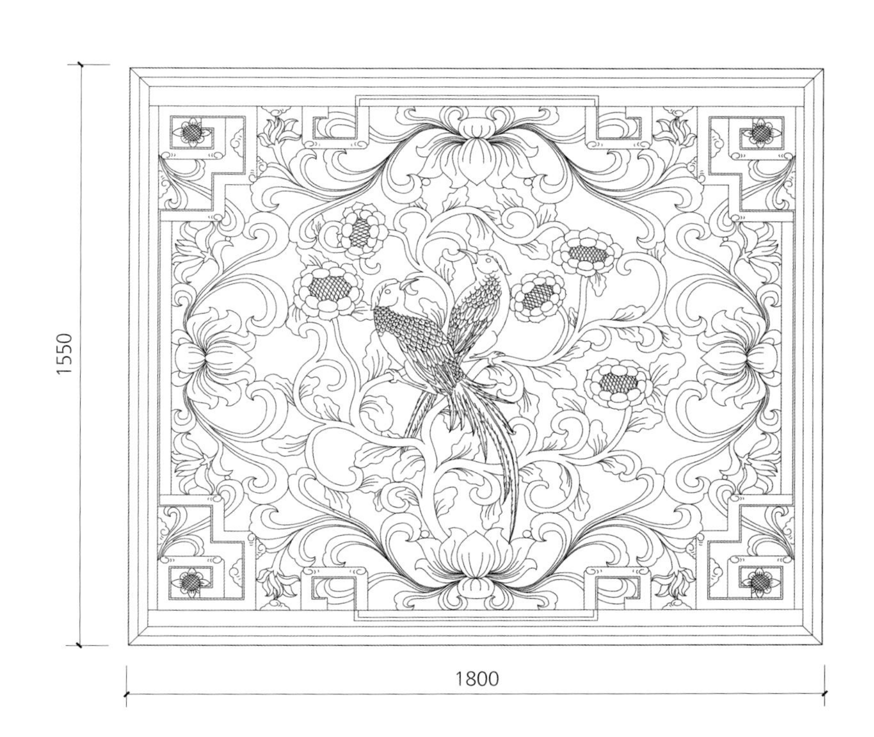

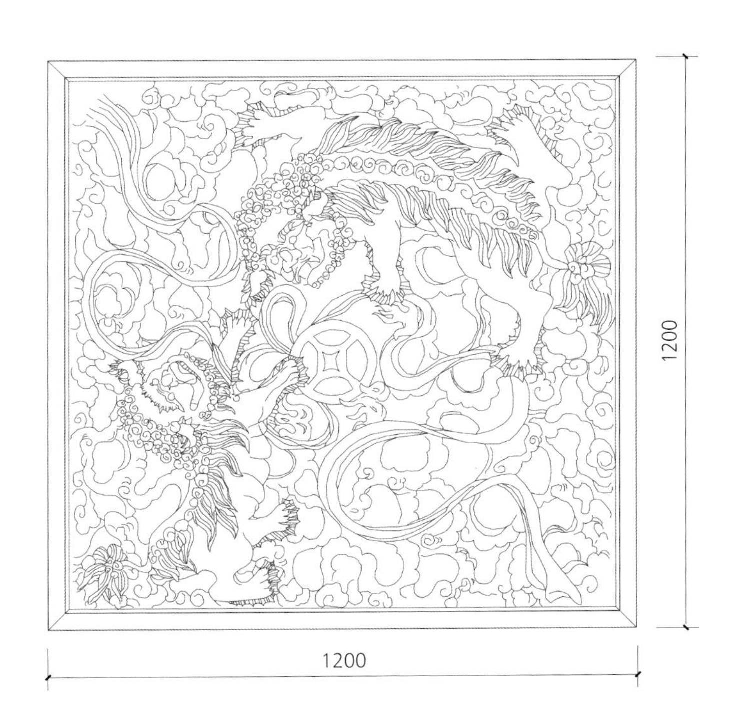

吕祖殿花窗饰样图（二）

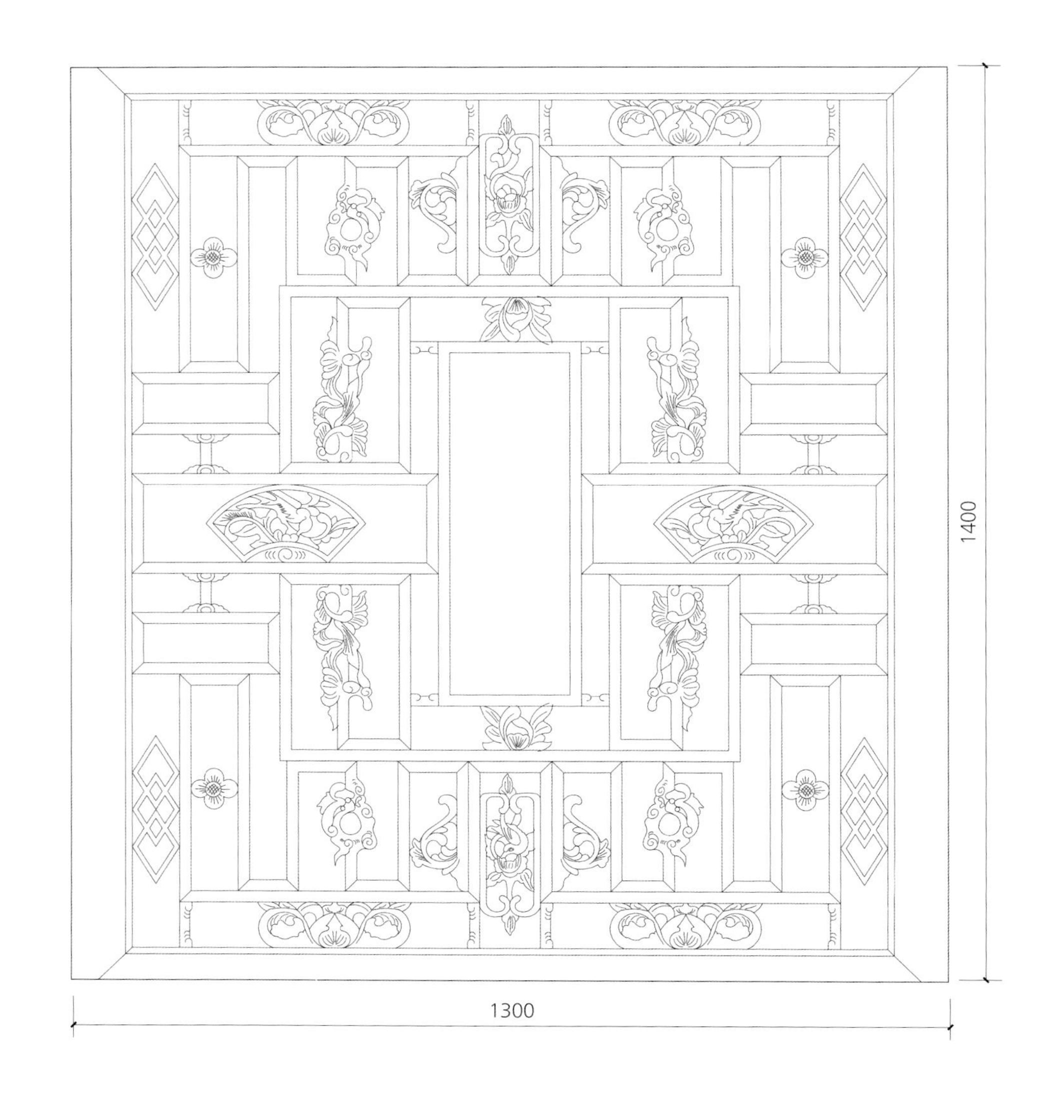

吕祖殿二层次间正面花窗饰样图

吕祖殿正殿四层侧墙花窗饰样图

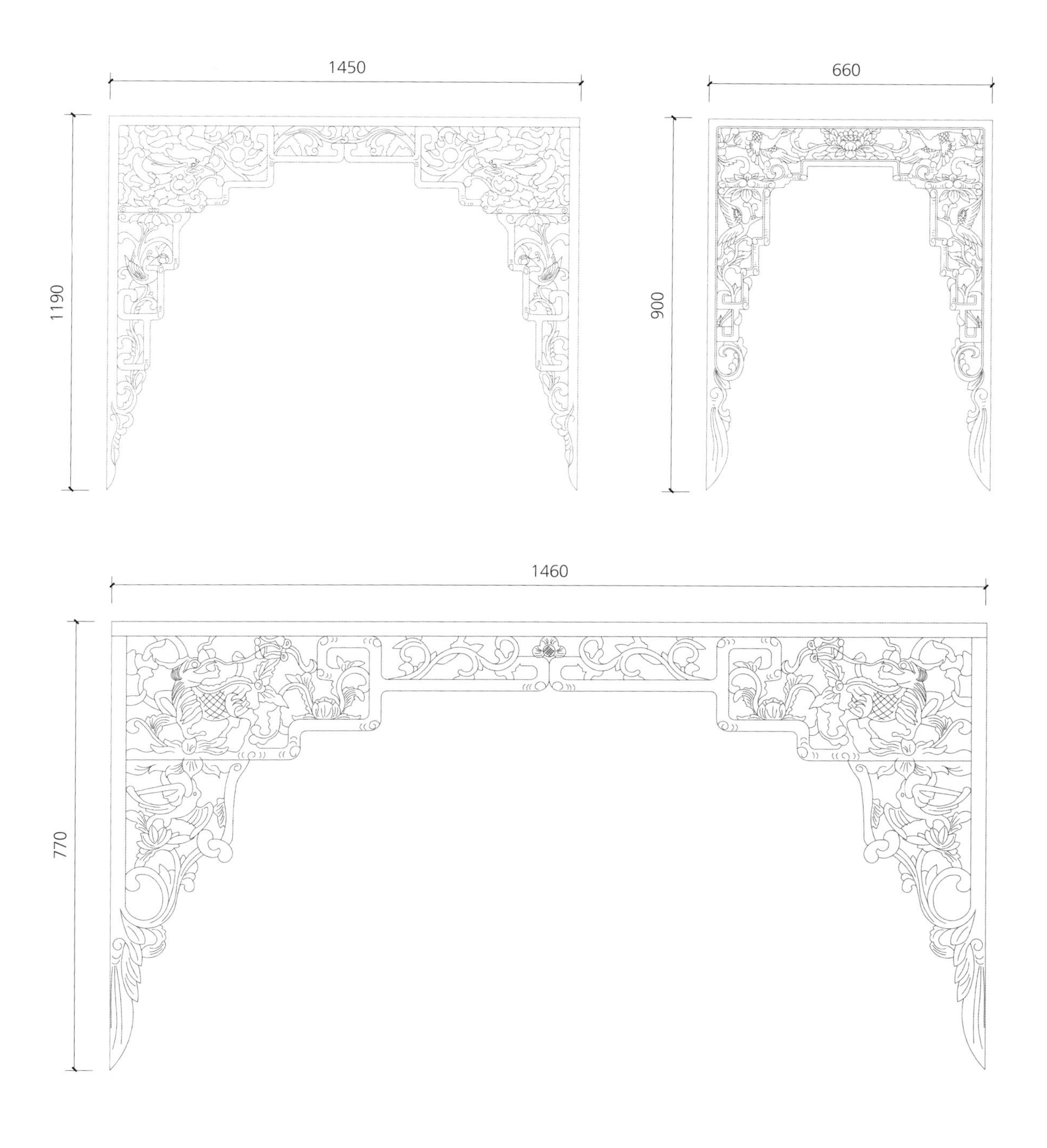

吕祖殿正殿挂落饰样图

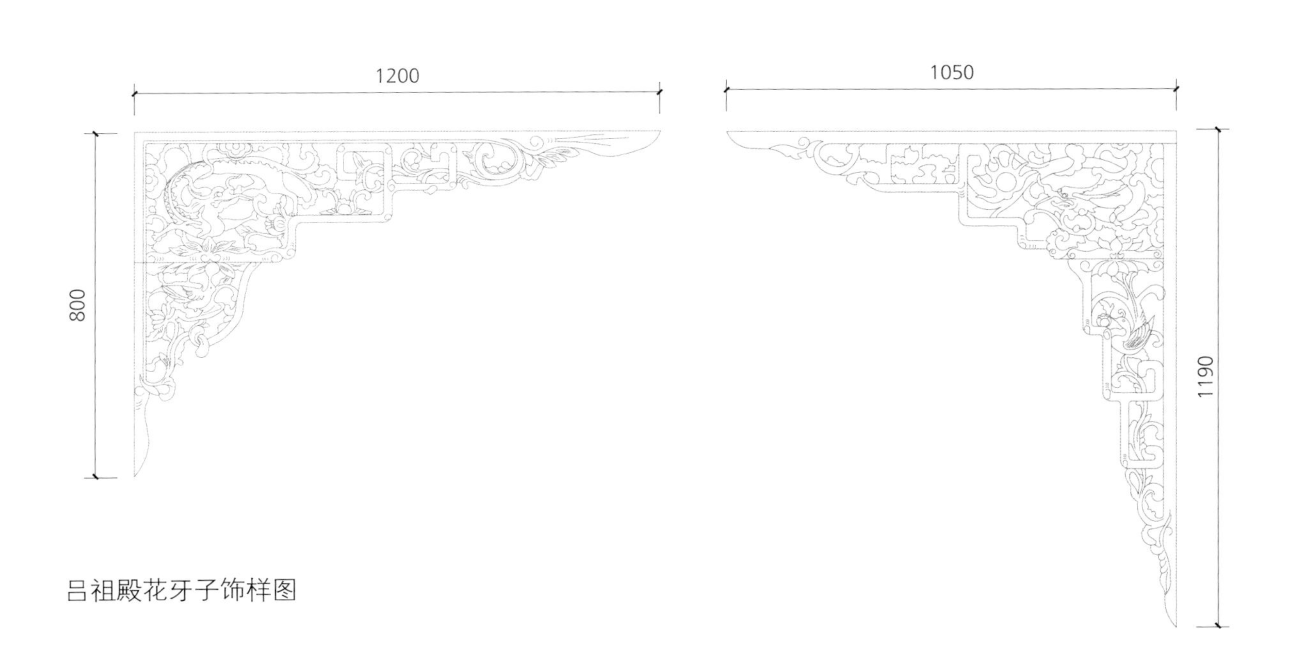

吕祖殿花牙子饰样图

玉皇殿

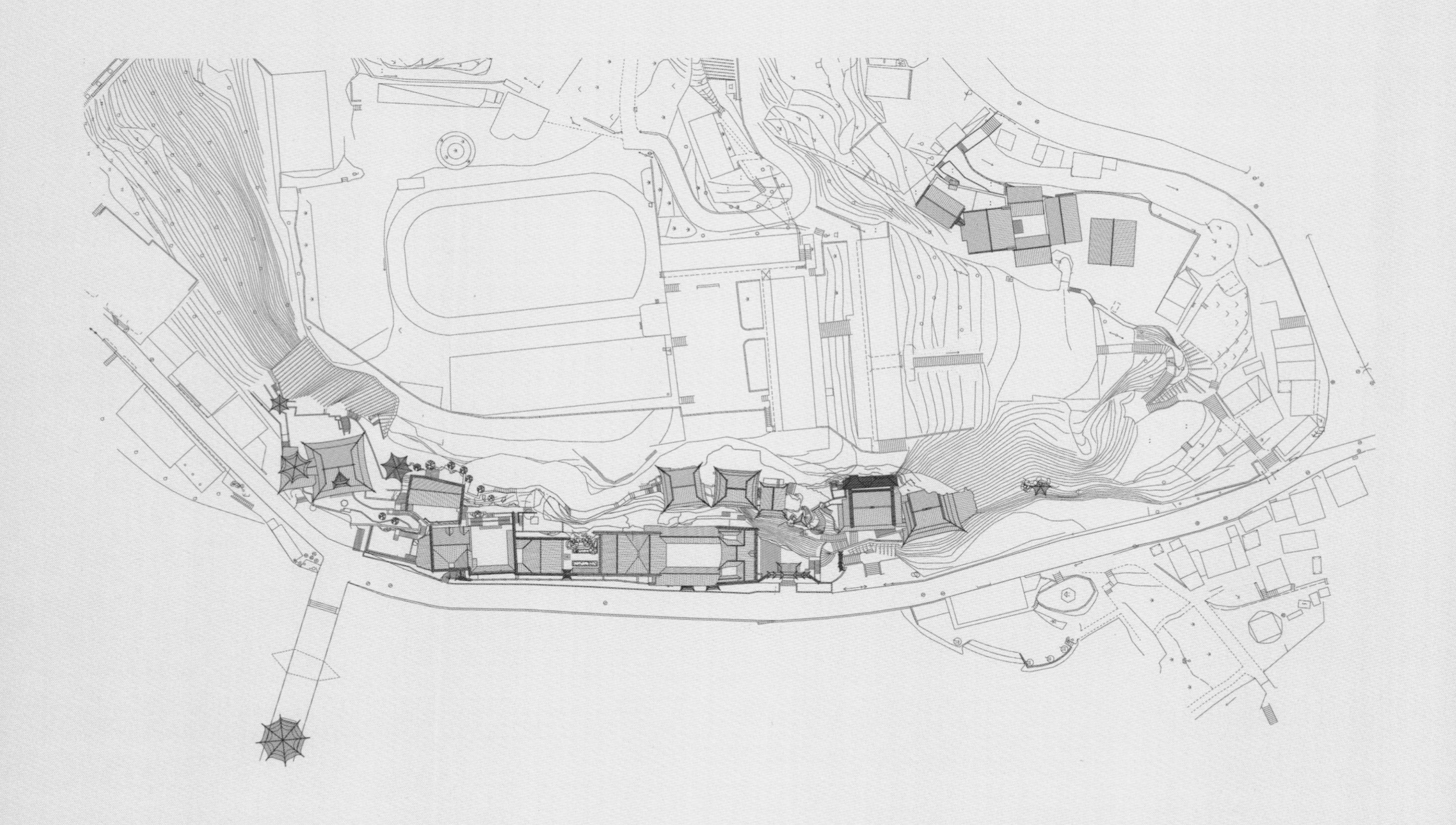

玉皇殿始建于清光绪十六年，光绪三十一年重建。建筑外观由并列的两组楼阁组成，平面空间却贯通为一体。建筑整体悬挑于崖壁上，并利用崖壁内形成的天然洞穴组织内部空间。北侧楼阁空间与洞穴交错穿插，南侧楼阁内有高敞深远的大洞窟，与楼阁组合构成玉皇殿巨大的殿堂空间。整个建筑采用大尺度的悬臂梁支撑楼面，殿堂内木构梁柱长短不一，与洞窟内的奇峰异石有机穿插，形成玉皇殿独特的空间艺术和技术特色。

玉皇殿

玉皇殿洞窟入口

玉皇殿洞窟

玉皇殿悬崖出挑楼面

玉皇殿洞窟殿堂

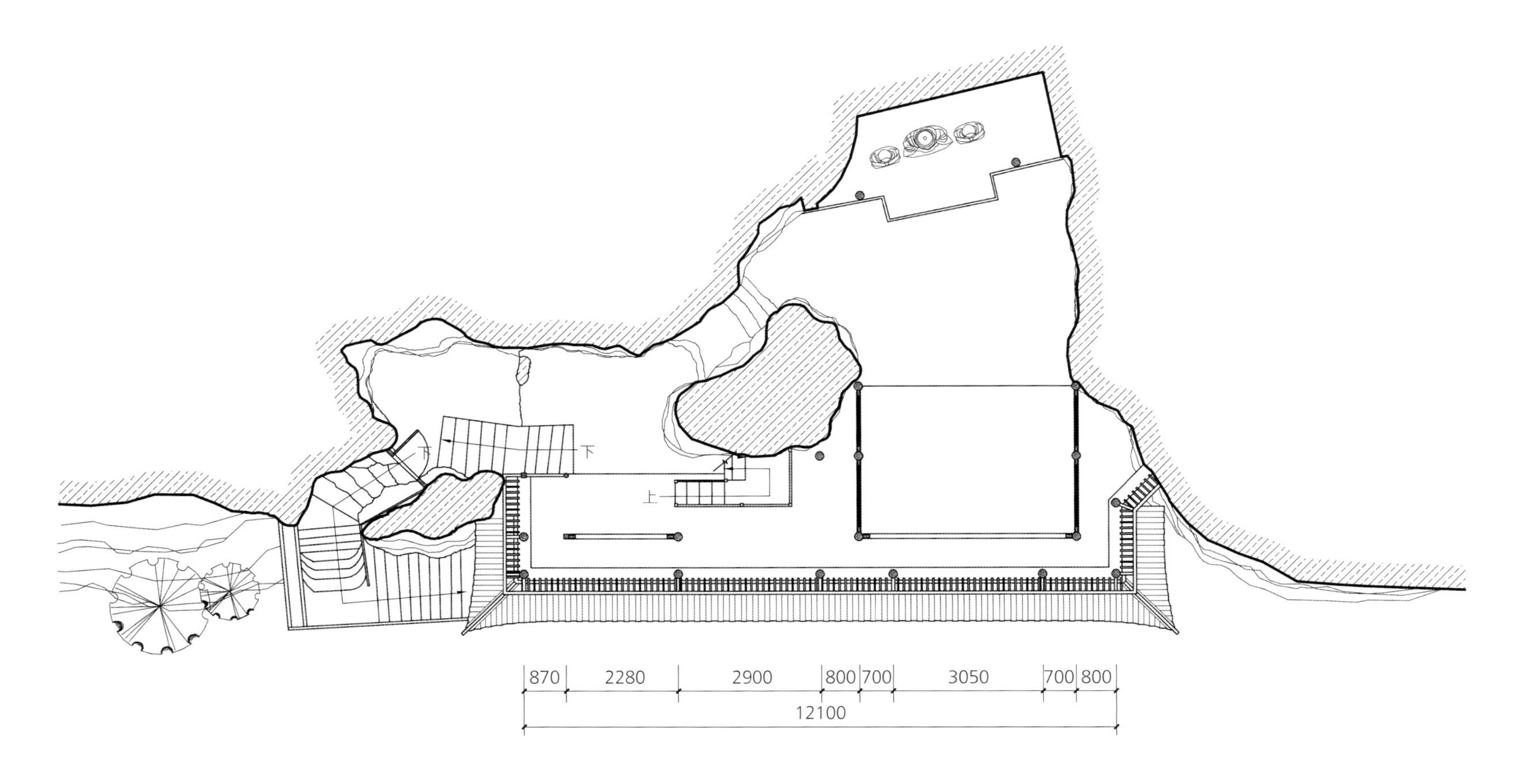

玉皇殿一层平面图

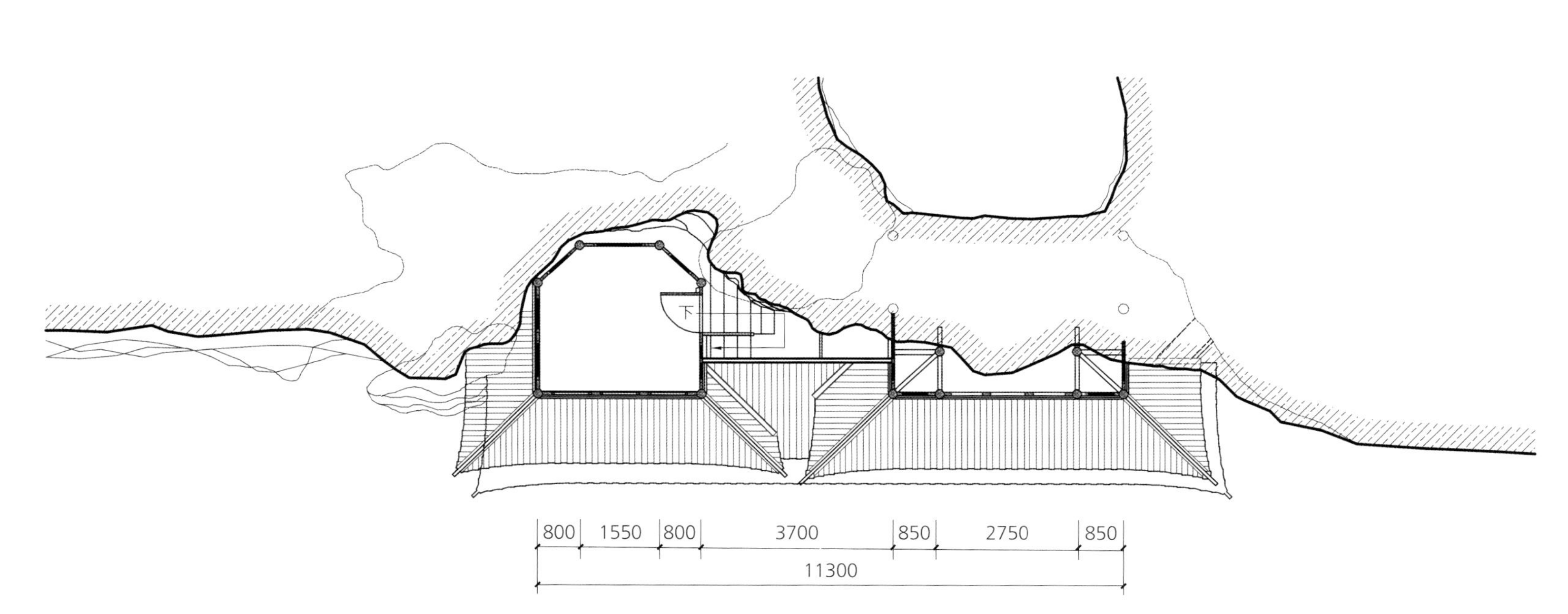

玉皇殿二层平面图

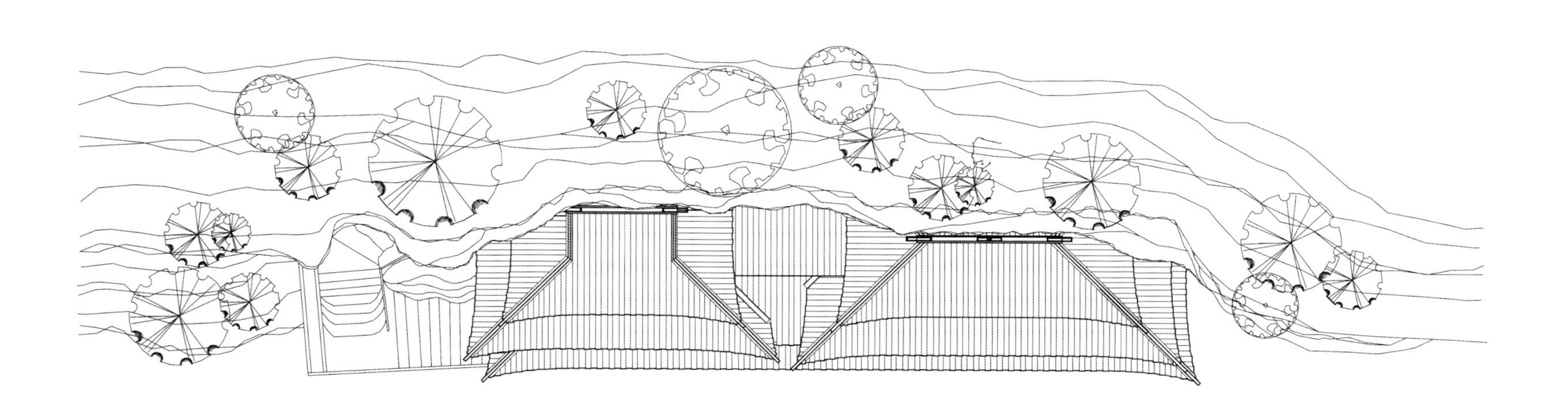

玉皇殿屋顶平面图

玉皇殿正立面图

0 1 2 3m

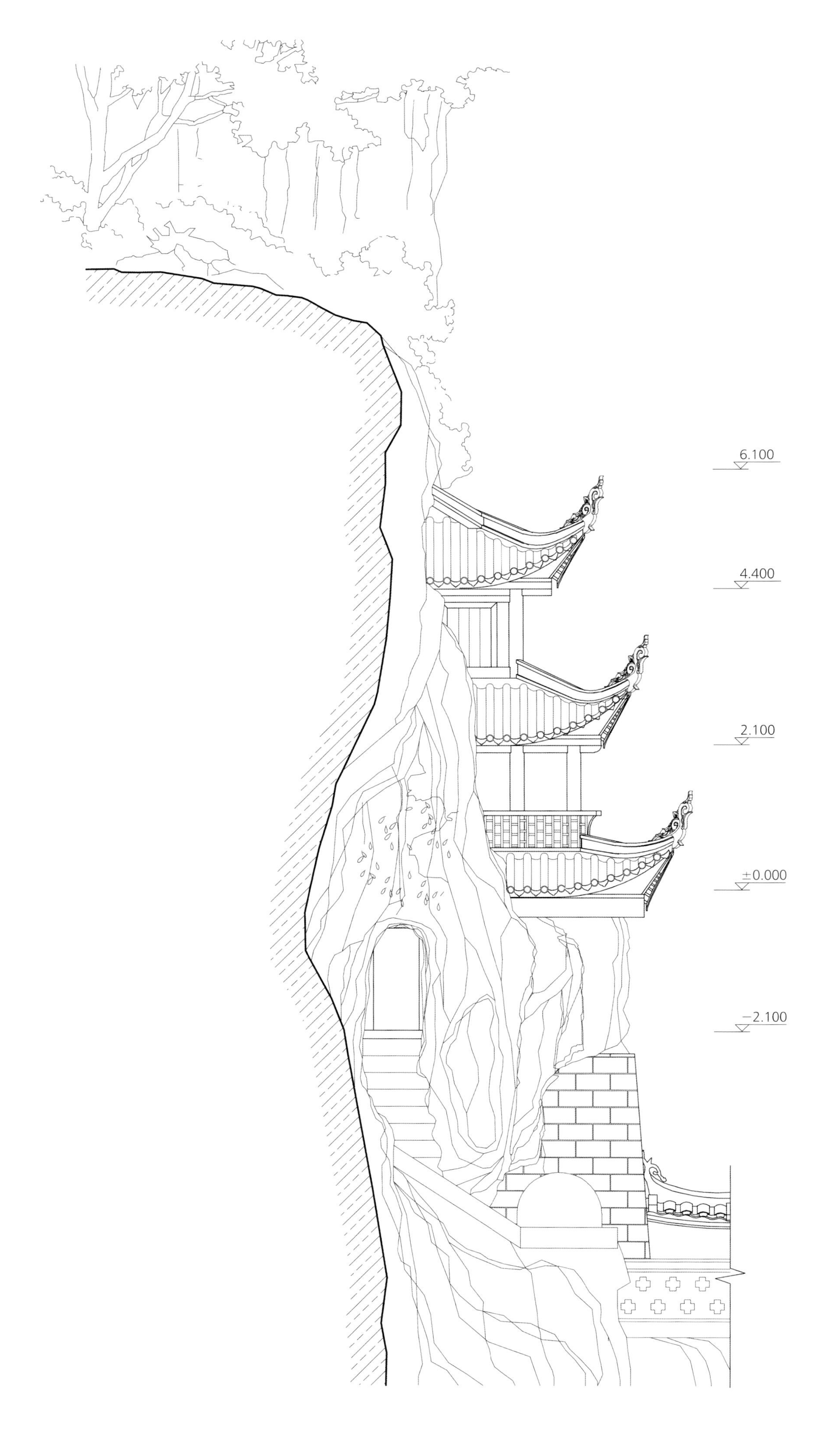

玉皇殿侧立面图

玉皇殿纵剖面图

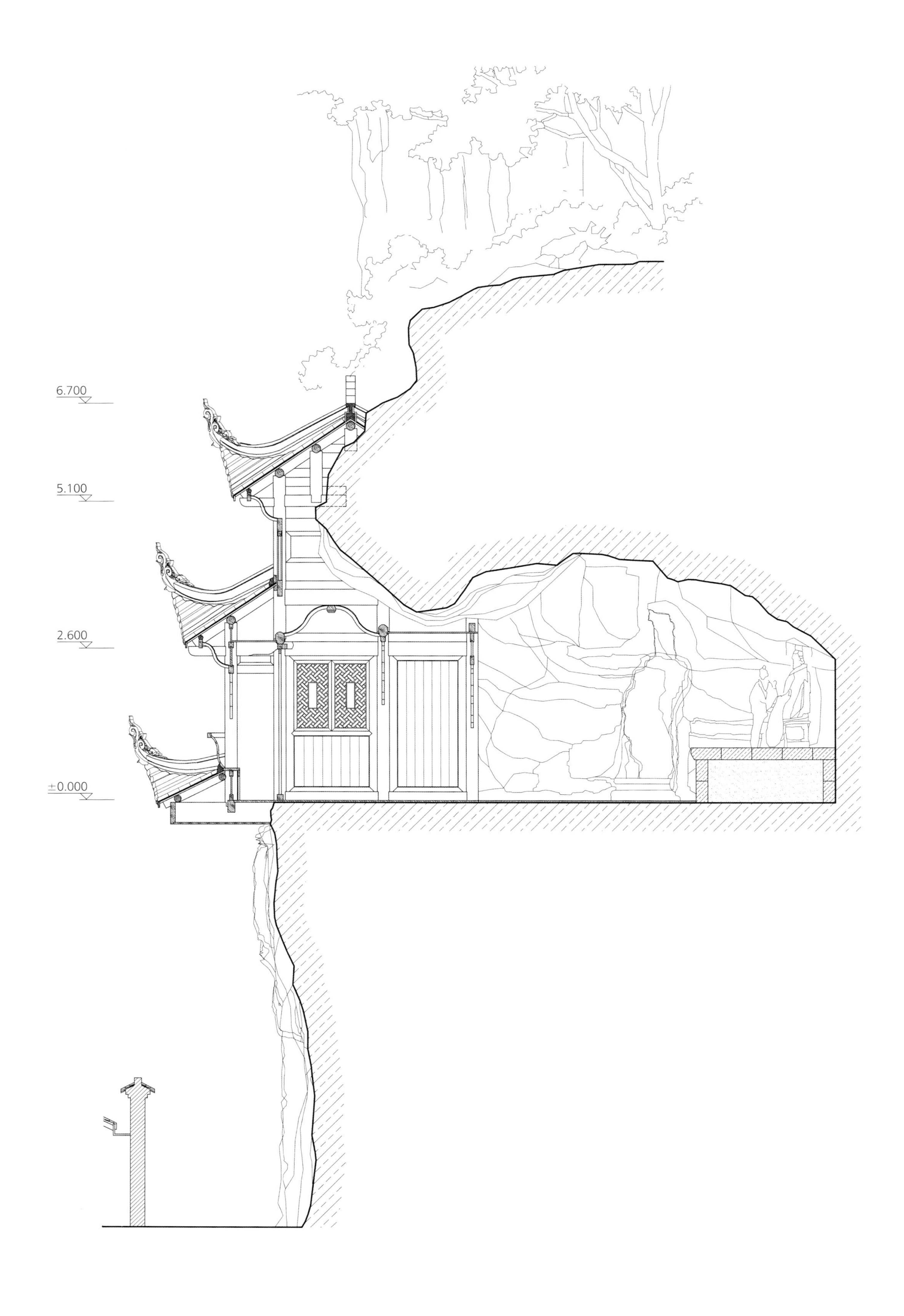

玉皇殿主殿剖面图

0 1 2 3m

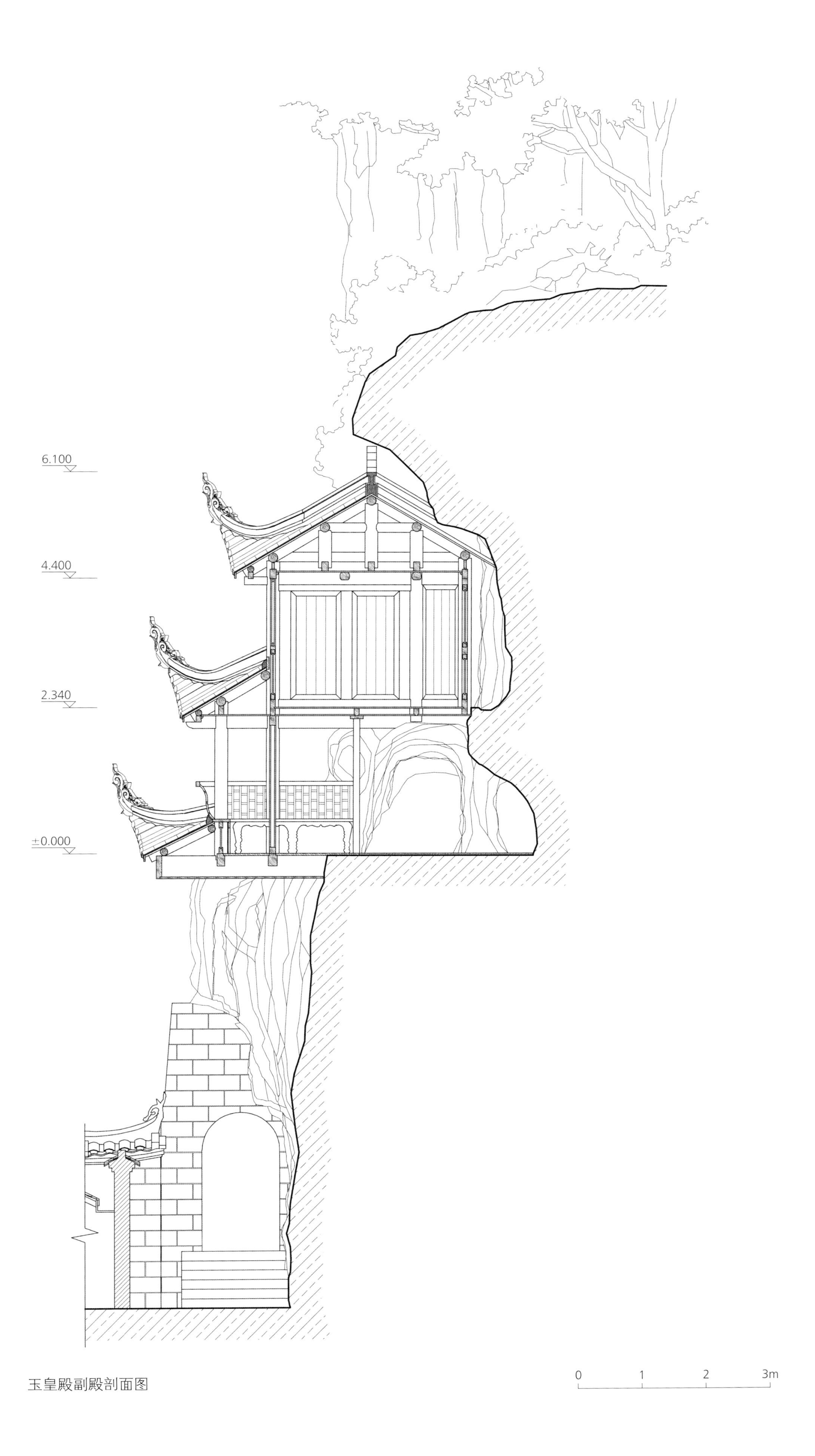

玉皇殿副殿剖面图

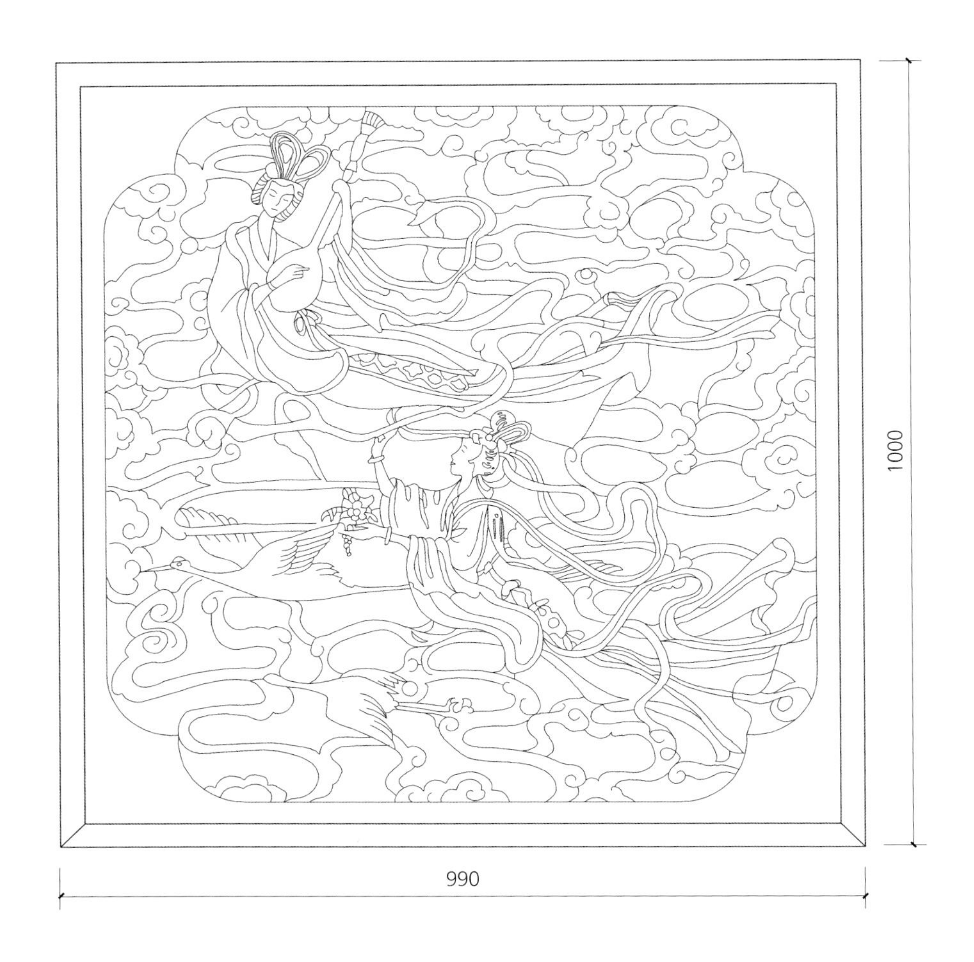

玉皇殿门窗浮雕图案

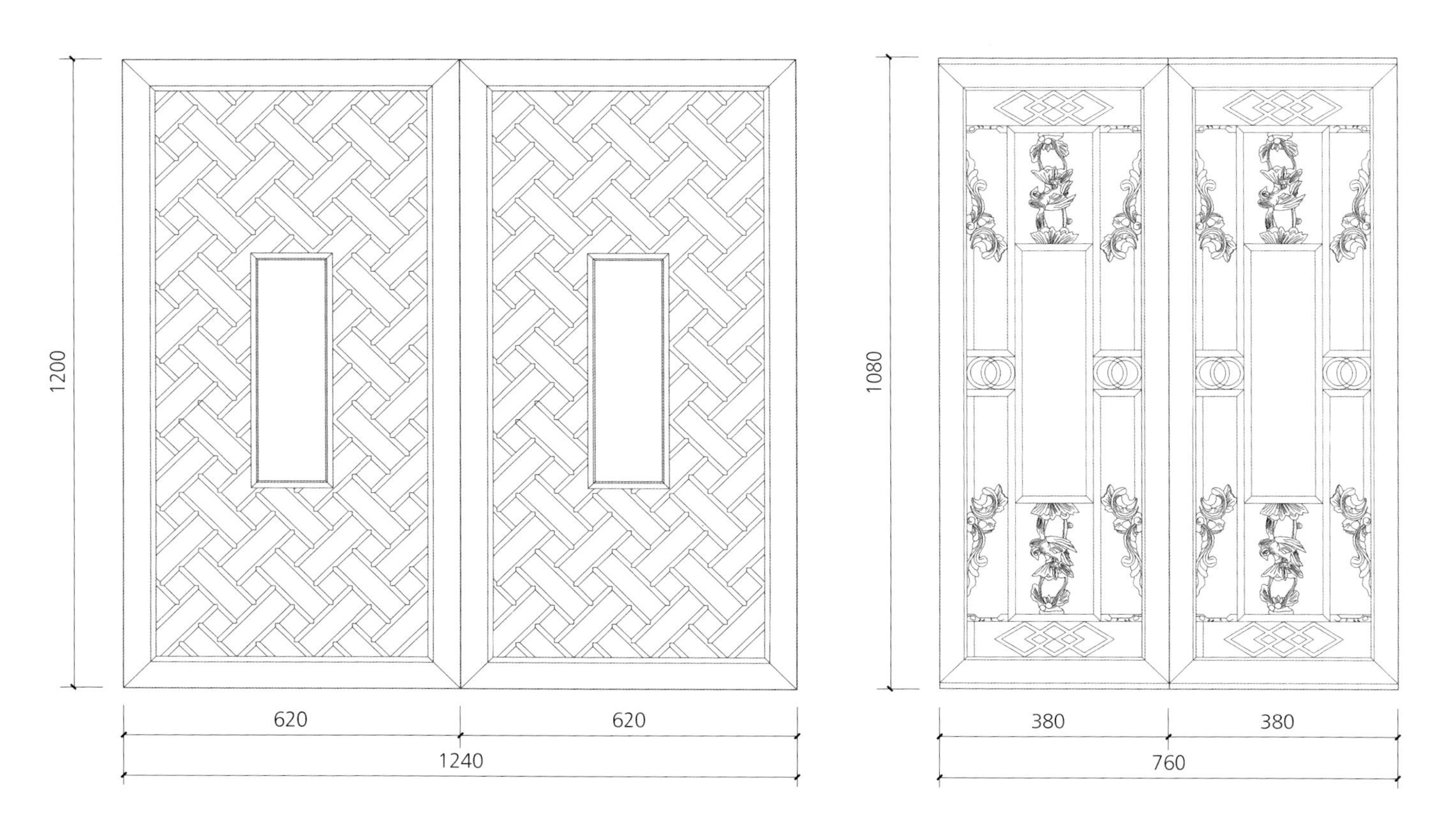

玉皇殿槛窗饰样图

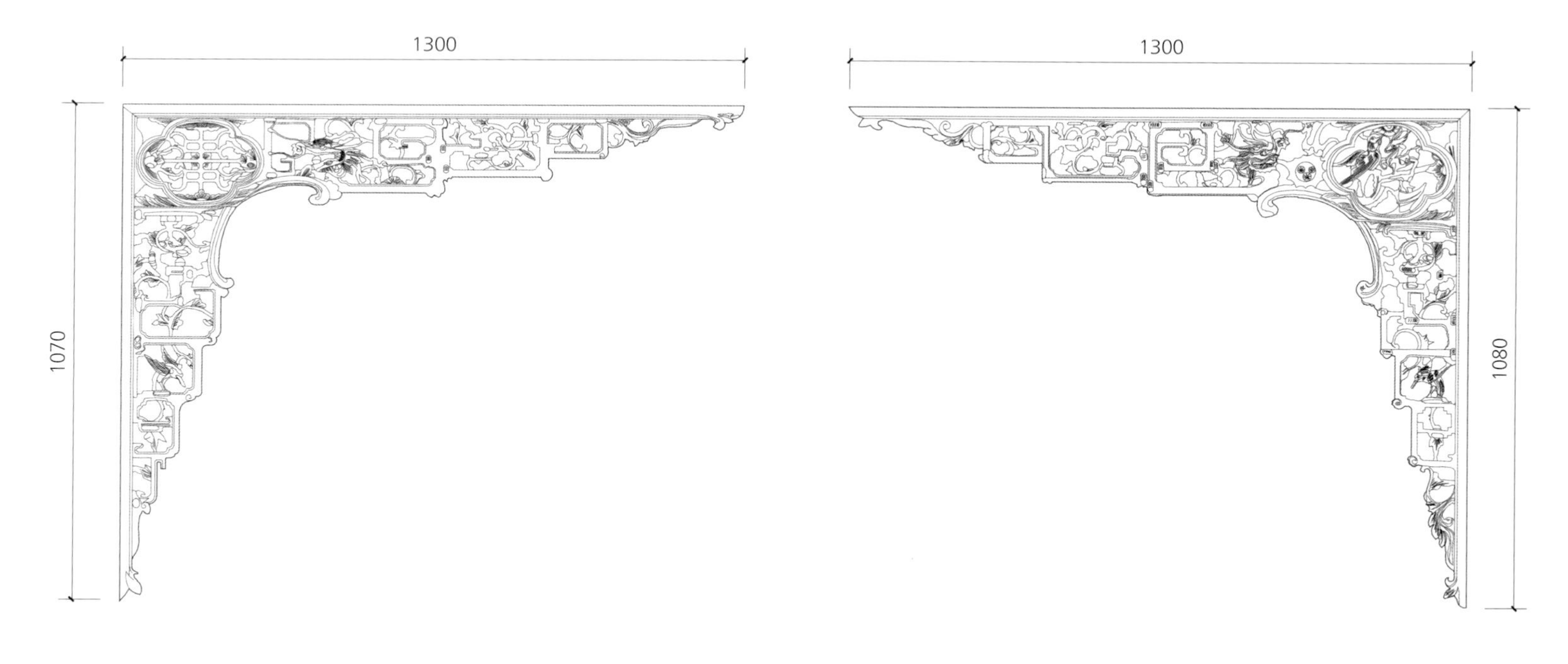

玉皇殿挂落饰样图

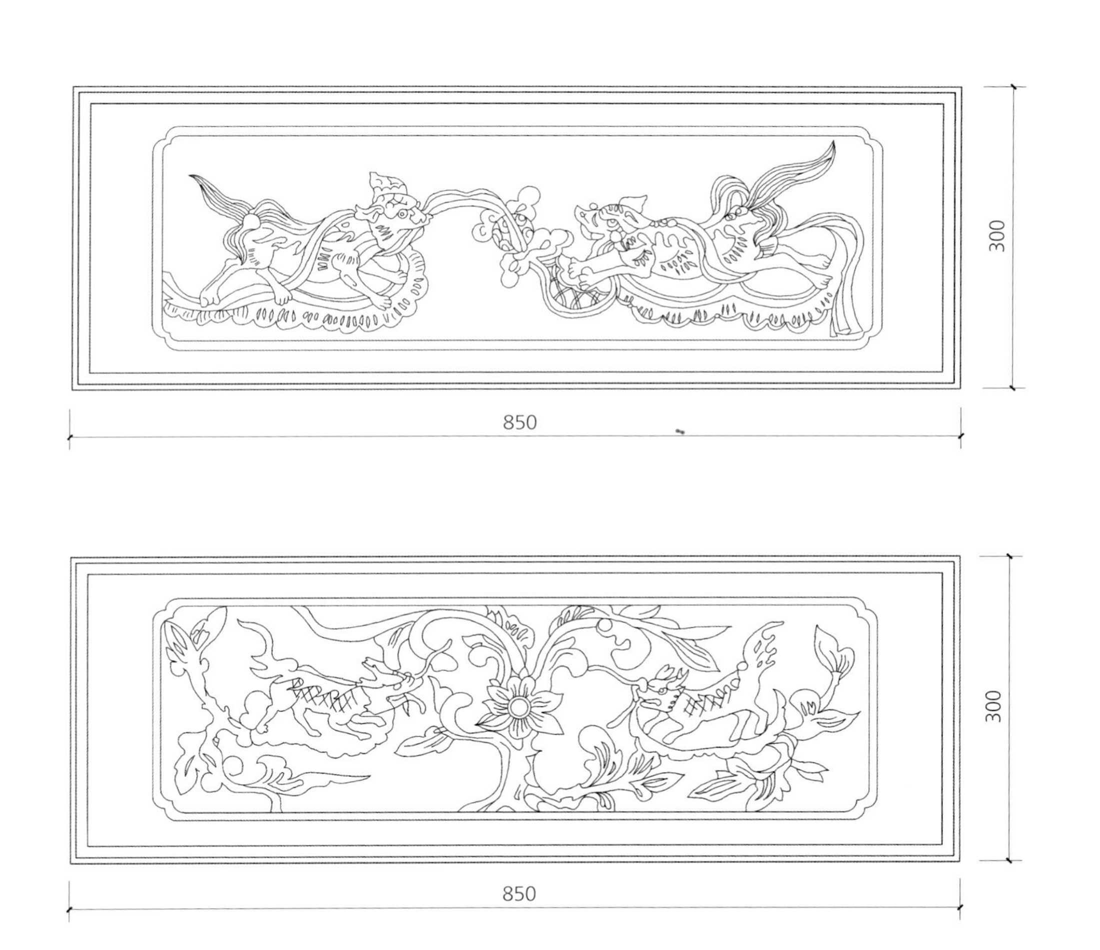

玉皇殿窗扇浮雕饰样图

半亭

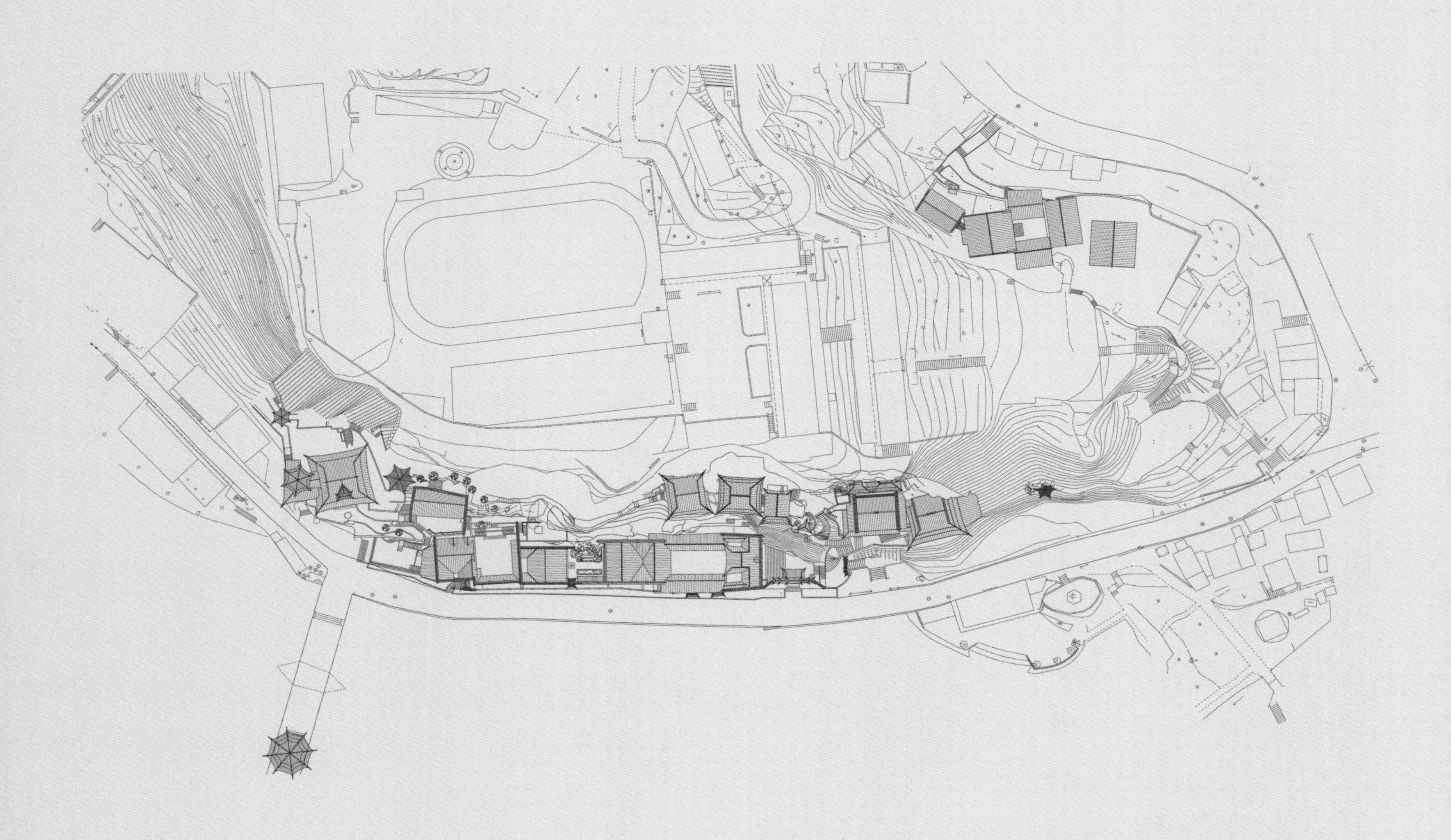

半亭位于青龙洞古建筑群的最南端，外观六边形平面，依靠崖壁保留四边而称为半亭。亭内侧有崖壁洞穴路径与吕祖殿相通。亭由独柱支撑在悬崖之上，四根立柱由独柱上悬臂梁承托，结构轻巧，造型优美，是青龙洞画龙点睛的建筑小品。

悬崖凌空的半亭

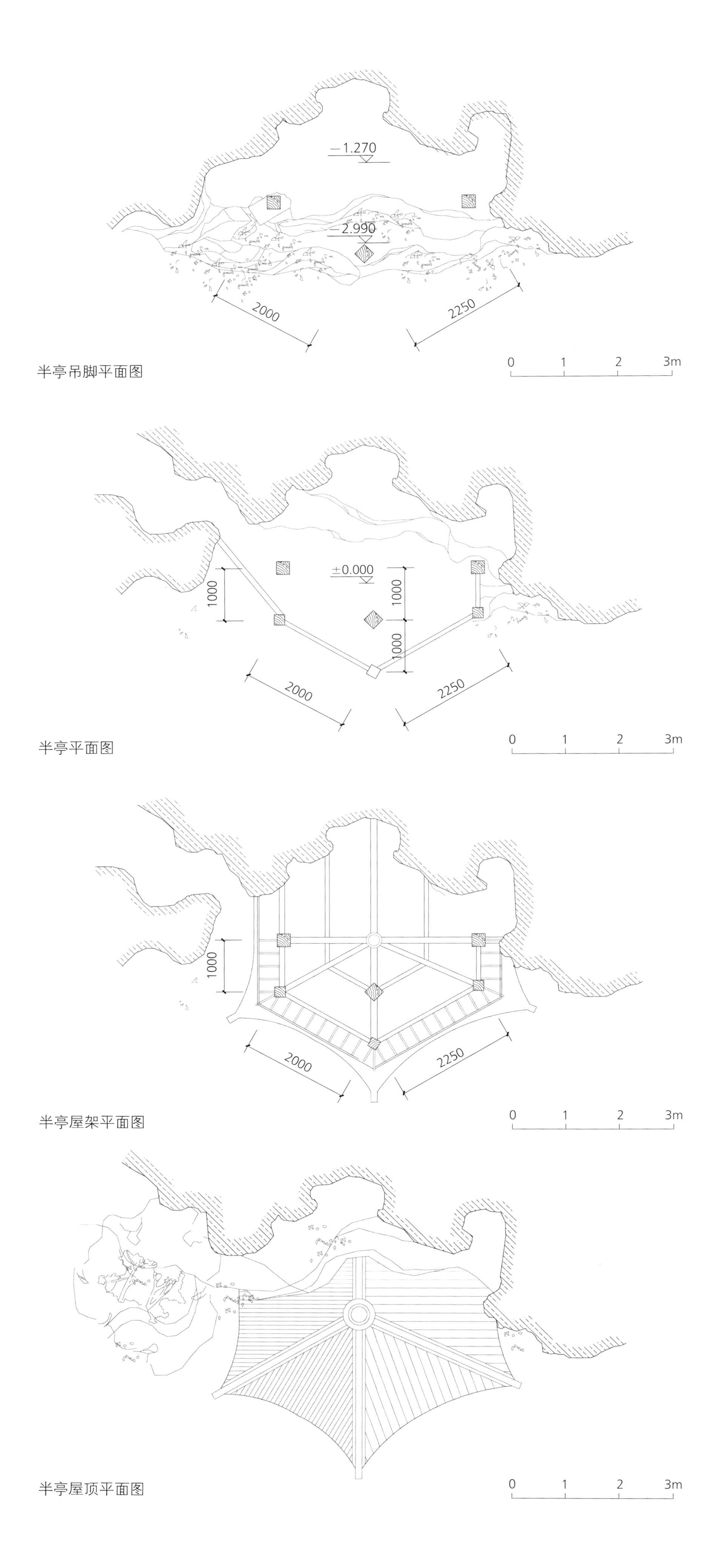

半亭吊脚平面图

半亭平面图

半亭屋架平面图

半亭屋顶平面图

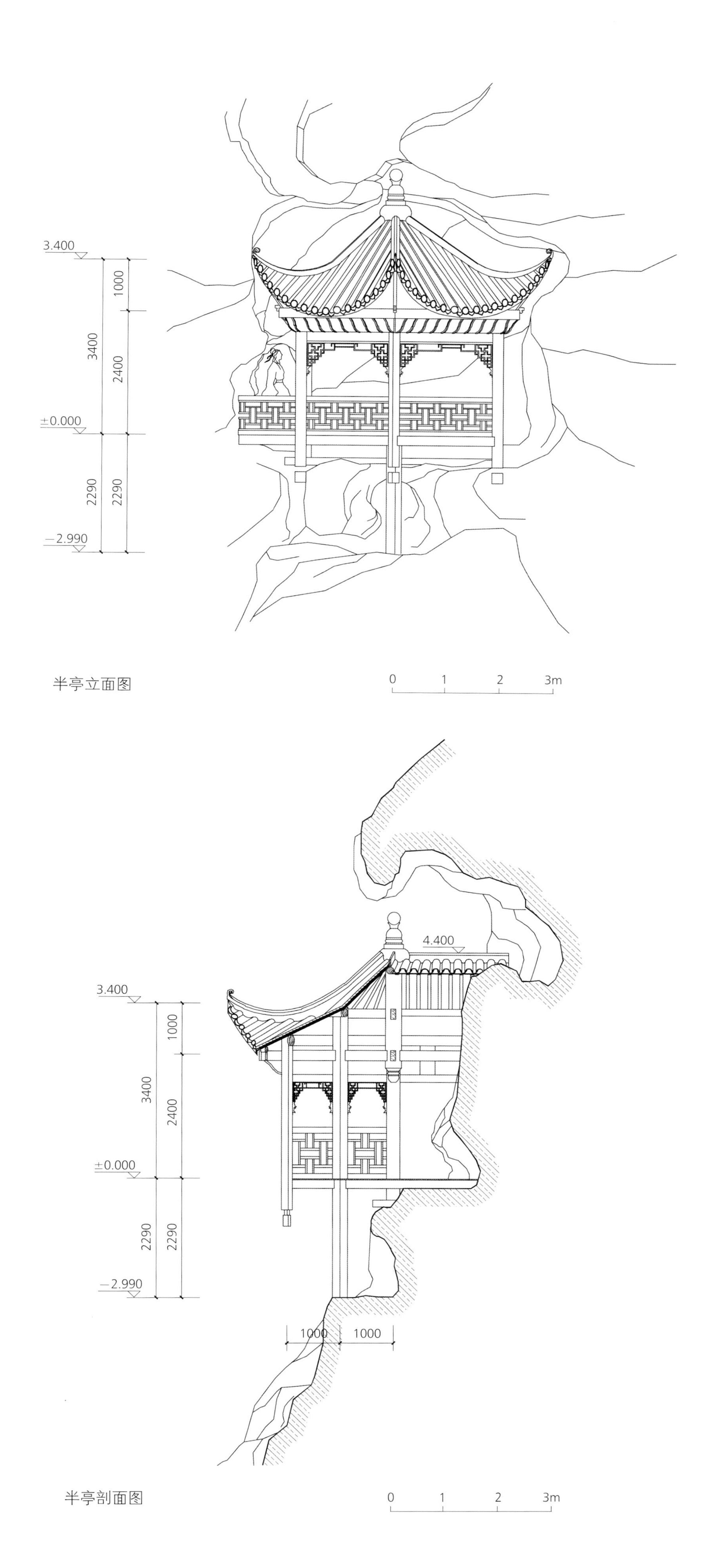
3.400
1000
3400
2400
±0.000
2290
2290
−2.990
0
1
2
3m
4.400
3.400
1000
3400
2400
±0.000
2290
2290
−2.990
1000
1000
0
1
2
3m

半亭立面图

半亭剖面图

魁星楼

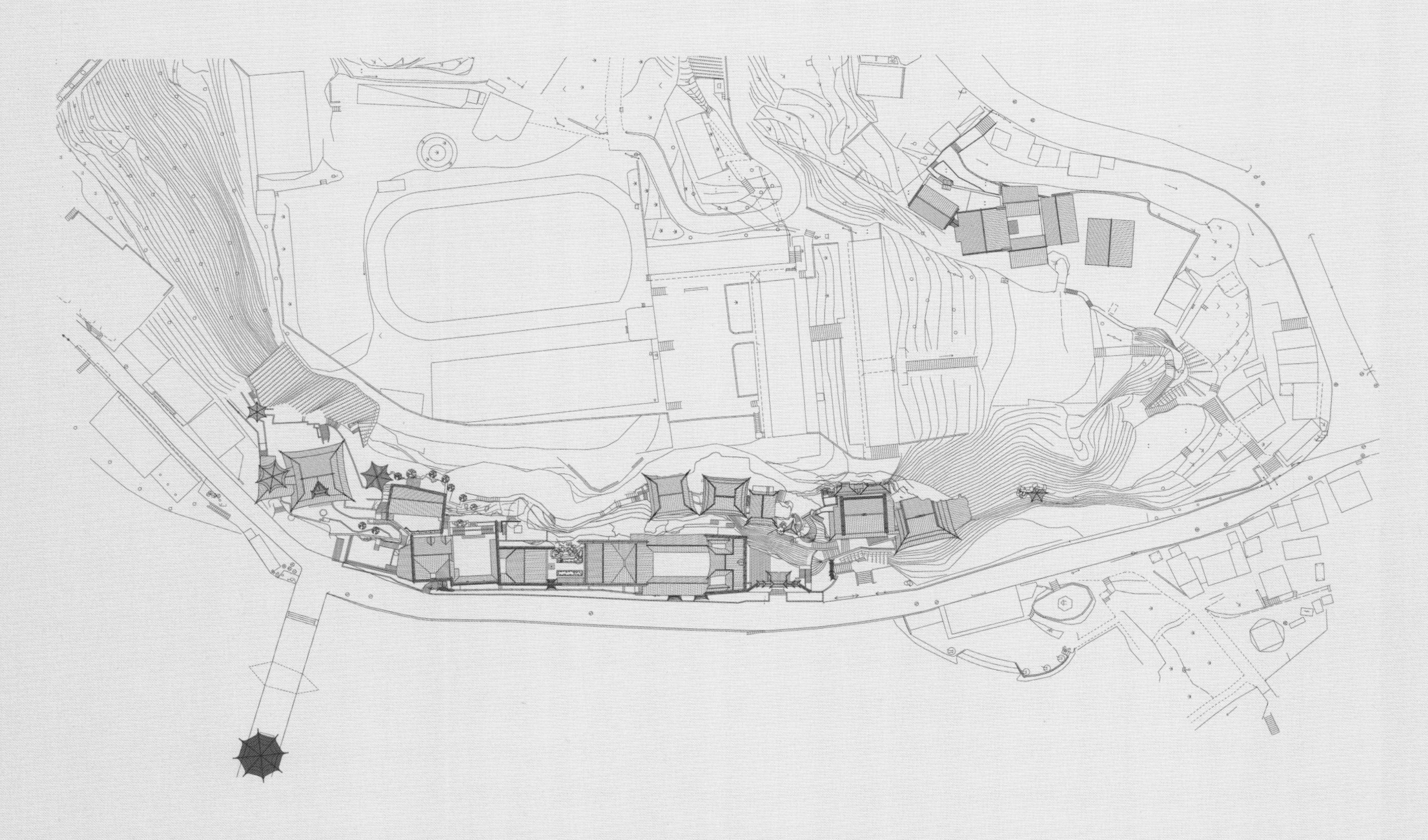

魁星楼建于横跨濑阳河的明代古桥上，20世纪30年代毁于火灾，现存建筑为1984年重修。八边形平面，三层楼阁重檐攒尖顶。底层内、外两圈立柱，南北四根外檐柱与桥面同宽，东西方向的内檐柱采用移柱法与外檐柱的开间尺寸相同，构成不等边的八边形，以满足桥上通道的空间效果；二楼通过楼层梁架调整转换成正八边形，二层外檐立柱向内退进较大而与下层内檐立柱贯通，内檐立柱架于下层梁架上，内、外檐立柱之间形成环绕的通廊；三层外檐柱与二层内檐柱贯通，不设檐廊，构成底层架空、二层檐廊环通、三层封闭、层层向内收分较大的楼阁，建筑外观稳重。翼角高挑轻盈，瓷片贴脊饰，檐下轩棚装饰与如意斗栱装饰组合，顶层天花为八角藻井，门罩挂落等为木构透雕，具有浓厚的地域文化装饰技术特色。

魁星楼与祝圣桥

魁星楼

魁星楼外檐如意斗栱

魁星楼八角藻井

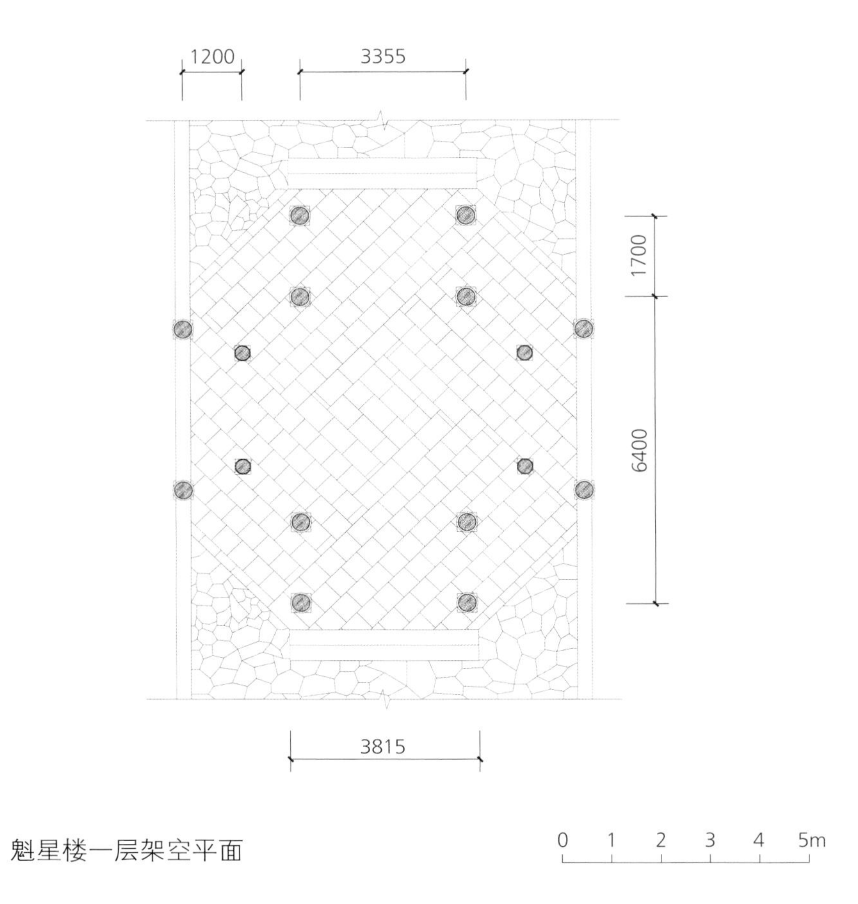

魁星楼一层架空平面

0 1 2 3 4 5m

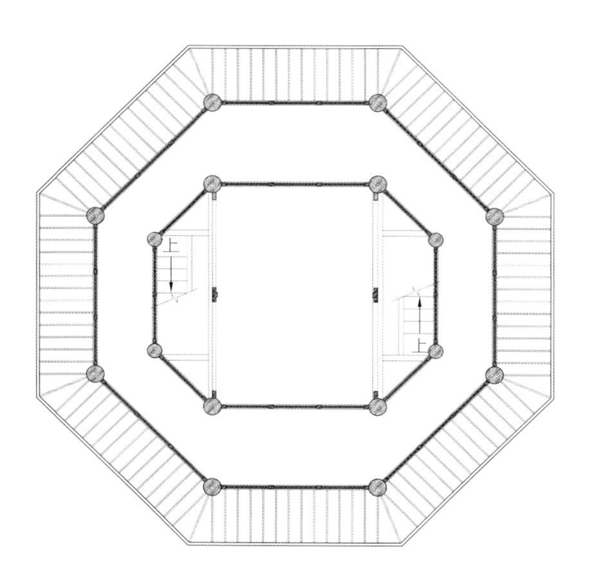

魁星楼夹层平面图

0 1 2 3 4 5m

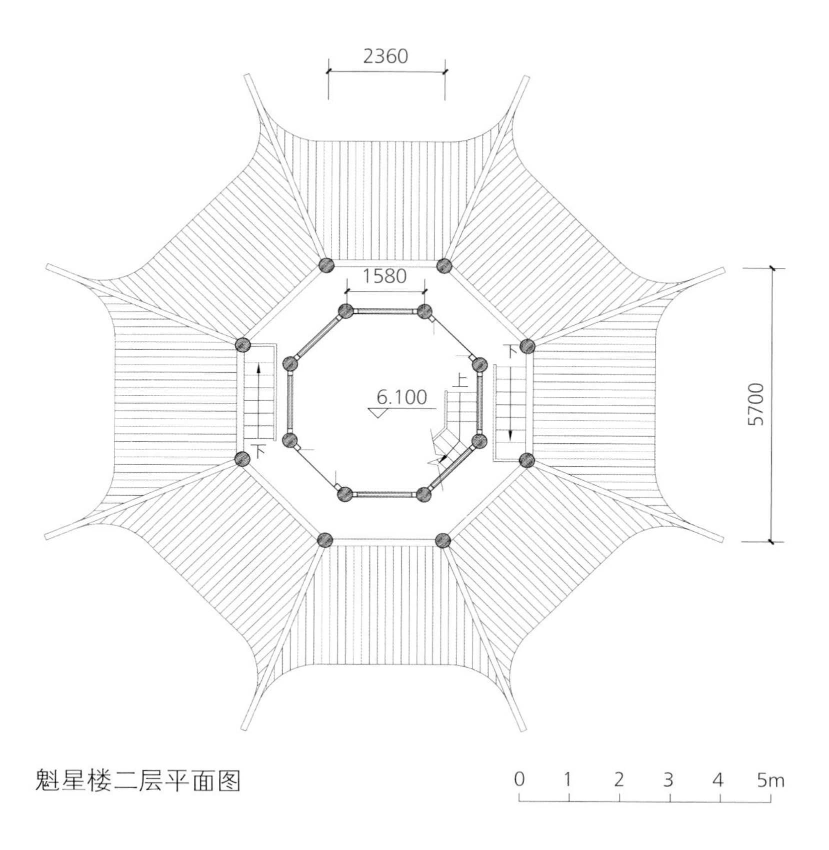

魁星楼二层平面图

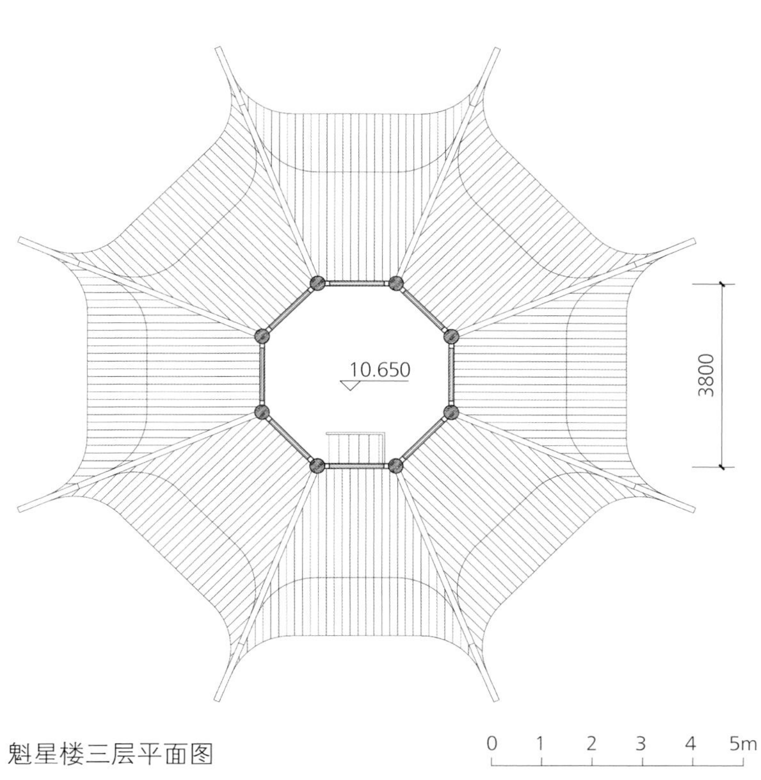

魁星楼三层平面图

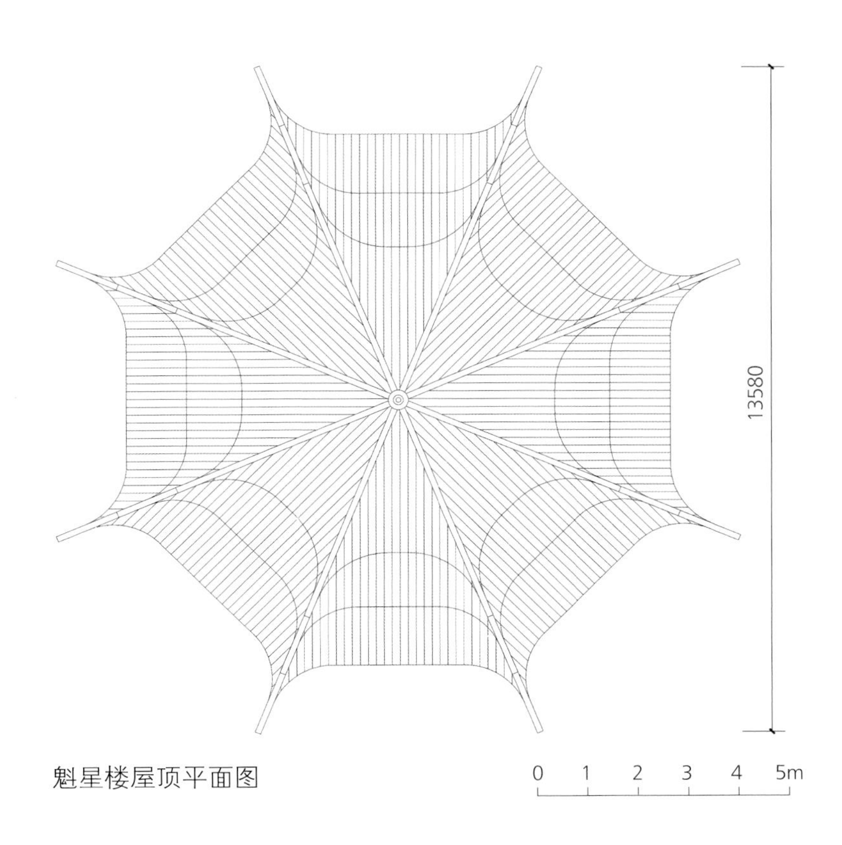

魁星楼屋顶平面图

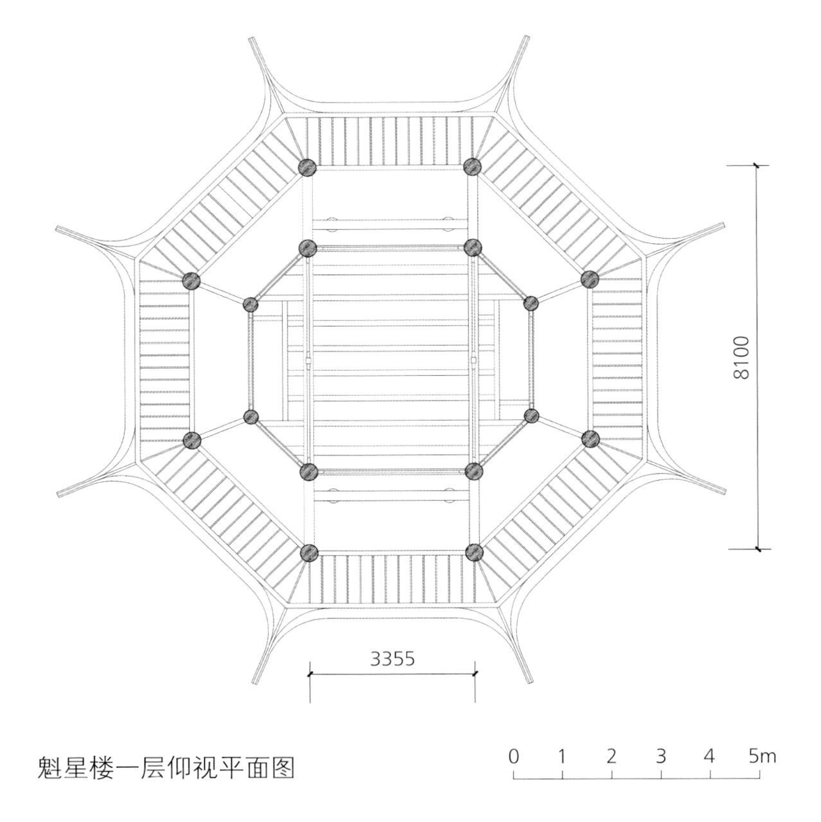

魁星楼一层仰视平面图

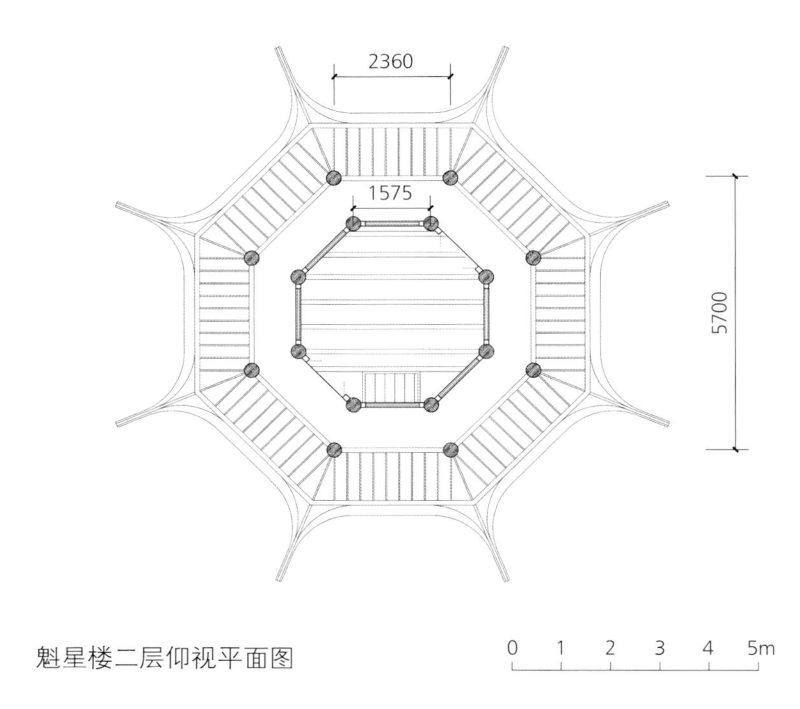

魁星楼二层仰视平面图

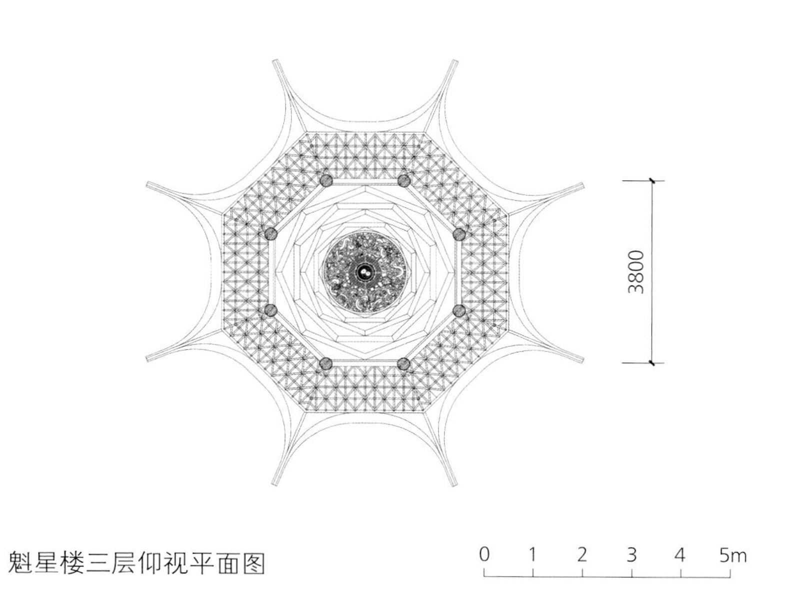

魁星楼三层仰视平面图

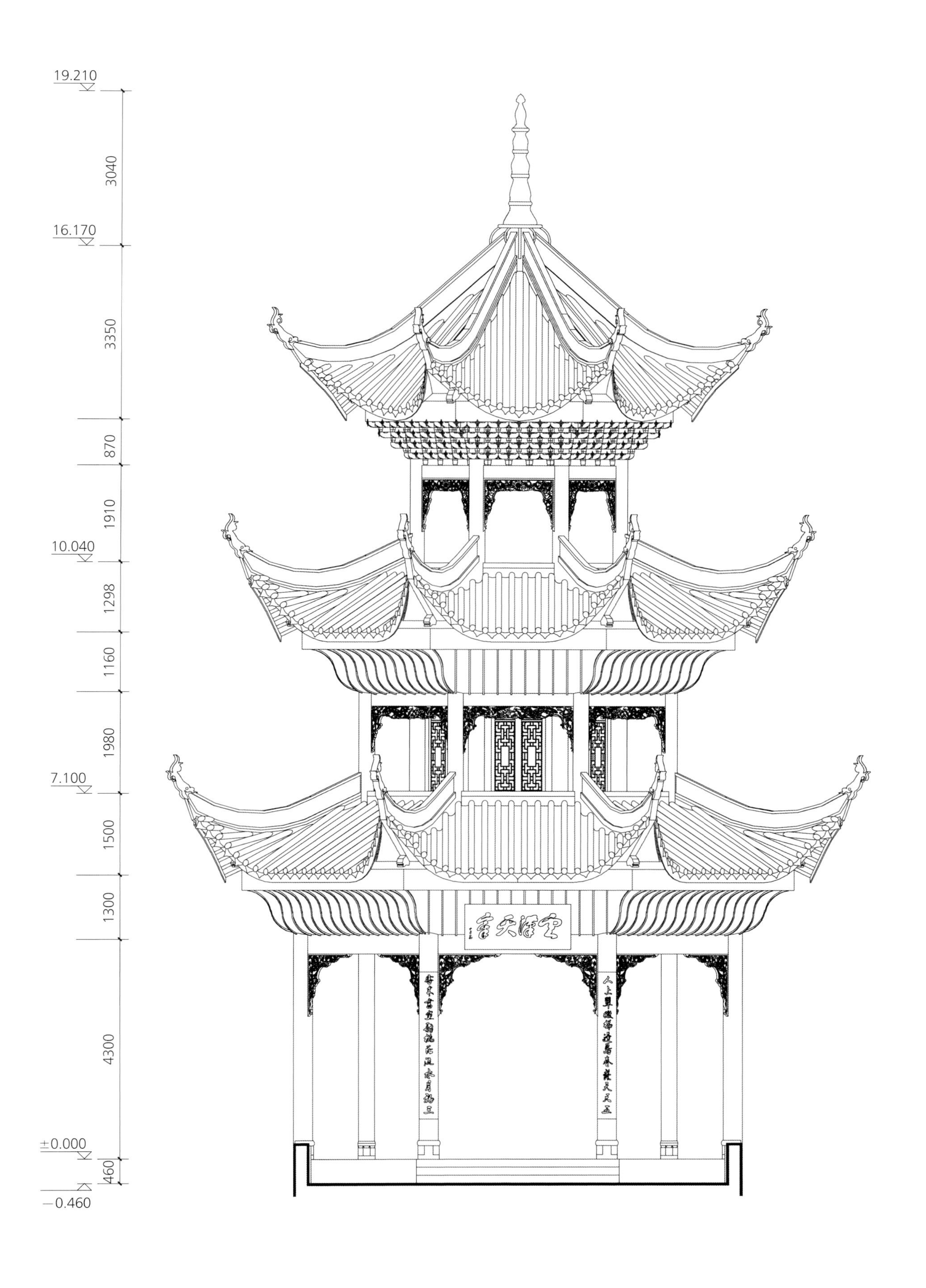

魁星楼西立面图

0 1 2 3 4 5m

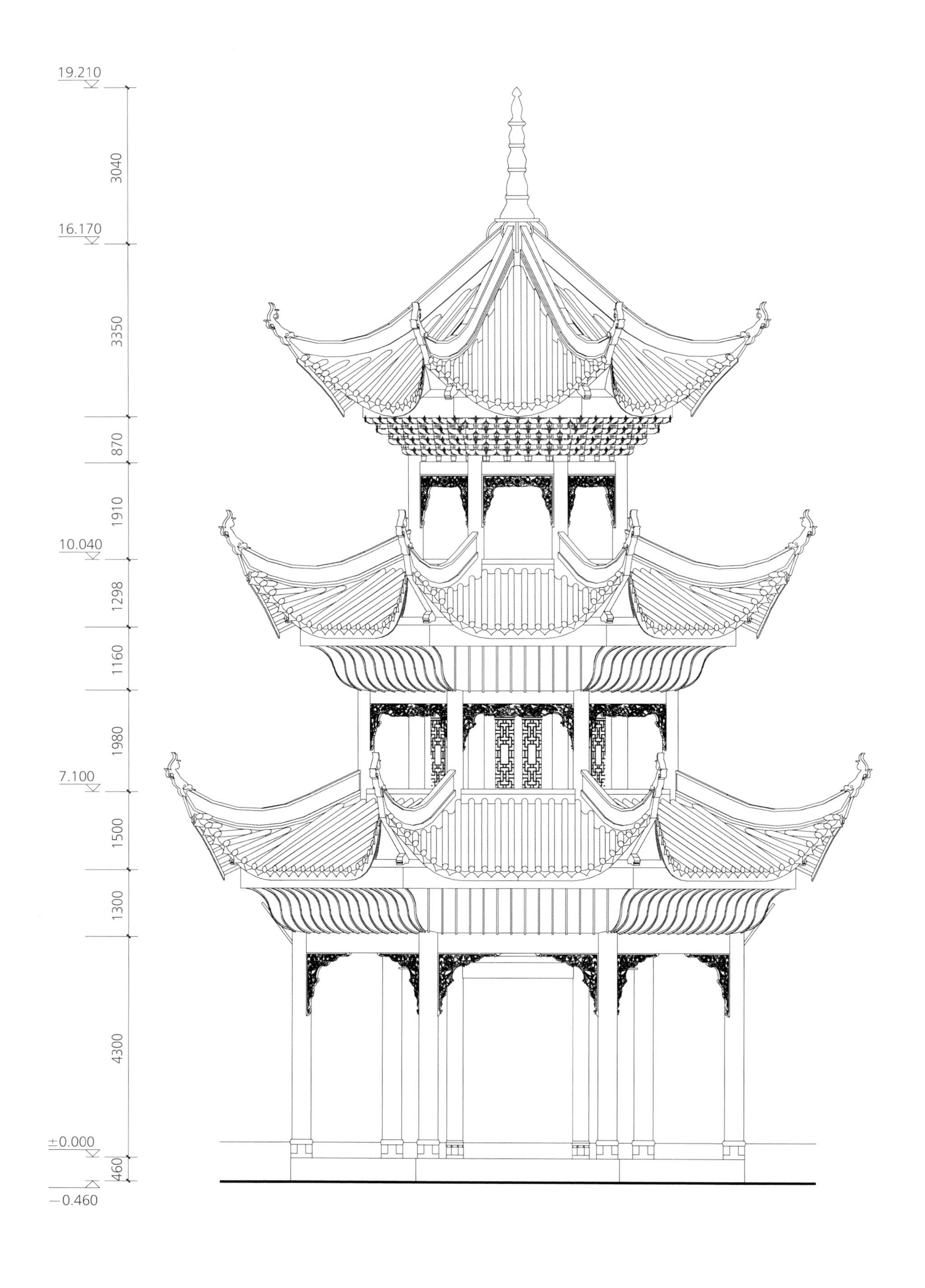
19.210
3040
16.170
3350
870
1910
10.040
1298
1160
1980
7.100
1500
1300
4300
±0.000
460
−0.460

魁星楼北立面图

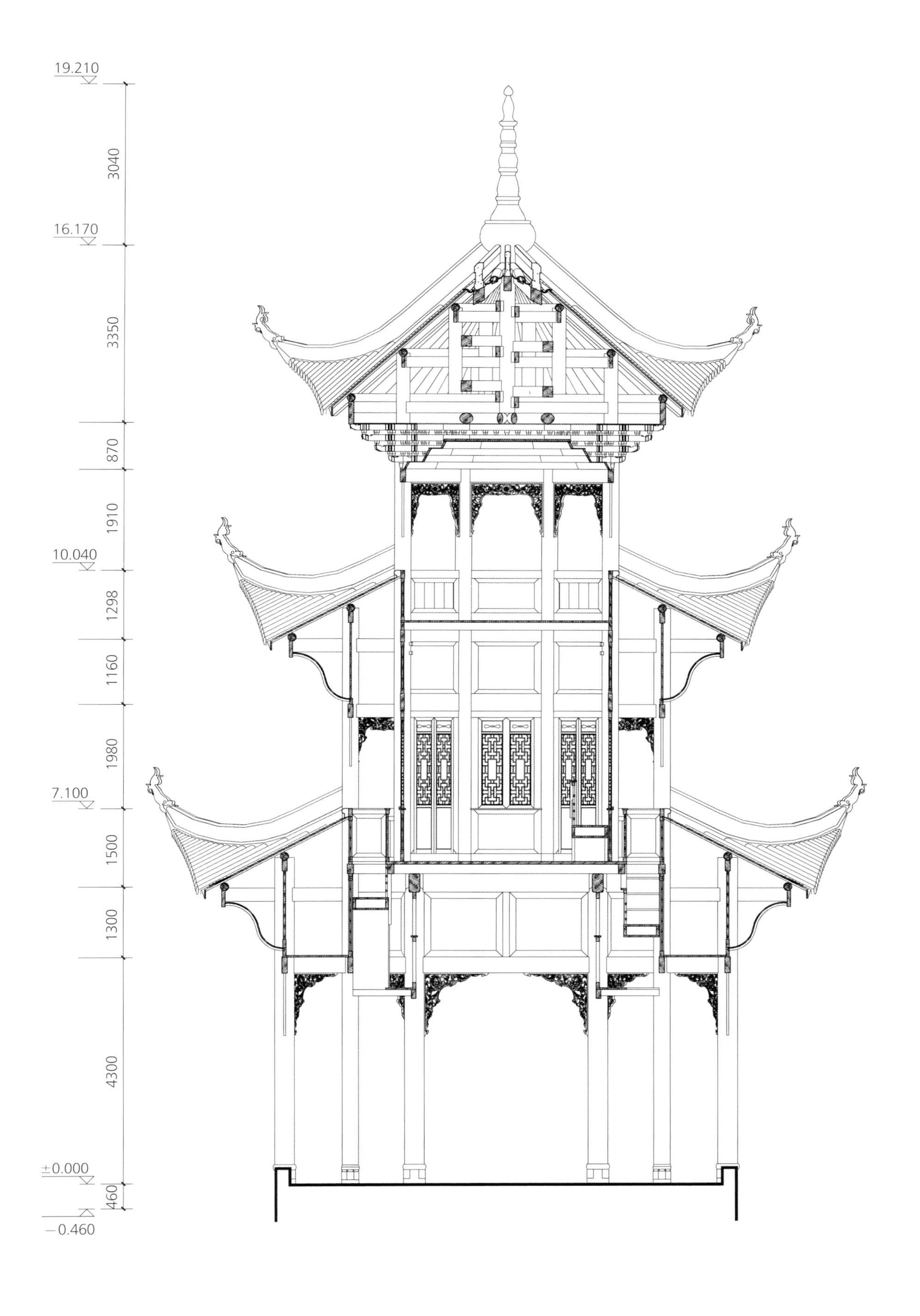

魁星楼南北向剖面图

0 1 2 3 4 5m

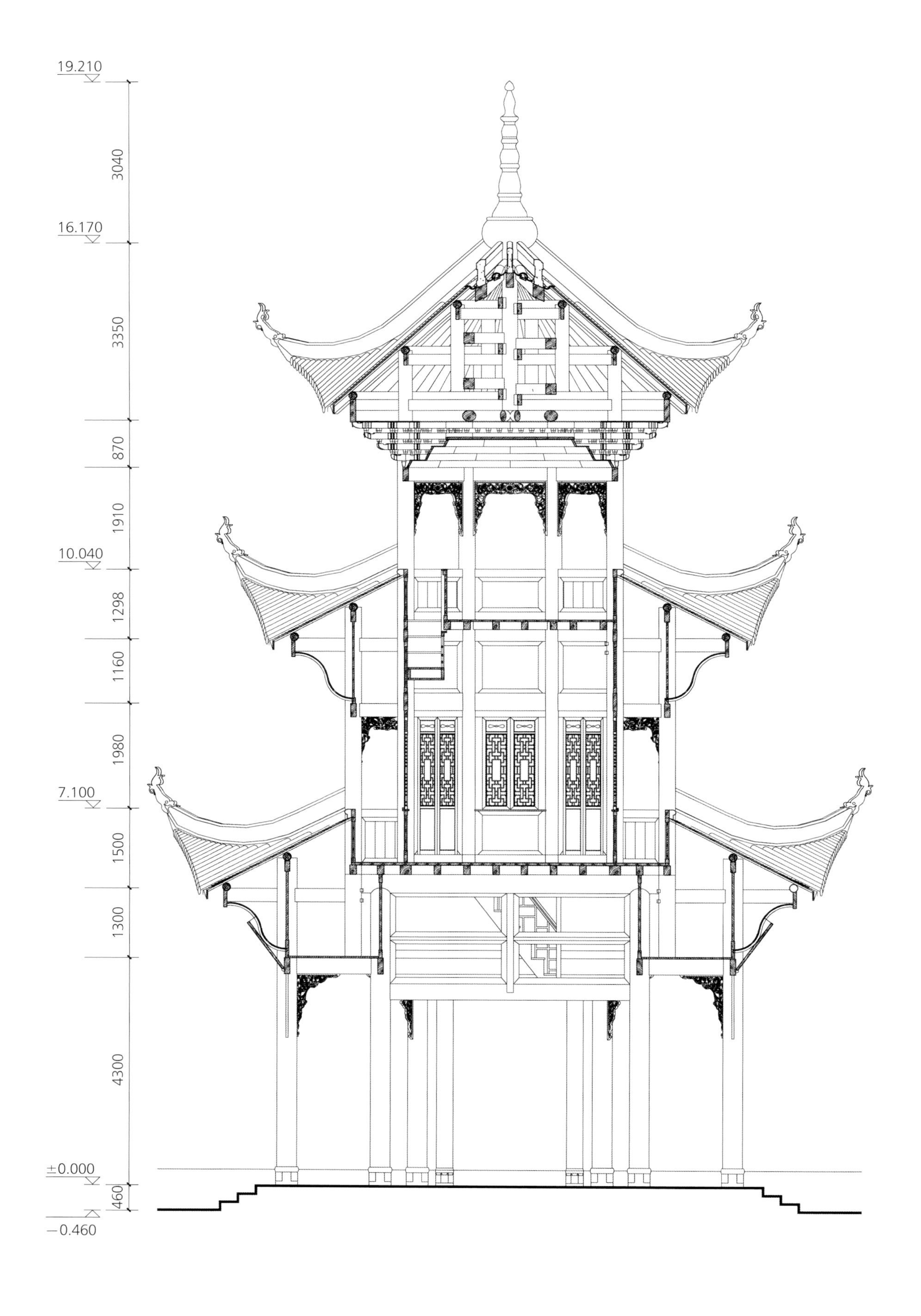
19.210
3040
16.170
3350
870
1910
10.040
1298
1160
1980
7.100
1500
1300
4300
±0.000
460
−0.460

魁星楼东西向剖面图

0 1 2 3 4 5m

魁星楼挂落与花牙子饰样图

令公庙

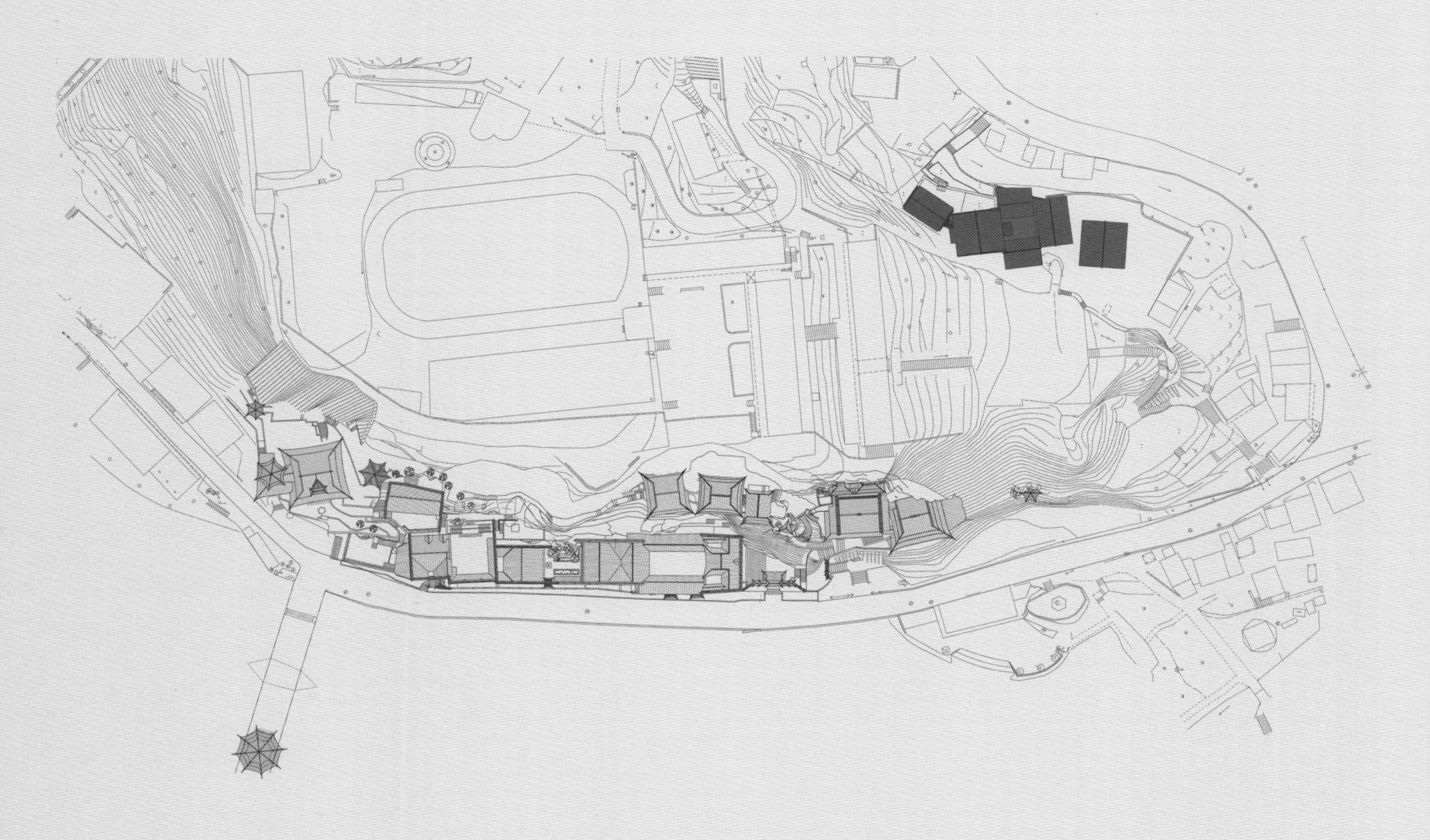

令公庙始建于清嘉庆年间，重建于光绪元年，是一组典型的院落式建筑，分别建于不同高度的台地上，北面靠山，南面是断崖台地。主殿位于中间台地，为四合院式建筑。主殿、拜殿、前殿、厢房通过墙体连接围合成院。院落利用高差三重退台，入口过厅利用退台下吊一层，形成内院一层、外观两层的空间效果。庭院正面的拜殿建在高台之上，通过宽敞的石梯步上下联系，展示壮观的空间气势。两侧厢房均为二层，二楼可通过拜殿的台地水平进入，下层直接与庭院相通。偏殿位于拜殿之后，利用地形呈一字形平面靠崖而建，面阔三间，穿斗构架，有宽敞的前檐廊，人字形封火山墙，墙头绘有黑白水墨画。偏殿前有不规则的台地两层，可分别进入拜殿和下层庭院空间。

令公庙俯视（一）

令公庙俯视（二）

令公庙侧院入口

令公庙四合院（一）

令公庙四合院（二）

令公庙屋顶平面图

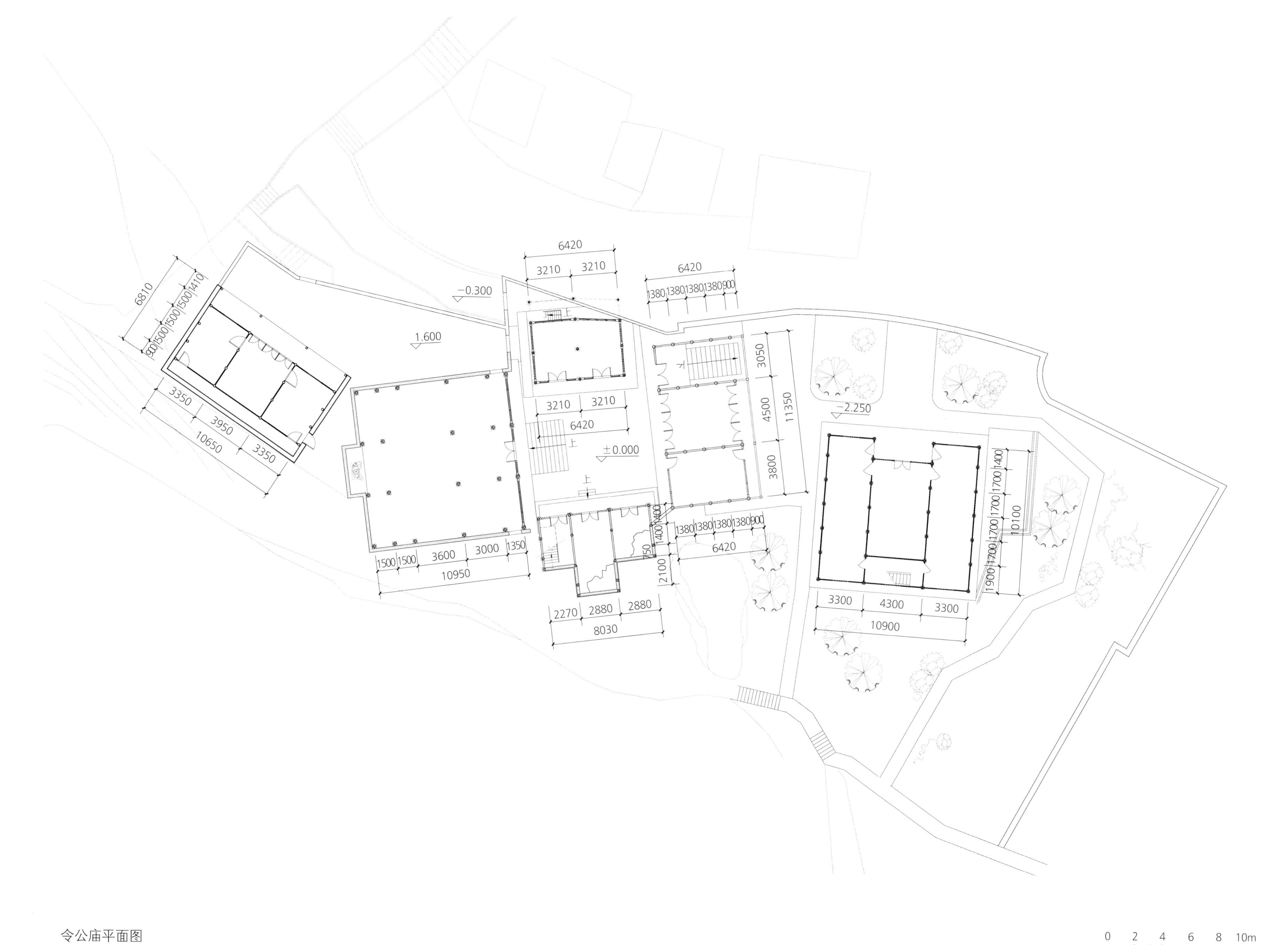
6810
900 1500 1500 1500 1500 1410
3350
3950
3350
10650
1.600
−0.300
6420
3210 3210
3210 3210
6420
±0.000
上
1500 1500 3600 3000 1350
10950
2270 2880 2880
8030
2100
1400 1400
750
6420
1380 1380 1380 1380 900
1380 1380 1380 1380 900
6420
下
3050
4500
3800
11350
−2.250
1400 1700 1700 1700 1700 1900
10100
3300 4300 3300
10900
0 2 4 6 8 10m

令公庙平面图

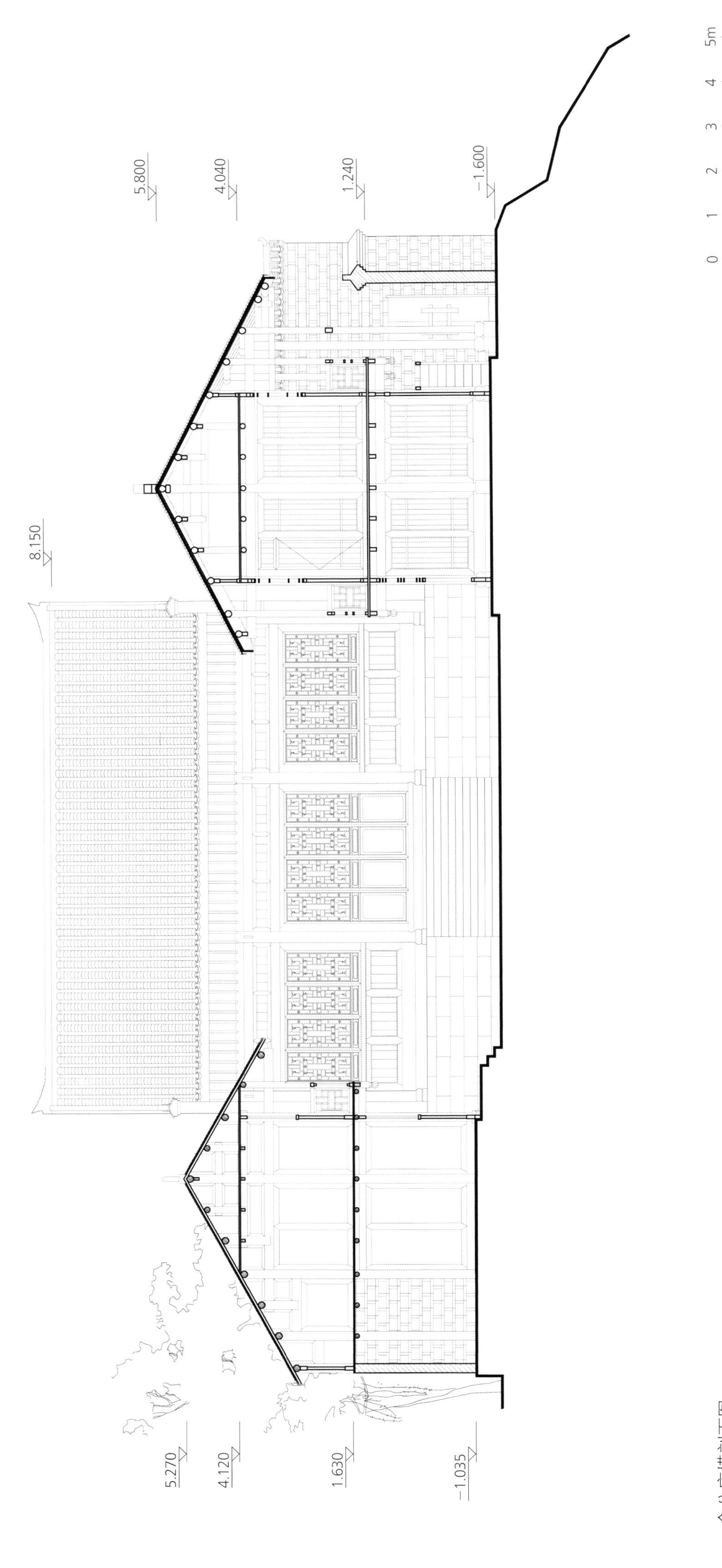

令公庙横剖面图

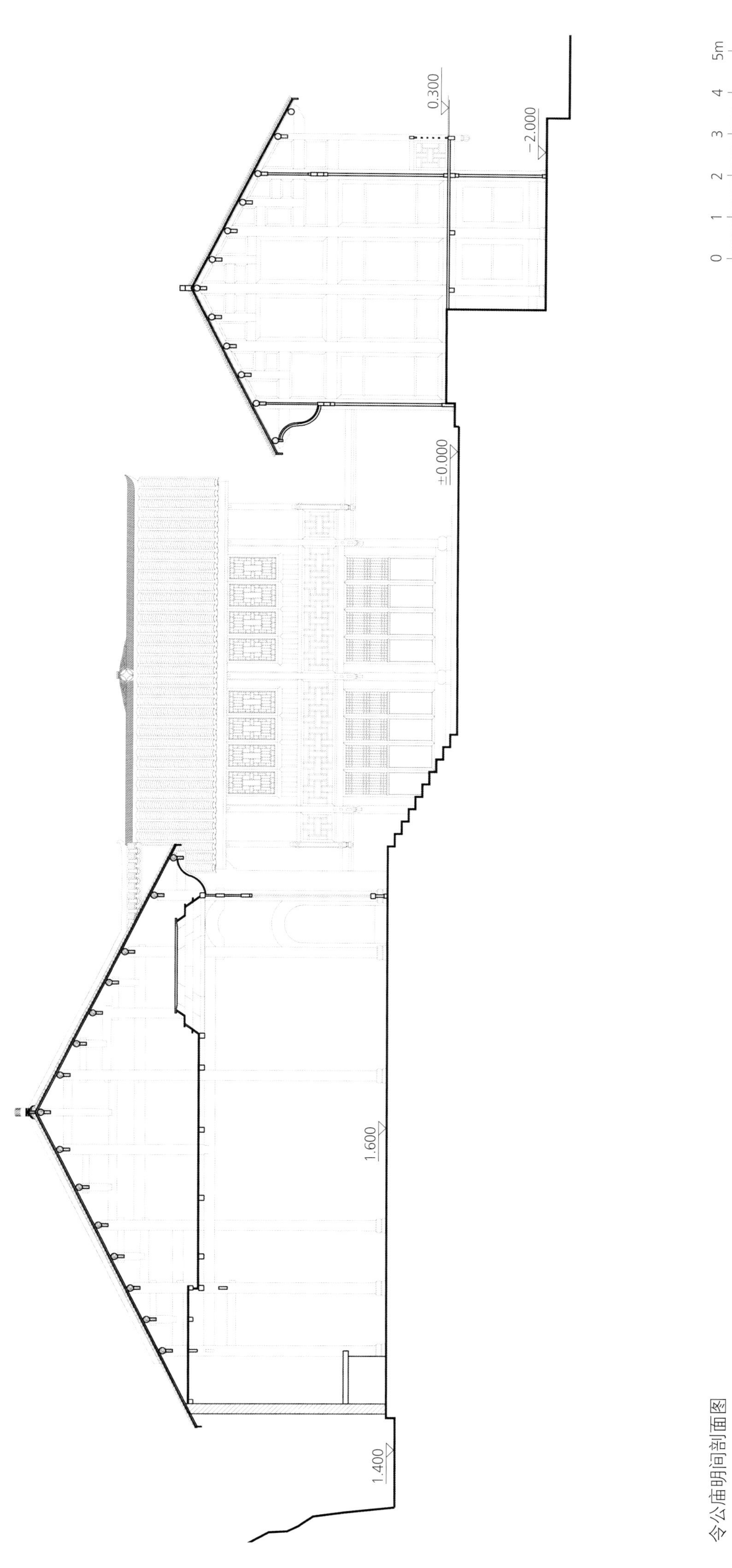

令公庙明间剖面图

令公庙建筑群东南立面图

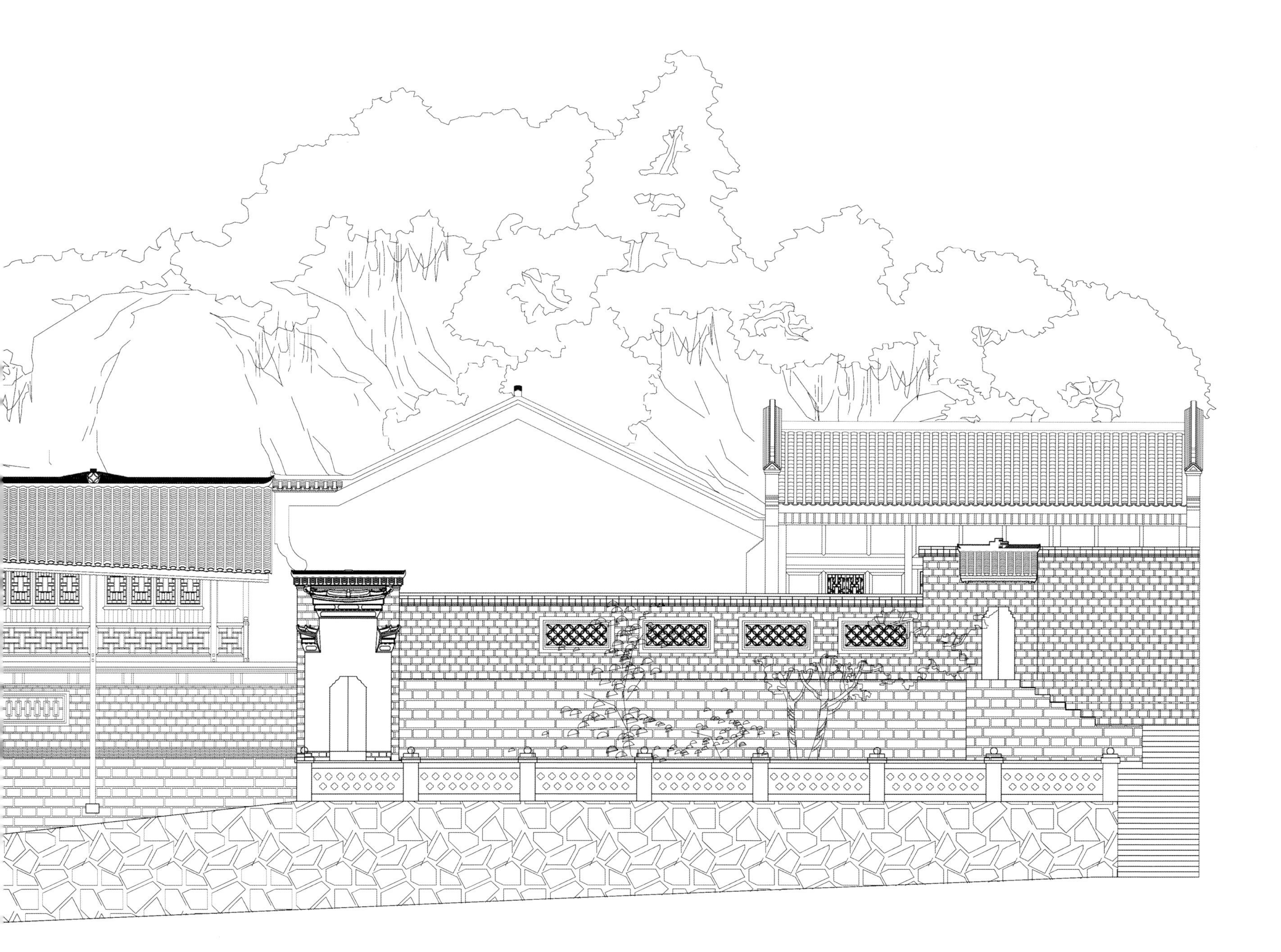

0 1 2 3 4 5m

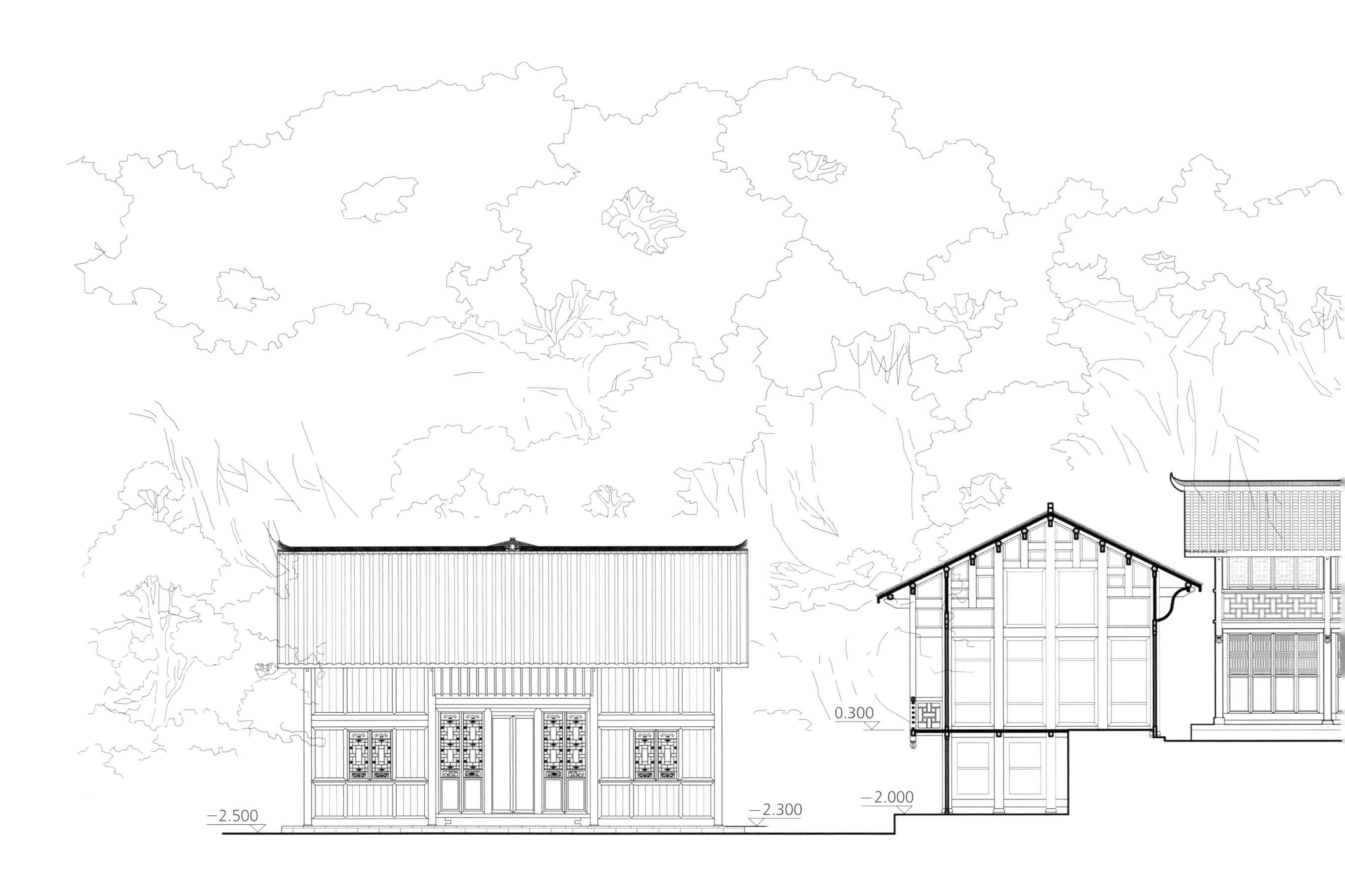

令公庙建筑群剖面图

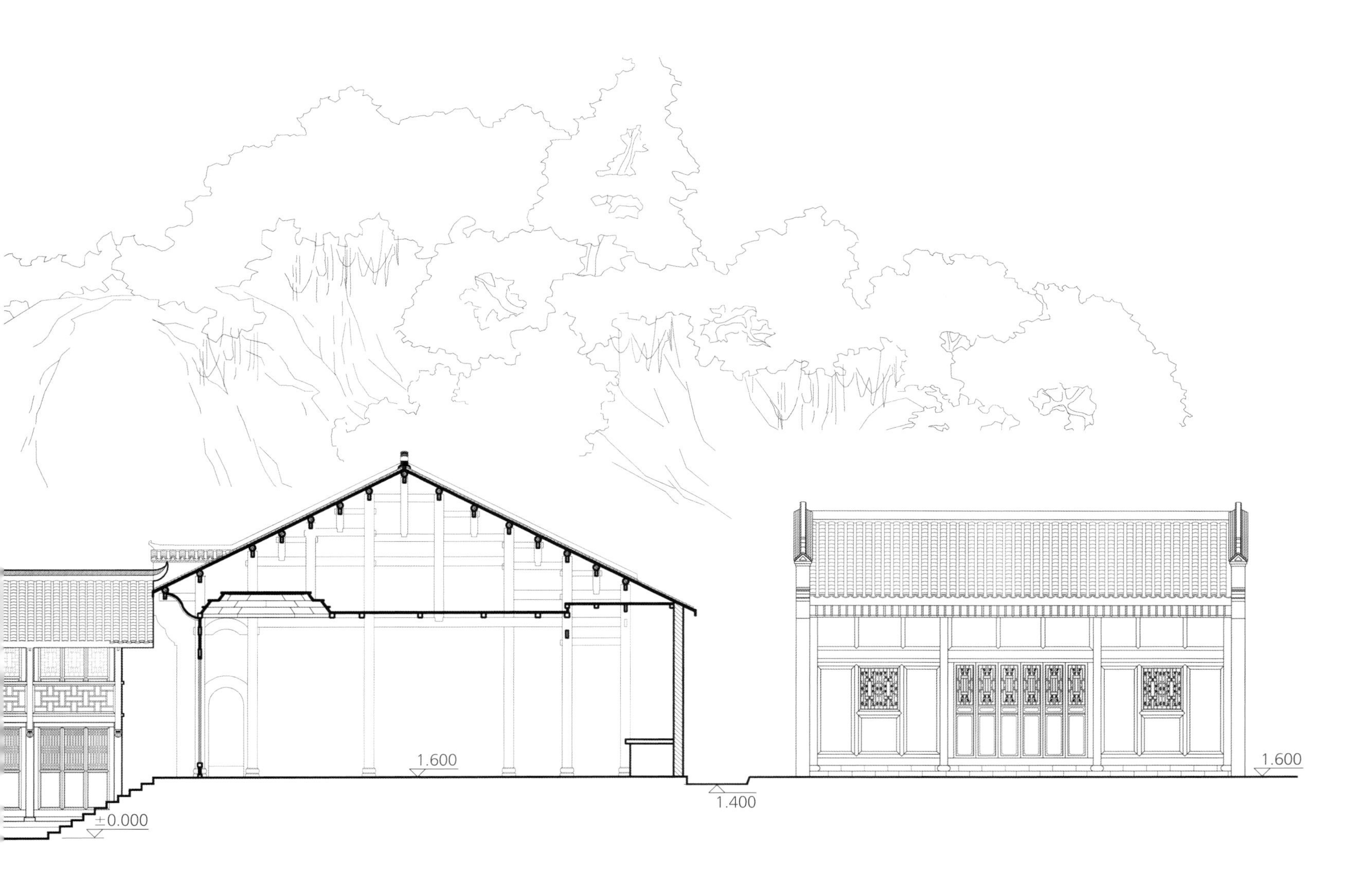
1.600
±0.000
1.400
1.600
0 1 2 3 4 5m

天后宫

天后宫是福建移民会馆建筑，位于濉阳古镇中段，现存建筑为清同治十一年重建。院落式建筑布局在十余米高的临街台地上，院落轴线垂直于街道，依次布置戏楼、看台和议事大殿，两侧还有侧院厢房等辅助建筑。戏楼置于高大的台地边缘，并利用地形作吊脚处理，山地建筑特色突出。会馆山门为砖砌牌楼门，设于戏楼一侧的高台上，通过陡峭的石梯道临街而上，构成壮观的天后宫入口标志。正对戏楼的正殿比庭院抬高两米，前面有宽大的观戏露台。正殿由前后两殿并列组成：前殿面阔三间，重檐歇山顶，两侧与小天井相隔有单坡屋顶的厢房，厢房弧形封火山墙面对庭院，与前殿形成虚实对比，建筑风格独特。后殿为悬山屋顶，面阔三间。前、后殿屋檐相交采用天沟排水，内部空间前、后殿连通，前后殿的两侧均有小天井采光通风。前殿和后殿当心间的天棚均用八角藻井装饰，厅堂空间显得富丽堂皇。

天后宫俯视（一）

天后宫俯视（二）

天后宫正殿

天后宫入口与戏台吊脚楼

天后宫厢房

天后宫侧院

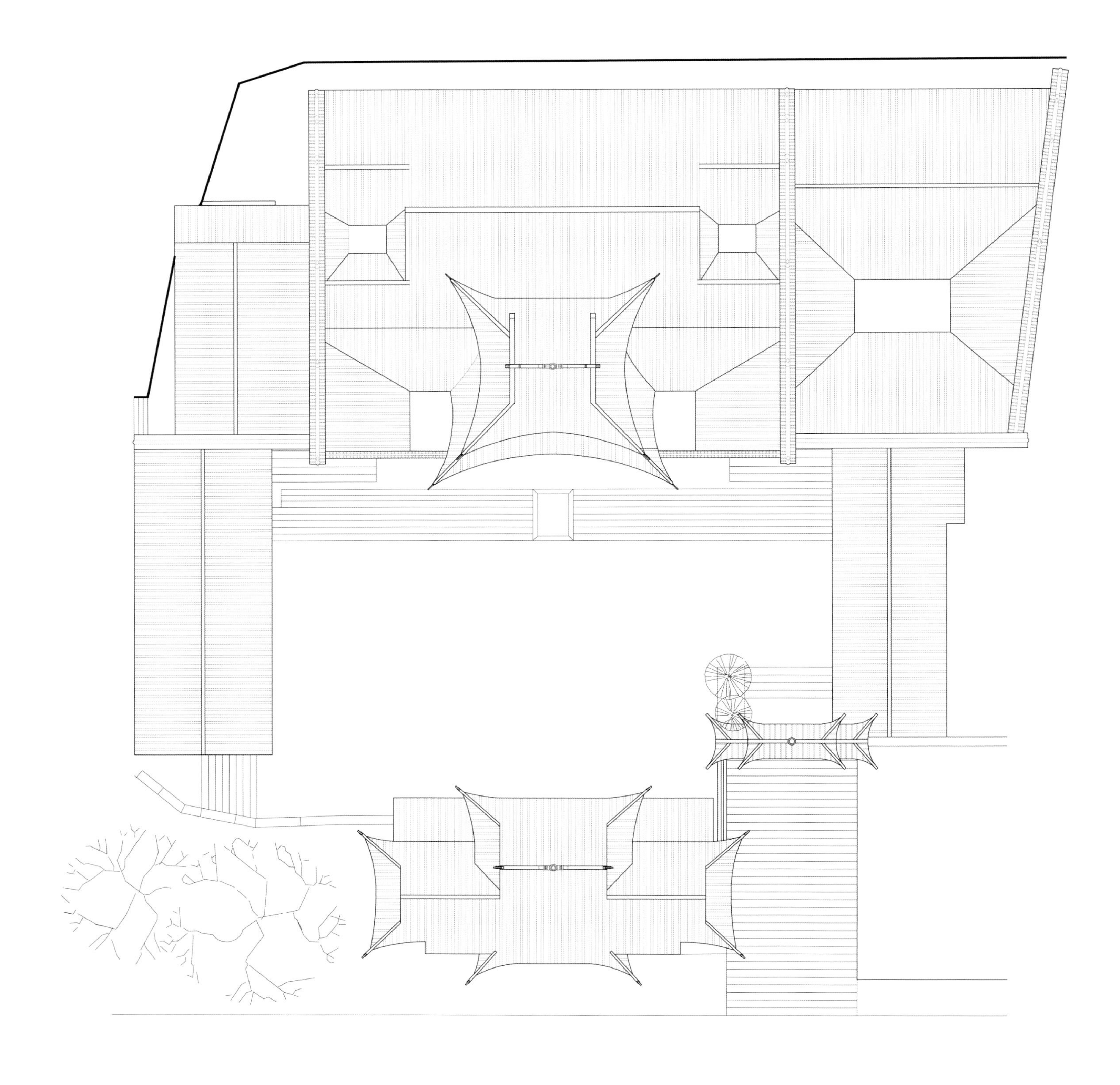

天后宫屋顶平面图

0 1 2 3 4 5m

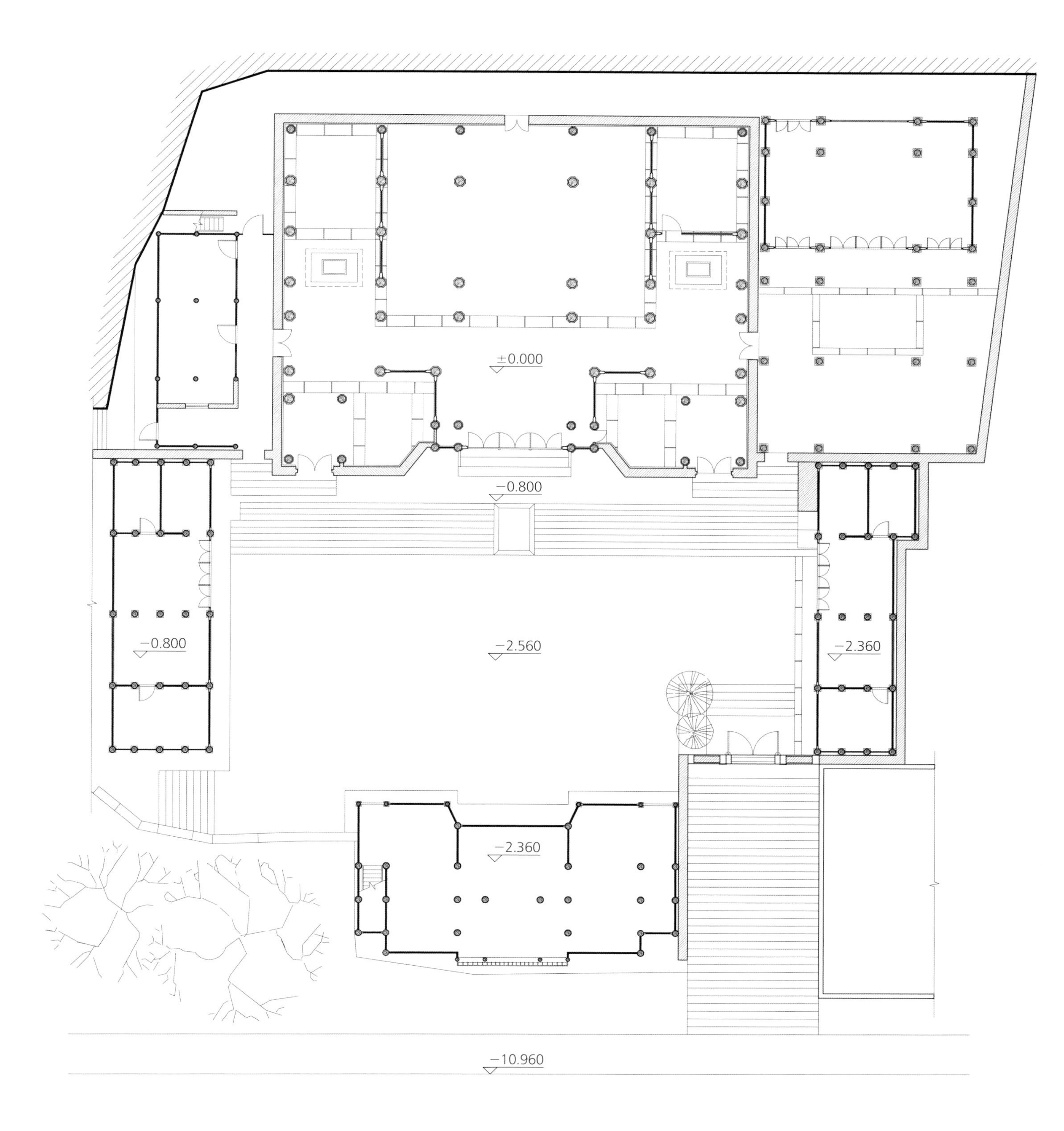

天后宫一层平面图

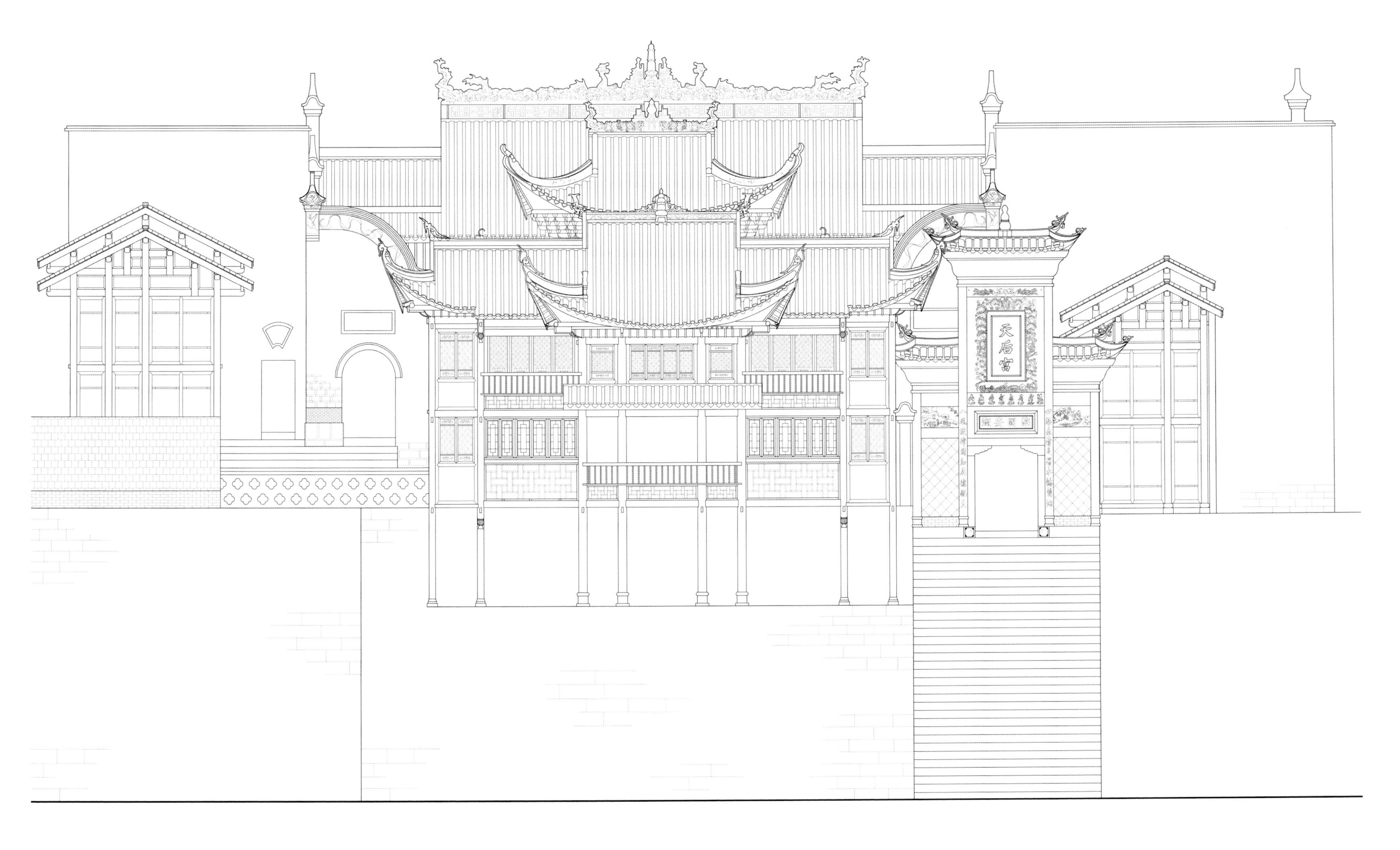

天后宫临街立面图

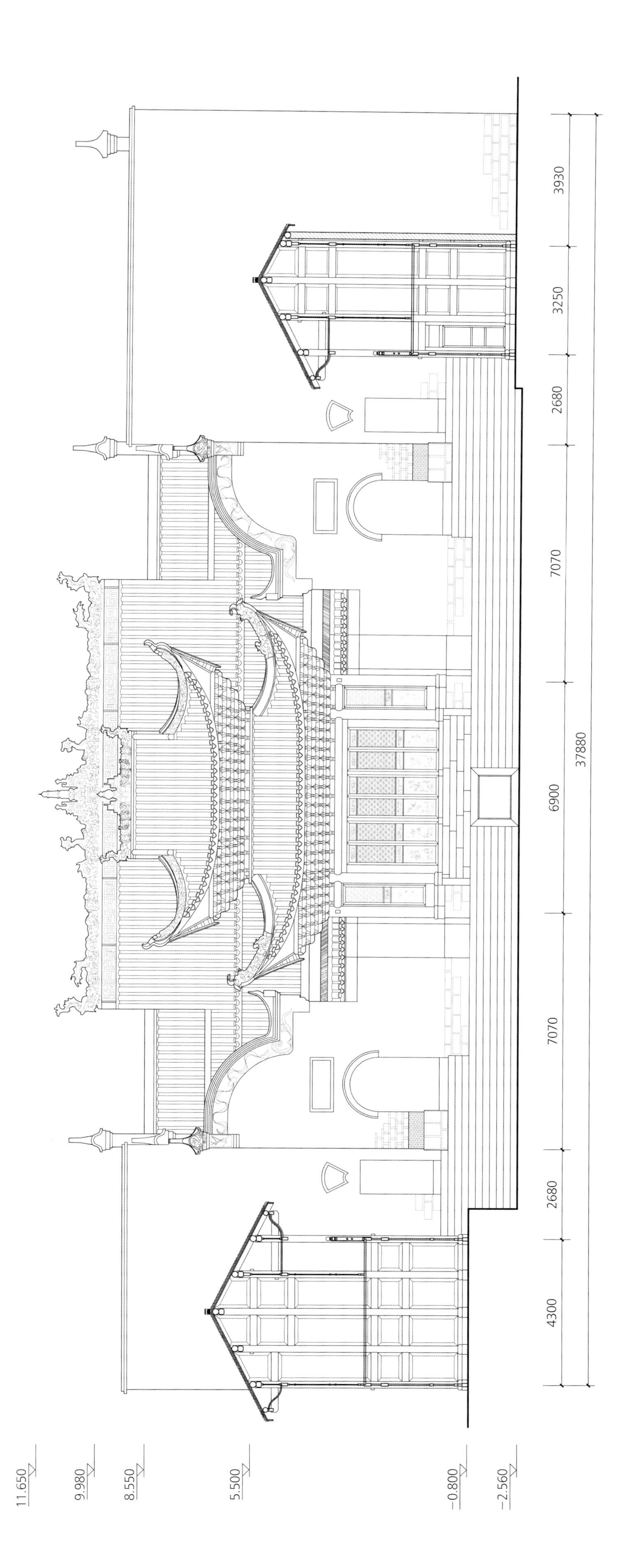
0 1 2 3 4 5m
3930
3250
2680
7070
6900
7070
2680
4300
37880
11.650
9.980
8.550
5.500
−0.800
−2.560

天后宫正殿剖视图

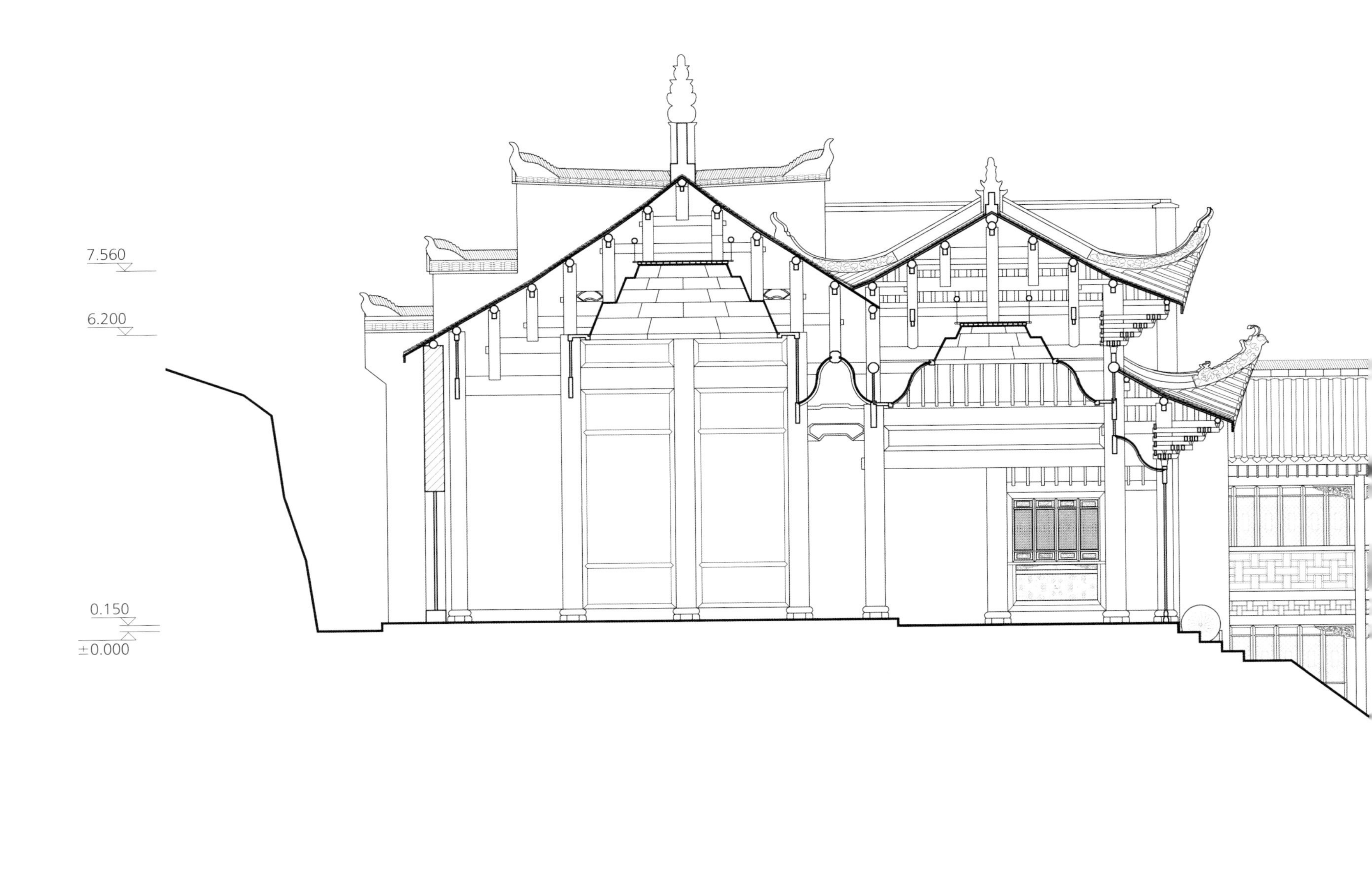

天后宫明间剖面图

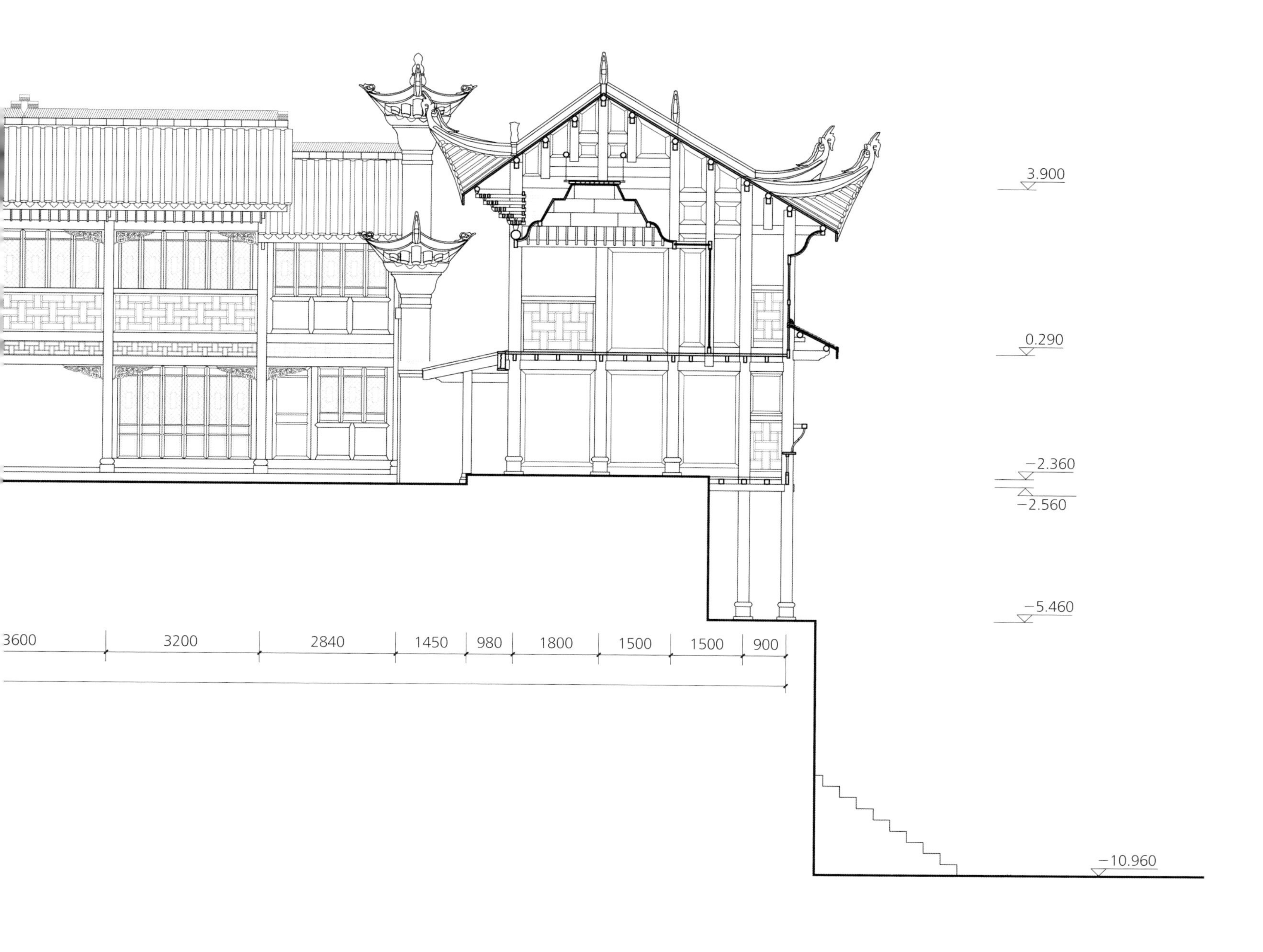
3.900
0.290
−2.360
−2.560
−5.460
3600
3200
2840
1450
980
1800
1500
1500
900
−10.960
0
1
2
3
4
5m

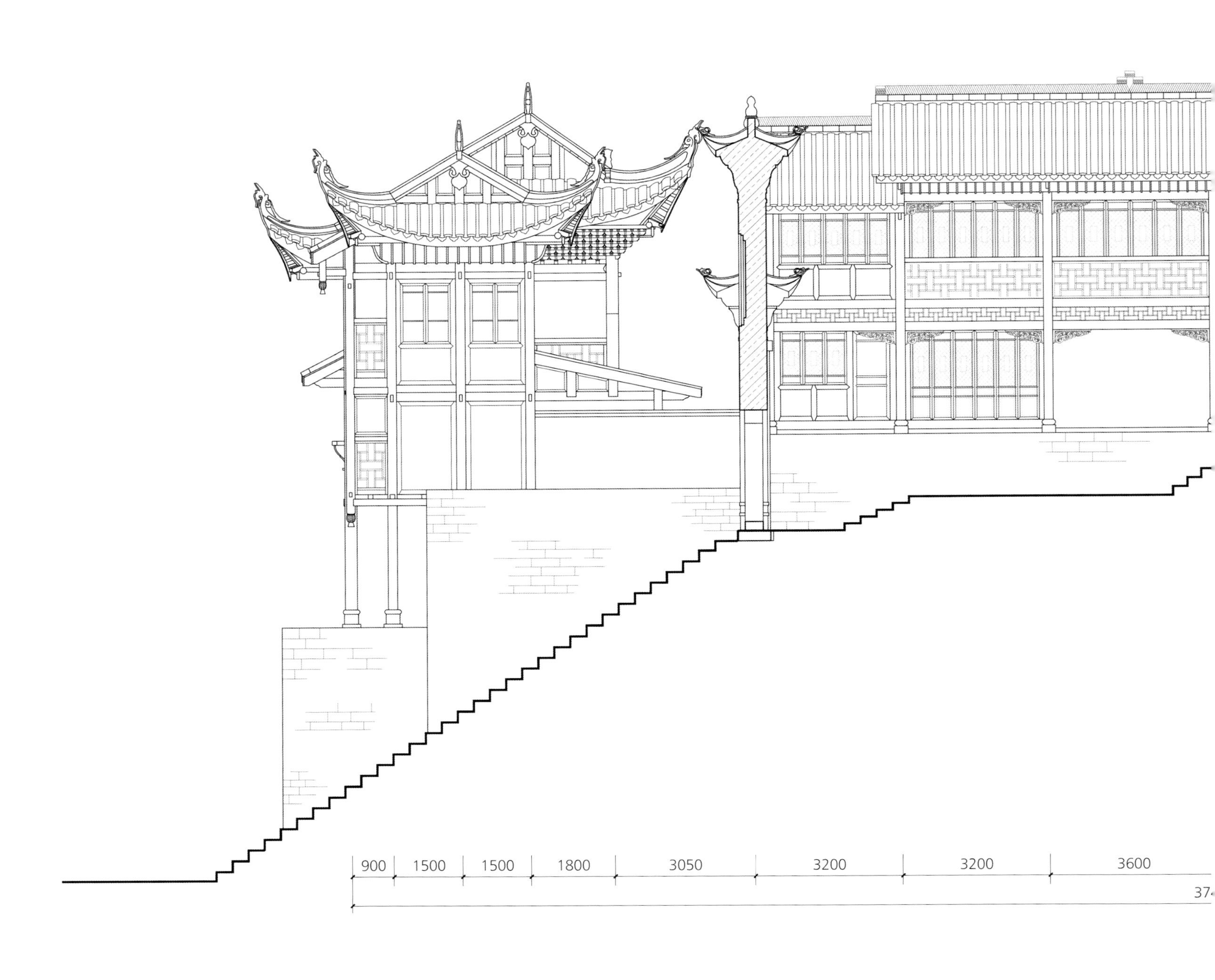

天后宫牌楼门与侧院剖面图

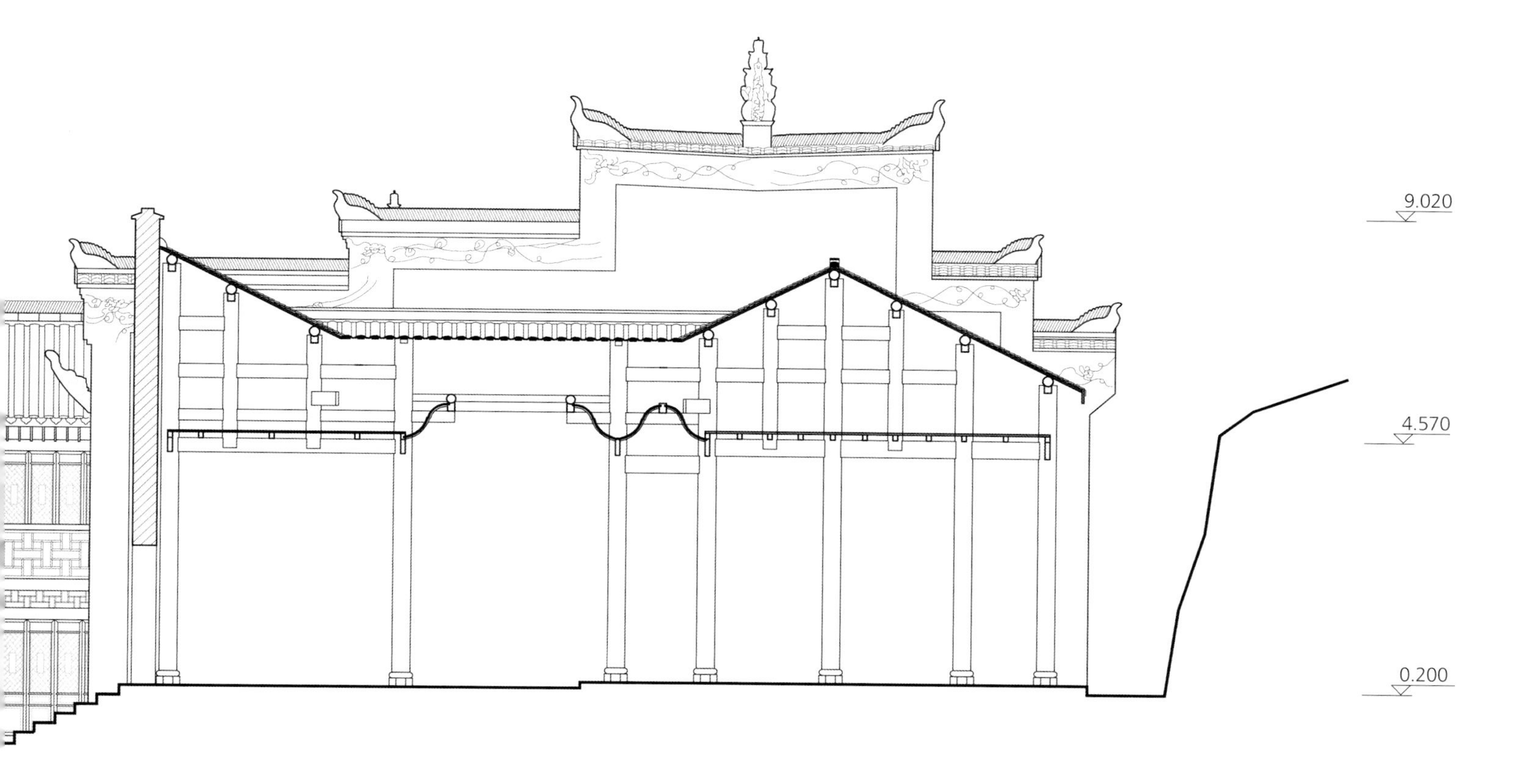

3920 3950 3600 1500 2100 2200 1400

0 1 2 3 4 5m

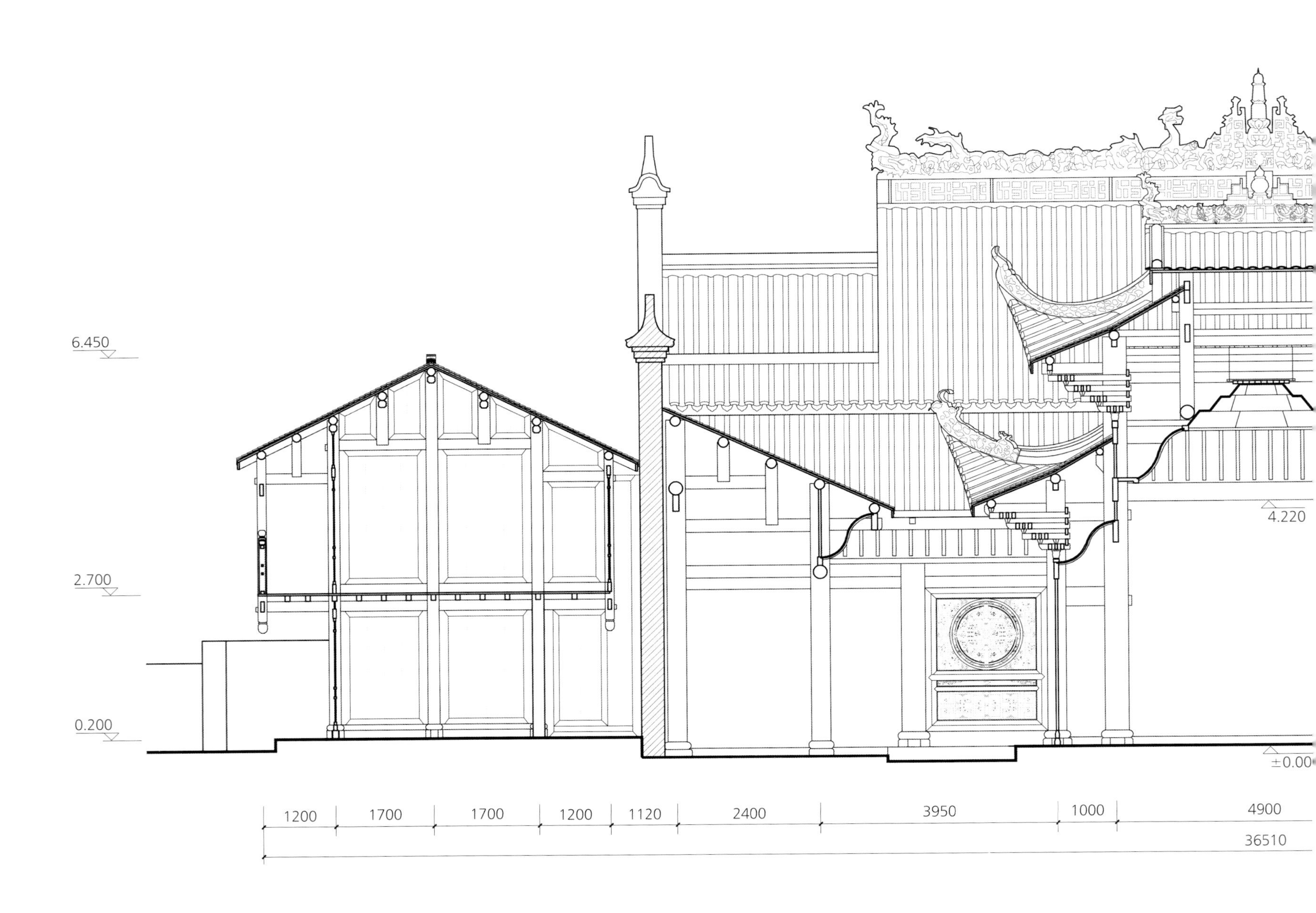
6.450
2.700
0.200
4.220
±0.00
1200
1700
1700
1200
1120
2400
3950
1000
4900
36510

天后宫纵剖面图

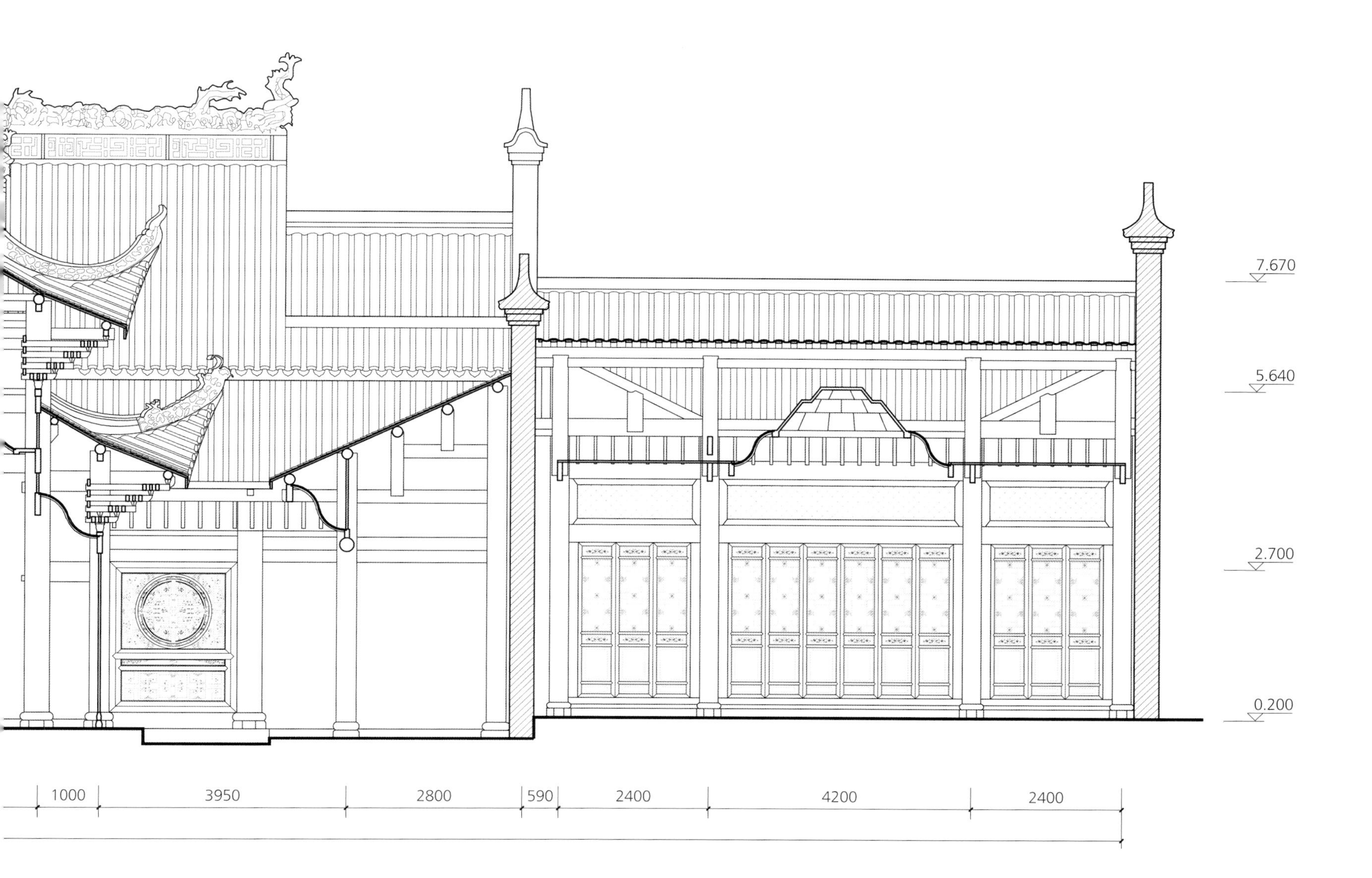
7.670
5.640
2.700
0.200
1000
3950
2800
590
2400
4200
2400
0
1
2
3
4
5m

天后宫院落、戏楼剖视图

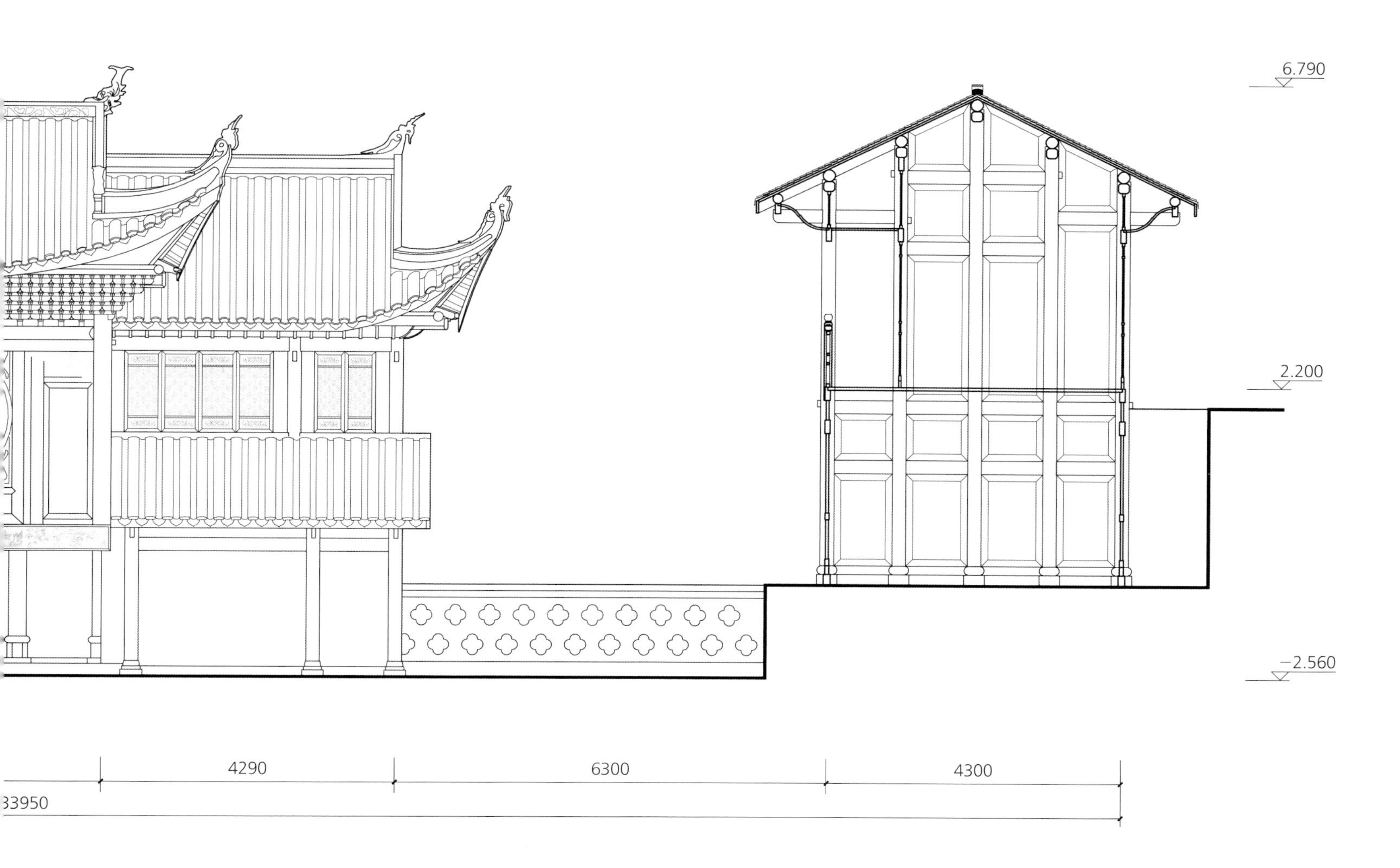
6.790
2.200
-2.560
4290
6300
4300
33950
0
1
2
3
4
5m

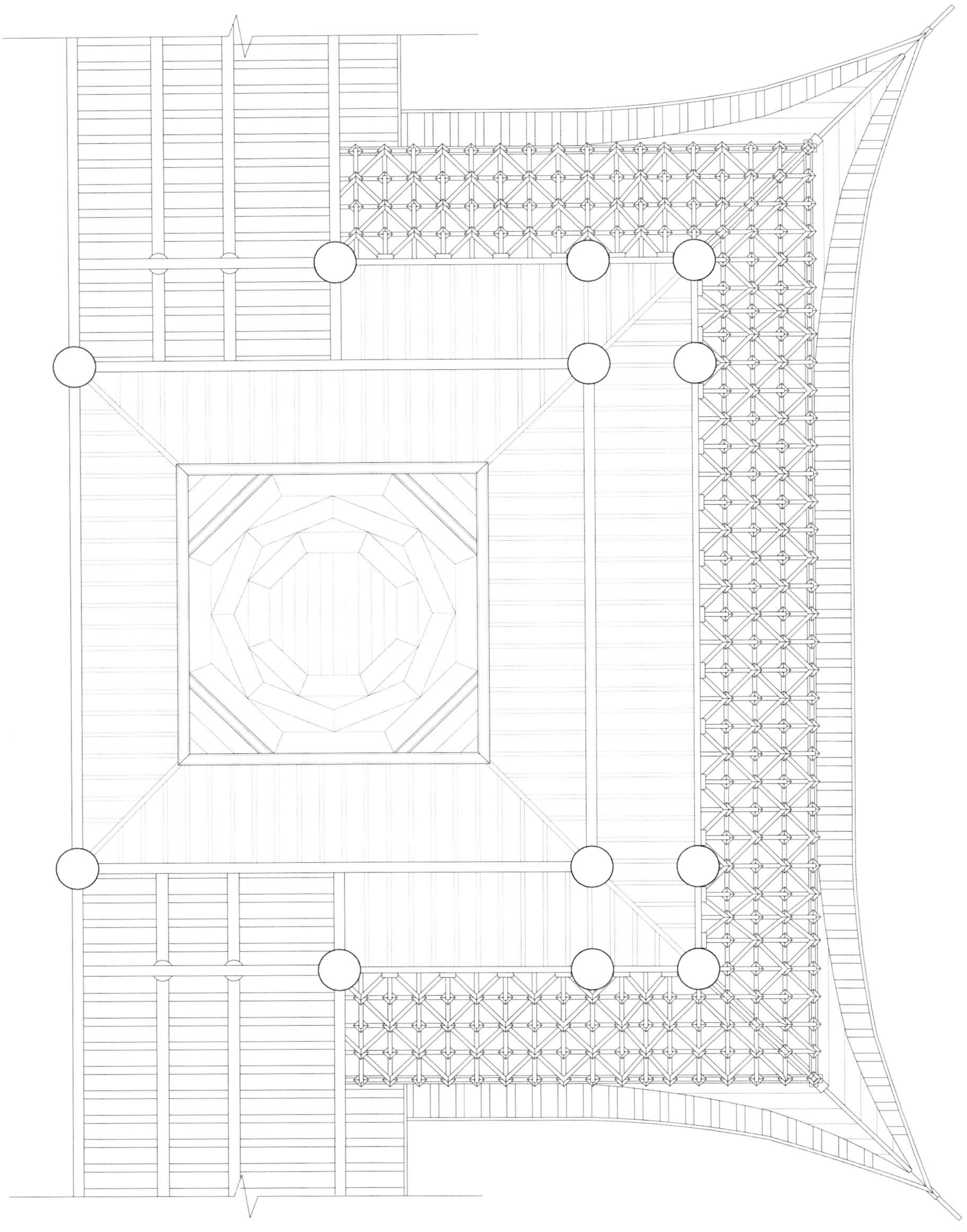

0 1 2 3m

天后宫戏台天棚平面图

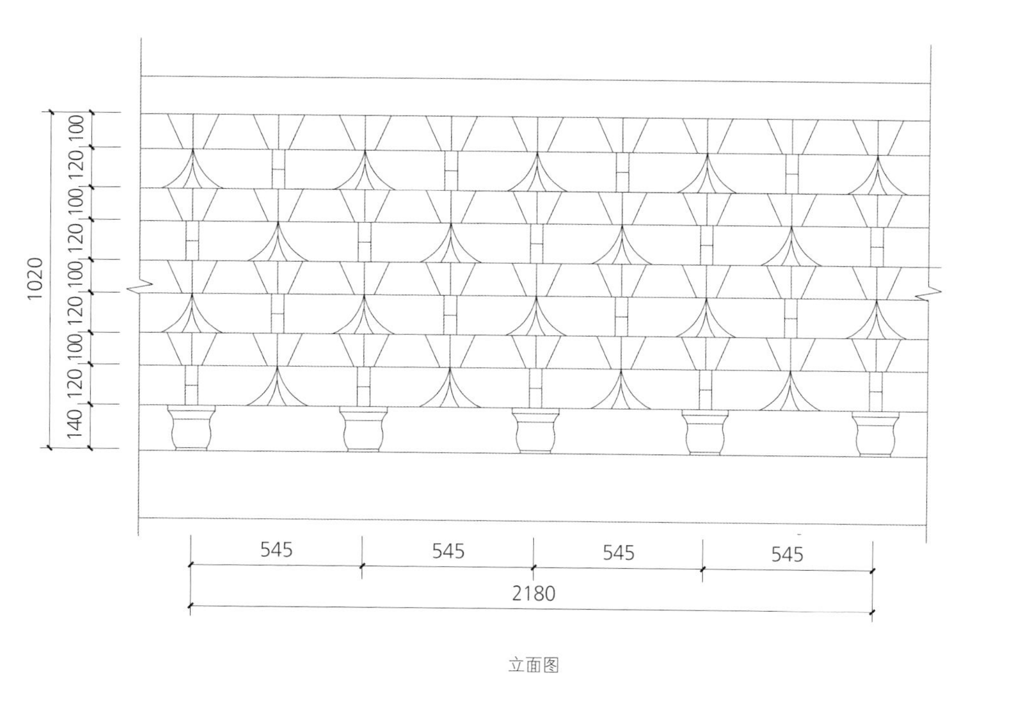

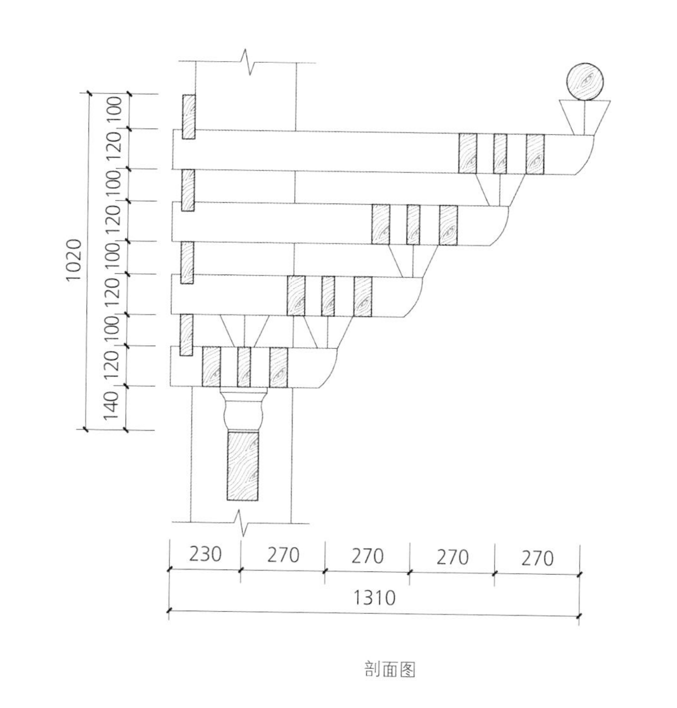

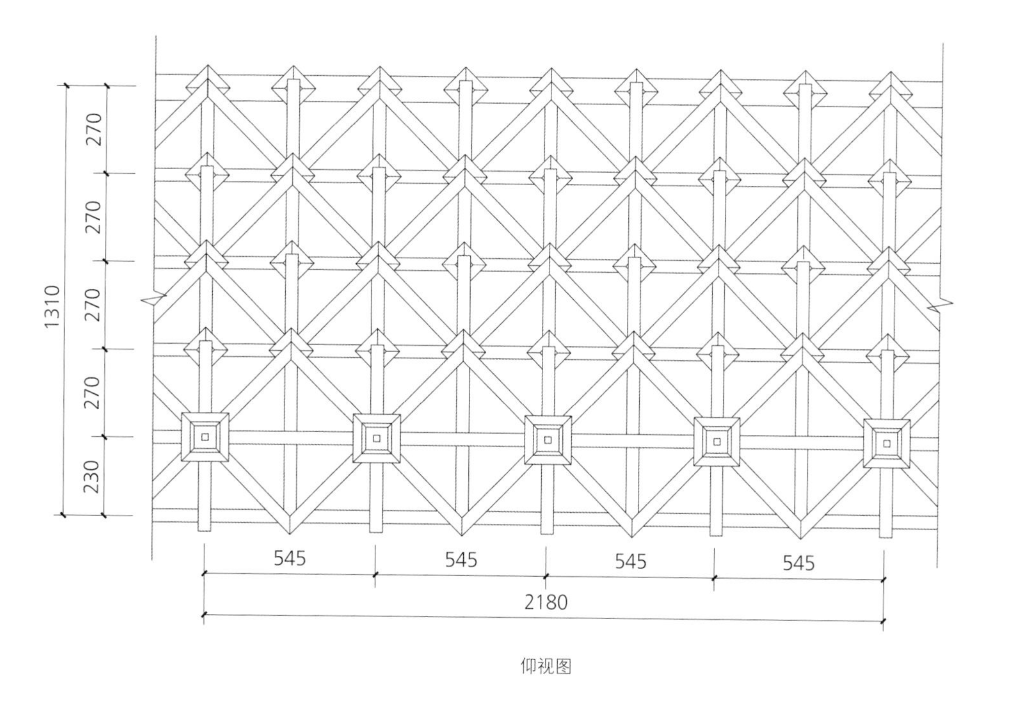

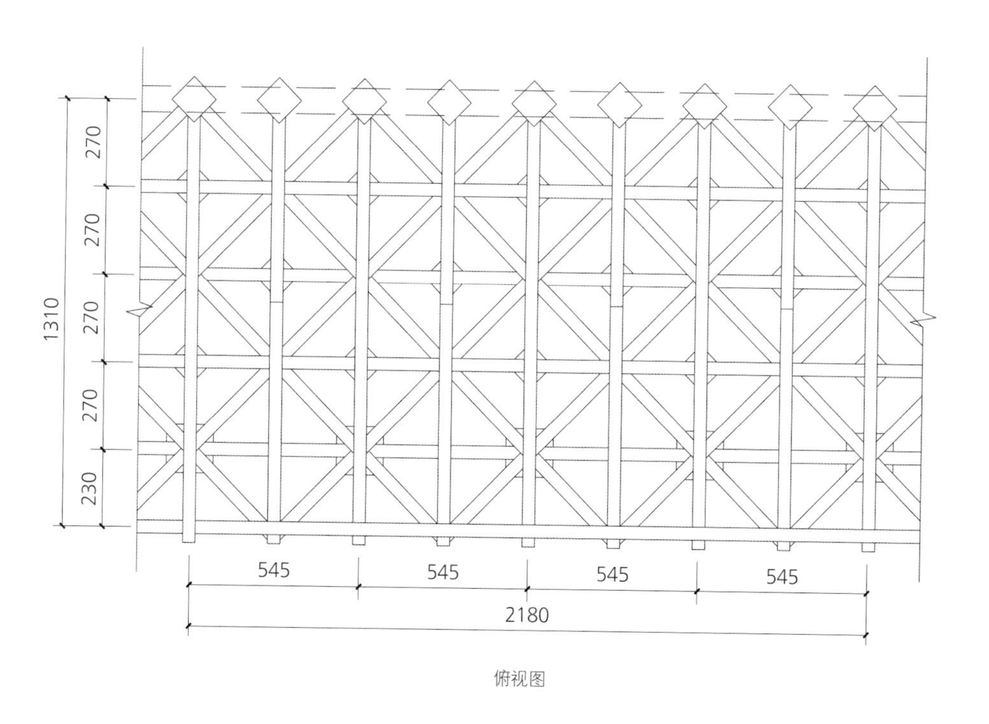

天后宫正殿如意斗拱大样图

天后宫正殿槛窗饰样图（一）

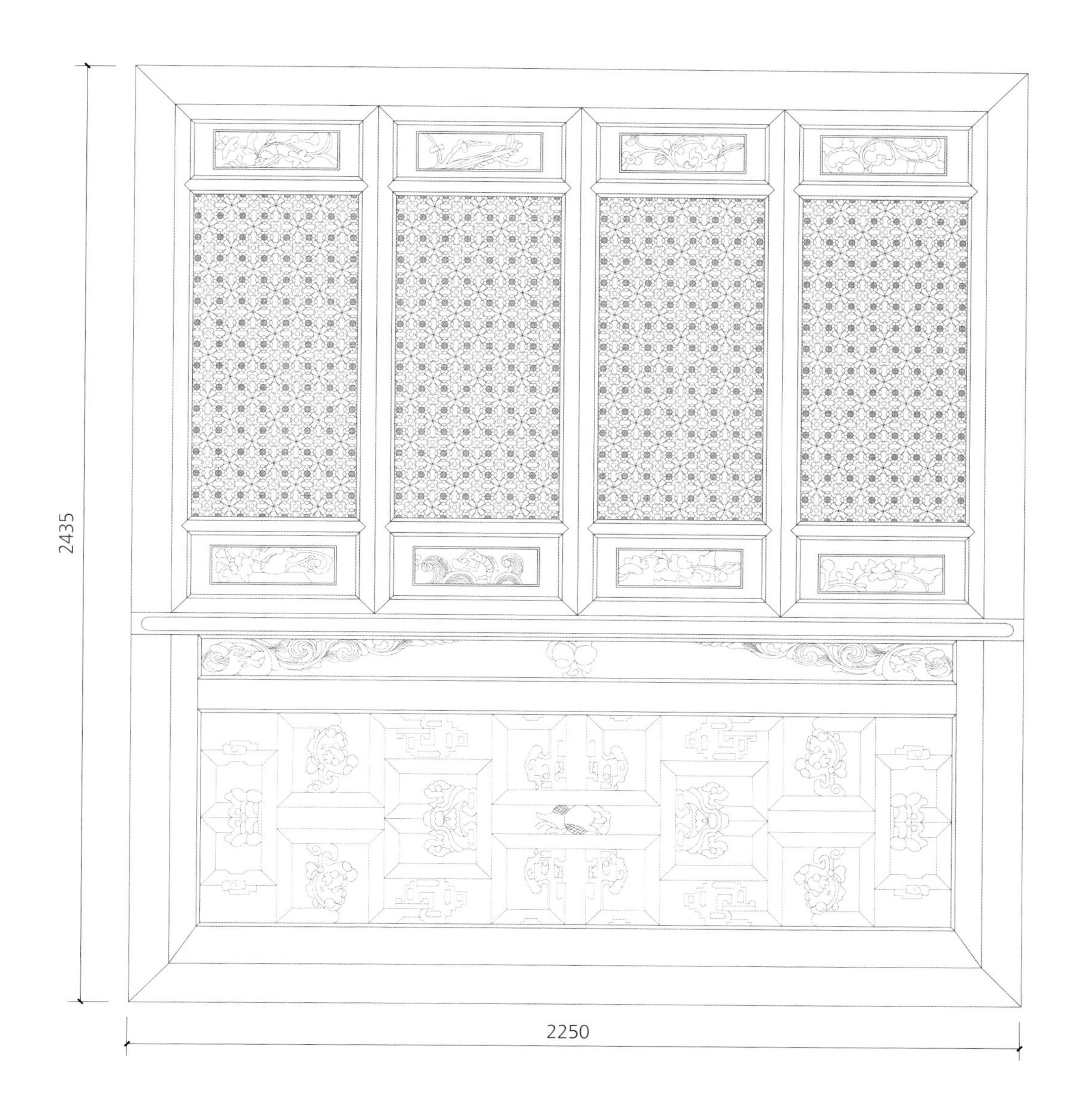

天后宫正殿槛窗饰样图（二）

天后宫正殿门扇饰样图

天后宫戏台台口装饰图案

5130

杨氏宅院

杨氏宅院是濮阳镇典型的城镇居住建筑。四合院内部分为前后高差较大的两重台地，院落背面又依靠高大的台地堡坎为天然屏障，其余三面以封火墙围合，形成外部封闭、内部开敞的台地院落空间。院落内部的台地空间可从视觉上贯通但没有垂直交通联系，对外通过爬山街巷有不同高差的两个入口，这是家族分户的空间组合方法，是镇远山地宅院空间组织的一大特色。

杨氏宅院俯视（一）

杨氏宅院俯视（二）

杨氏宅院八字门入口

杨氏宅院上院

杨氏宅院封火山墙

杨氏宅院封火墙

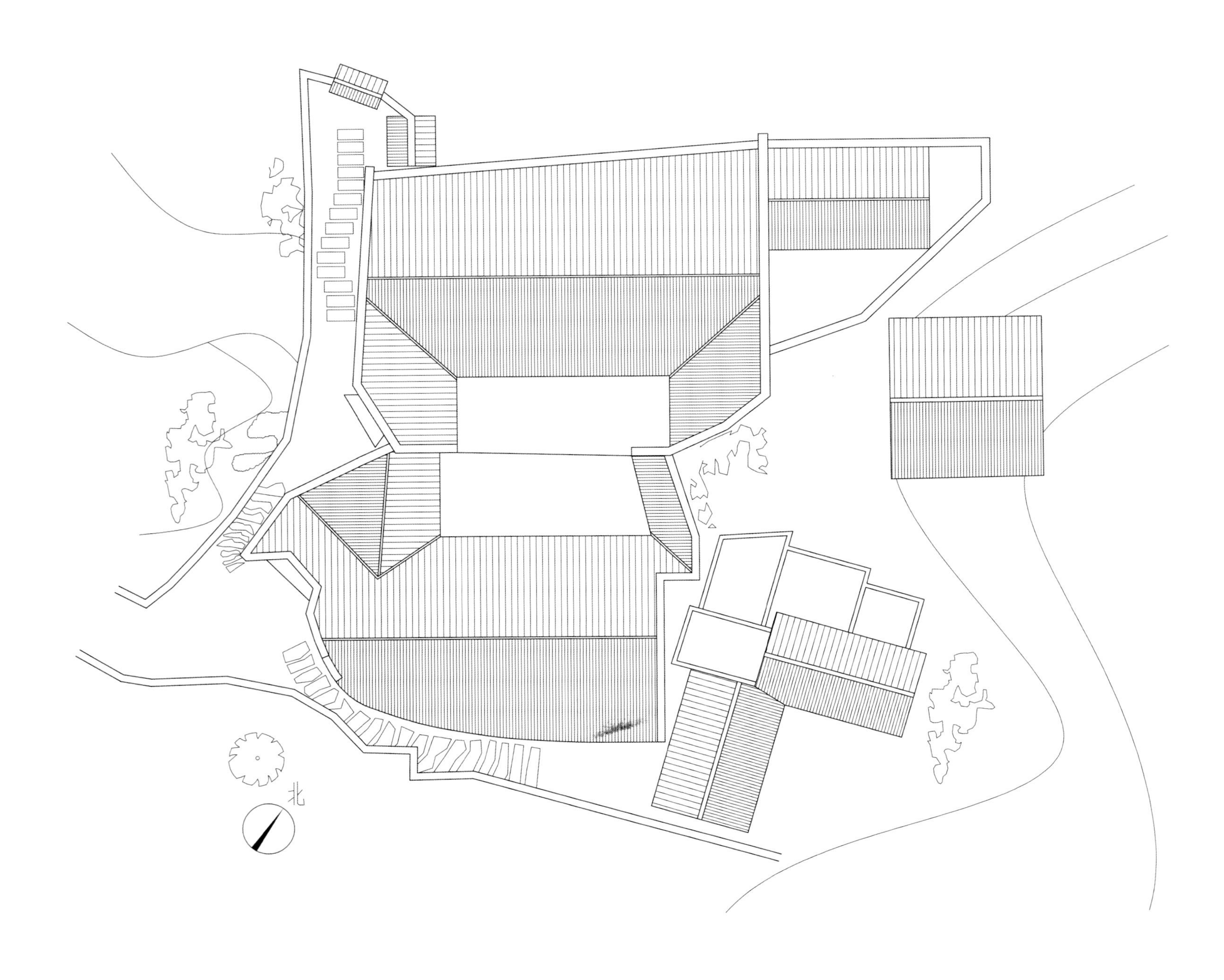

杨氏宅院总平面图

0 1 2 3 4 5m

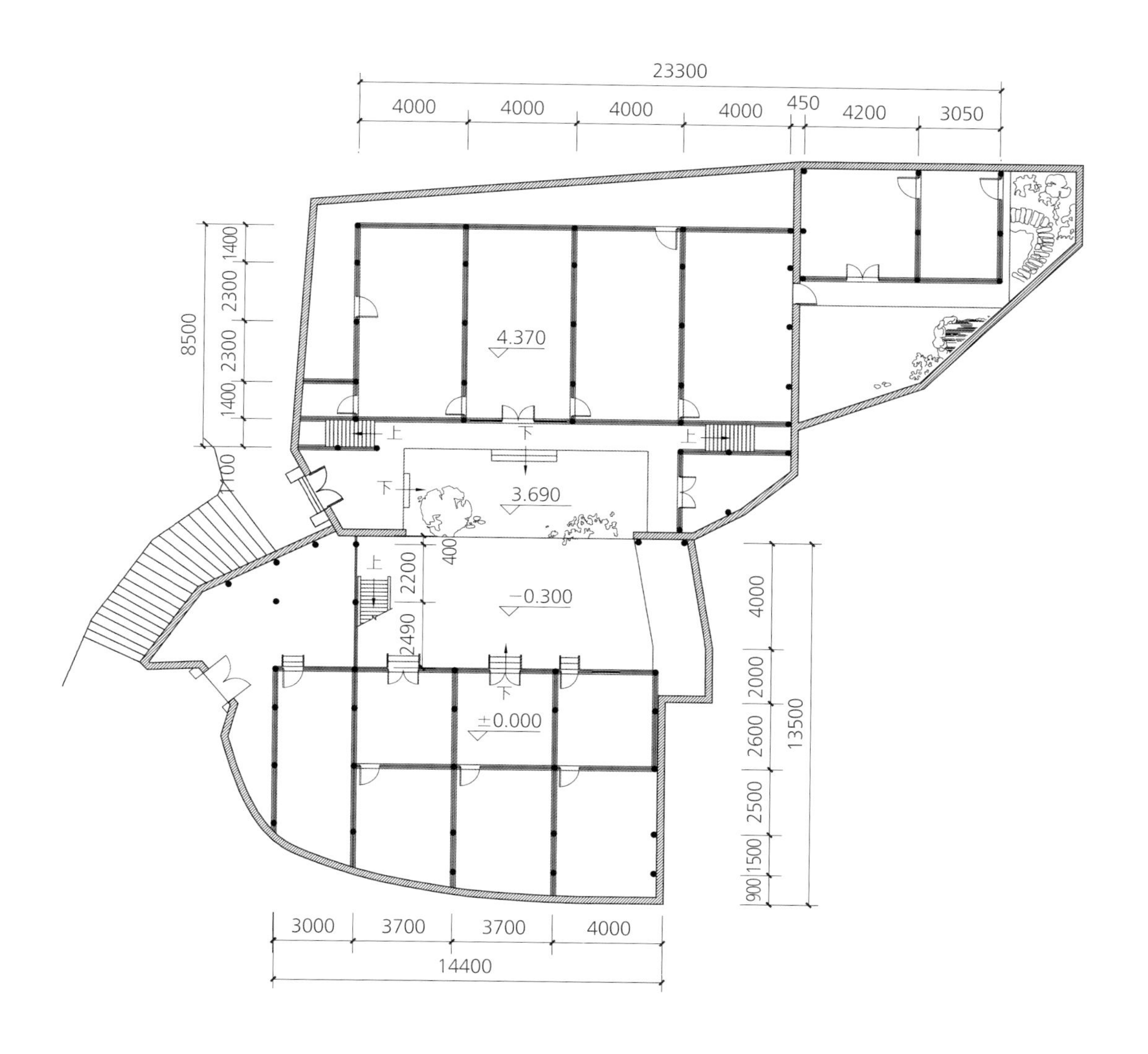

杨氏宅院一层平面图

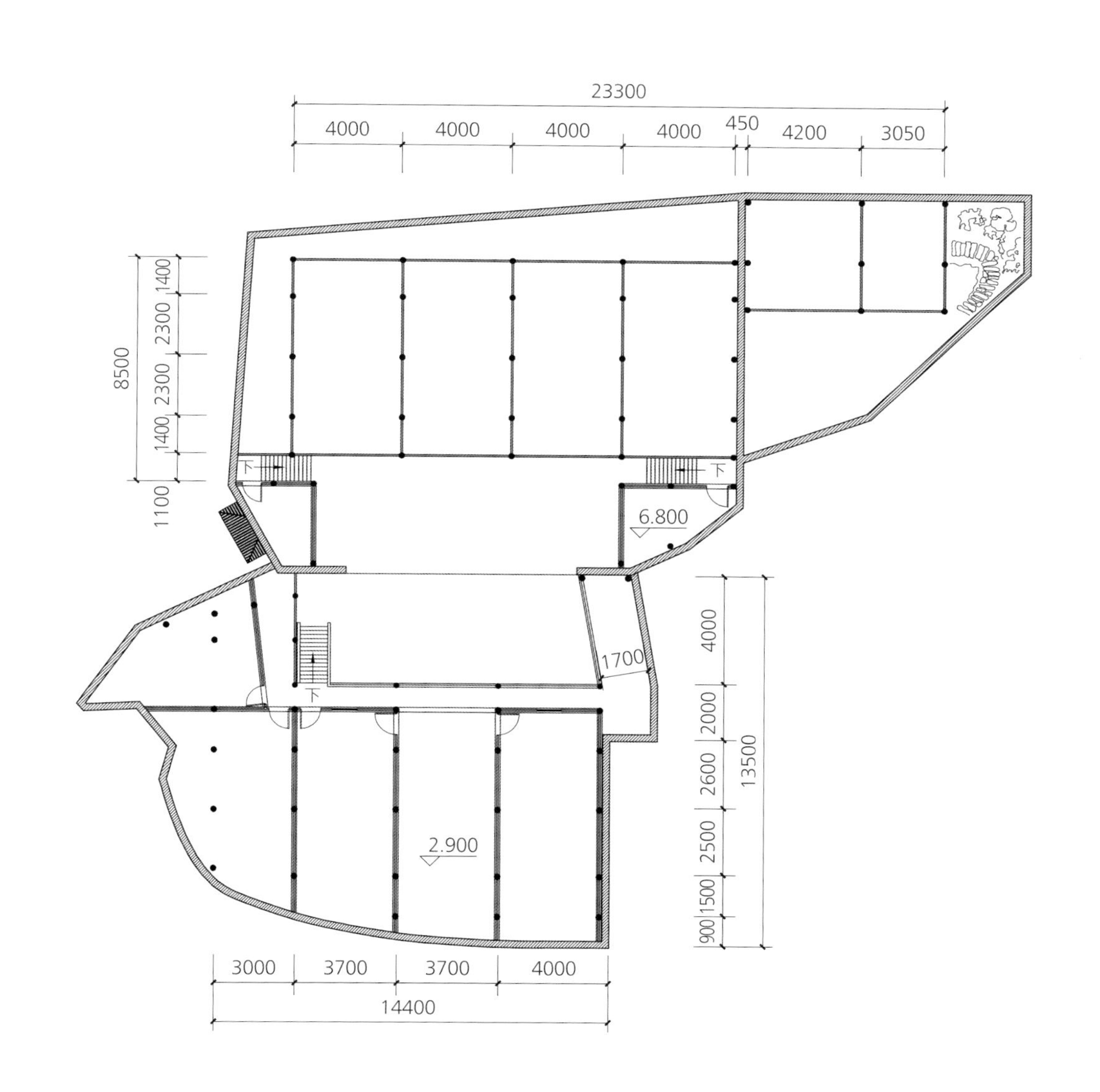

杨氏宅院二层平面图

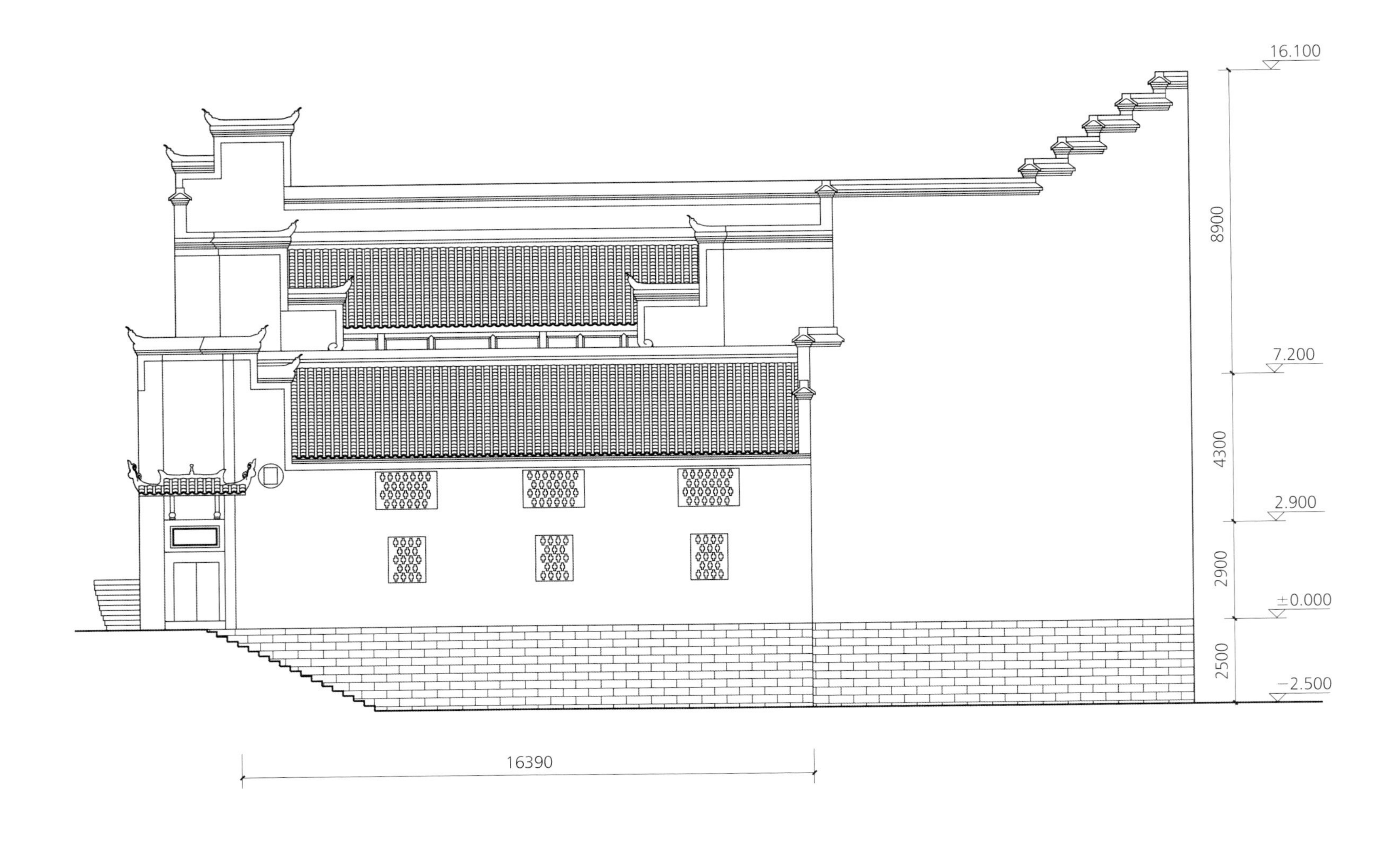

杨氏宅院正立面图

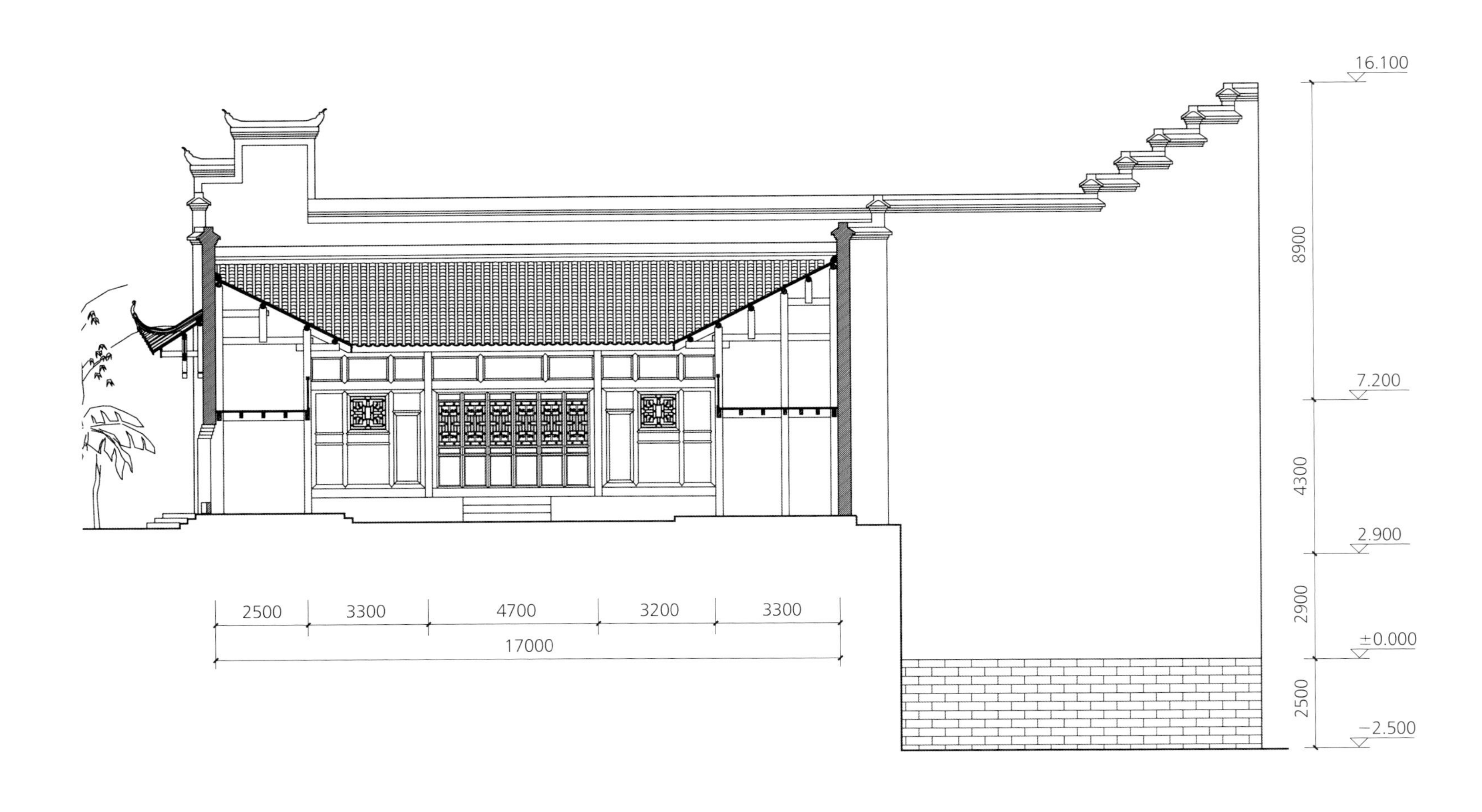

杨氏宅院上院剖面图

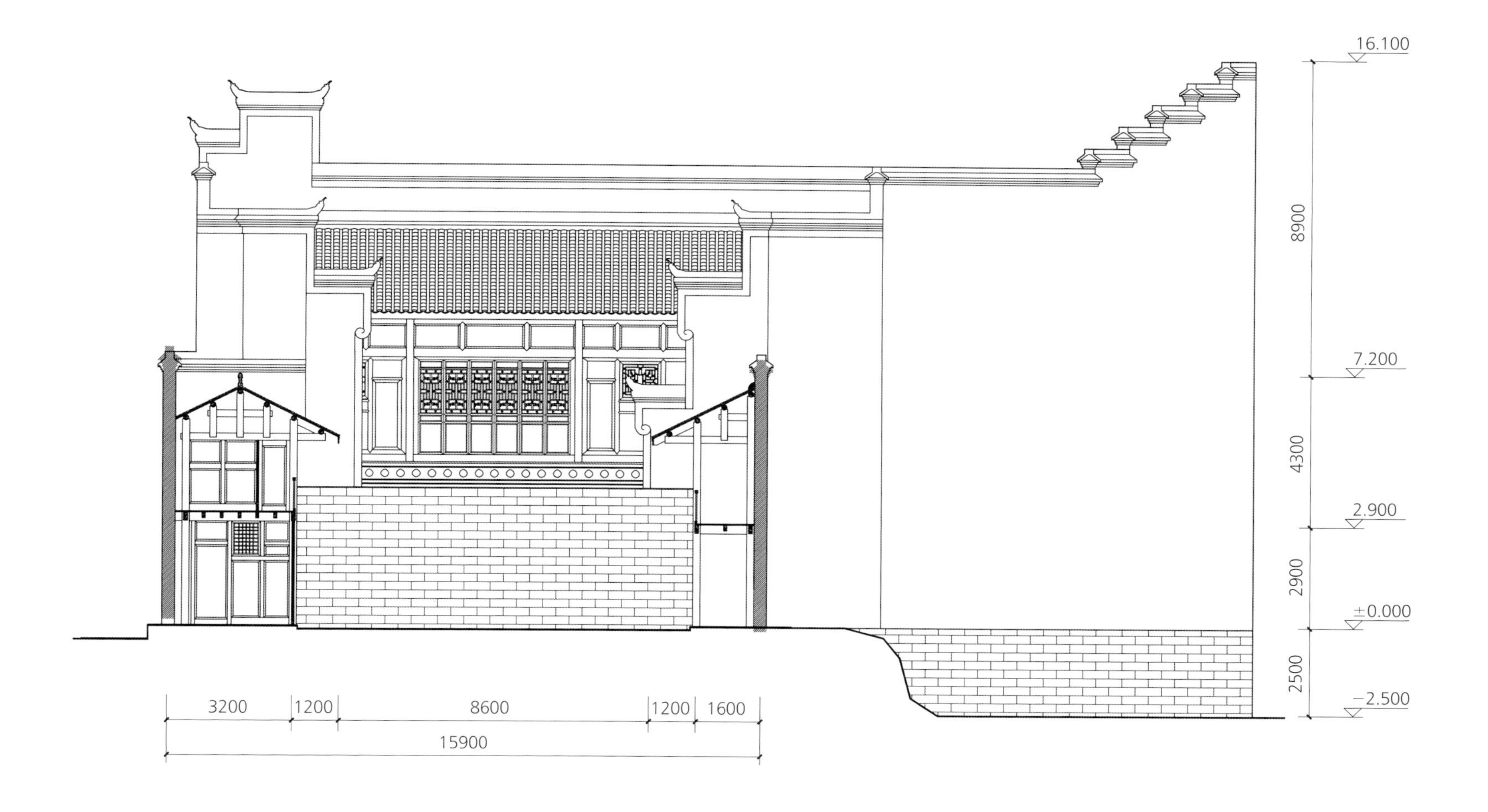

杨氏宅院下院剖面图（一）

杨氏宅院下院剖面图（二）

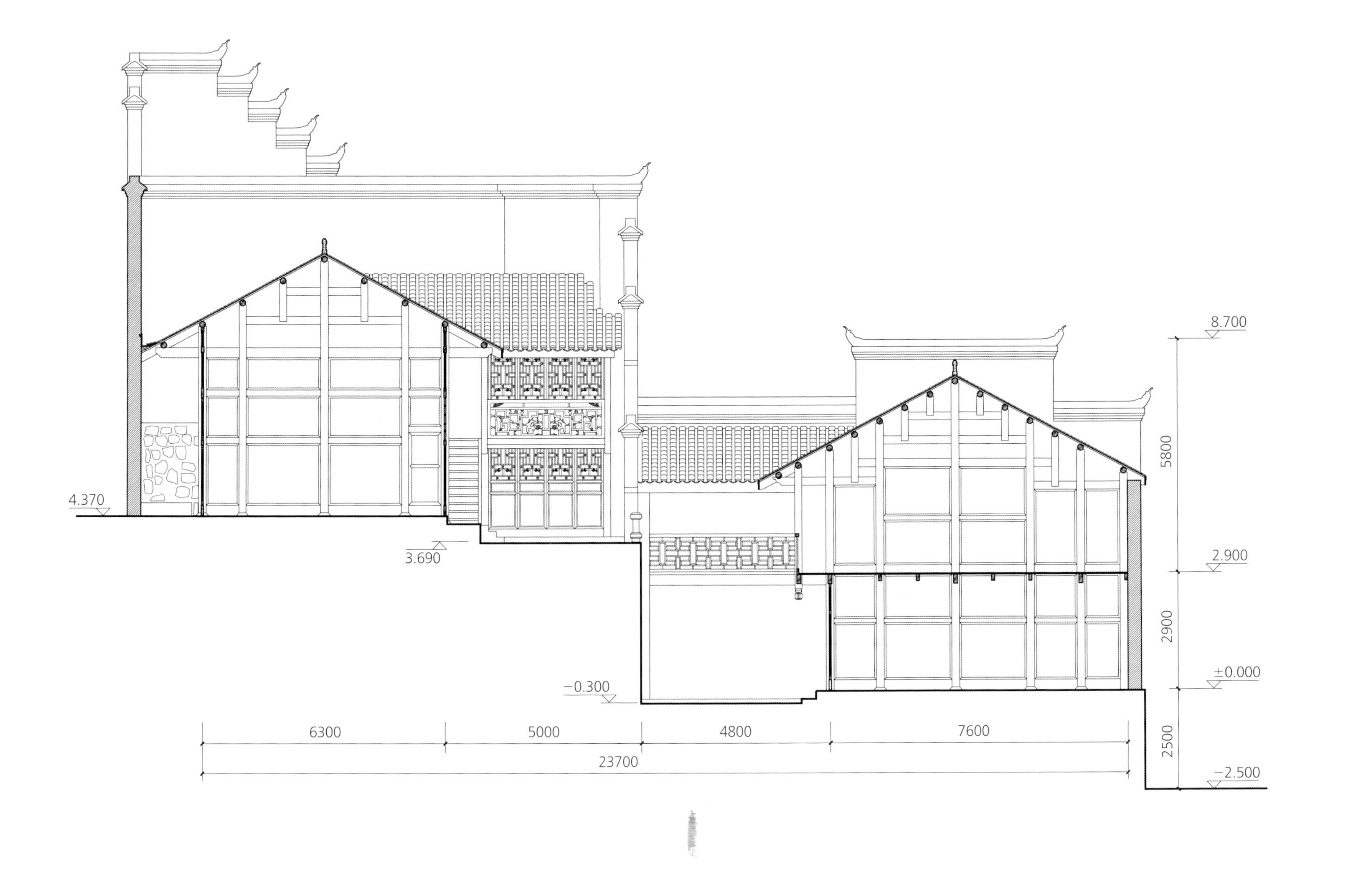
8.700
2.900
±0.000
−2.500
5800
2900
2500
4.370
3.690
−0.300
6300
5000
4800
7600
23700
0 1 2 3 4 5m

杨氏宅院上、下院剖面图

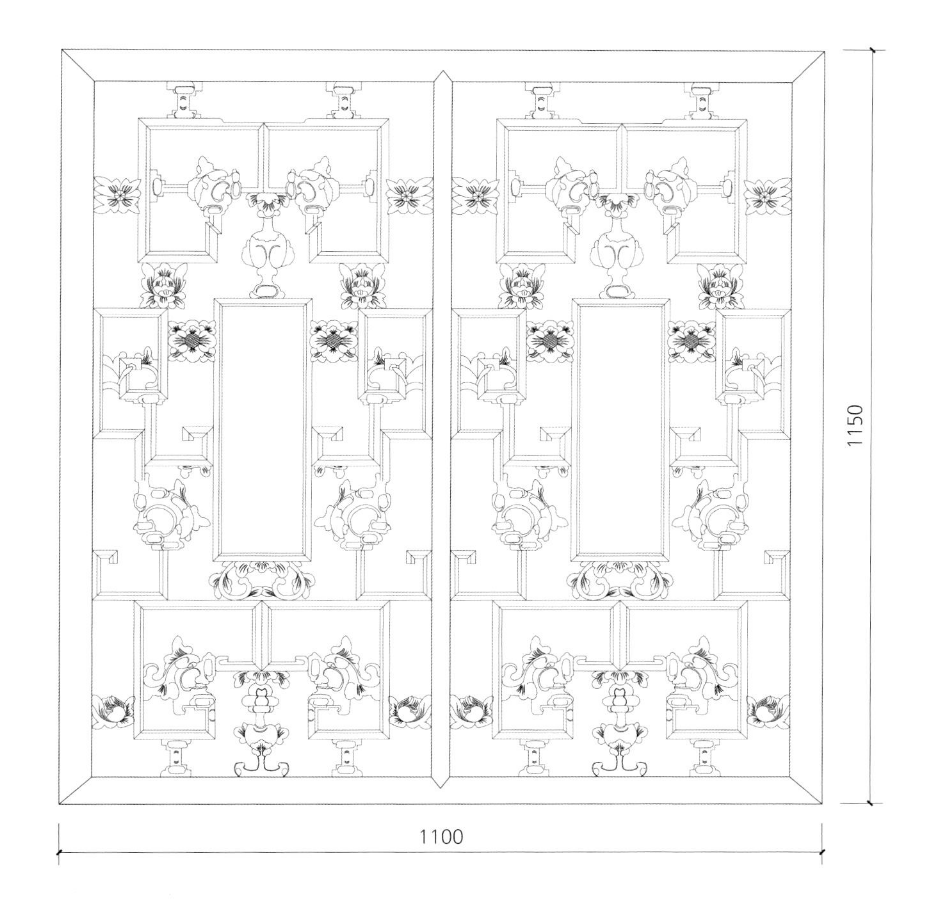

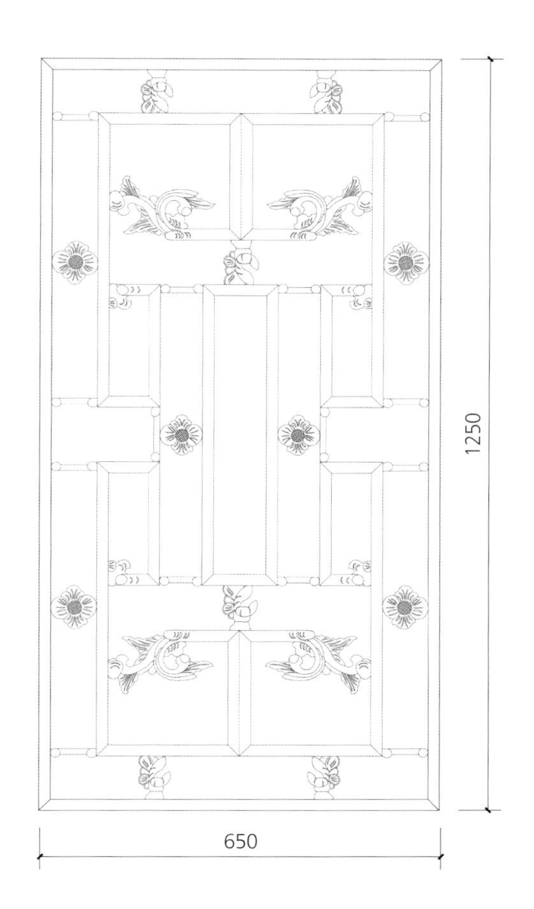

杨氏宅院槛窗饰样图

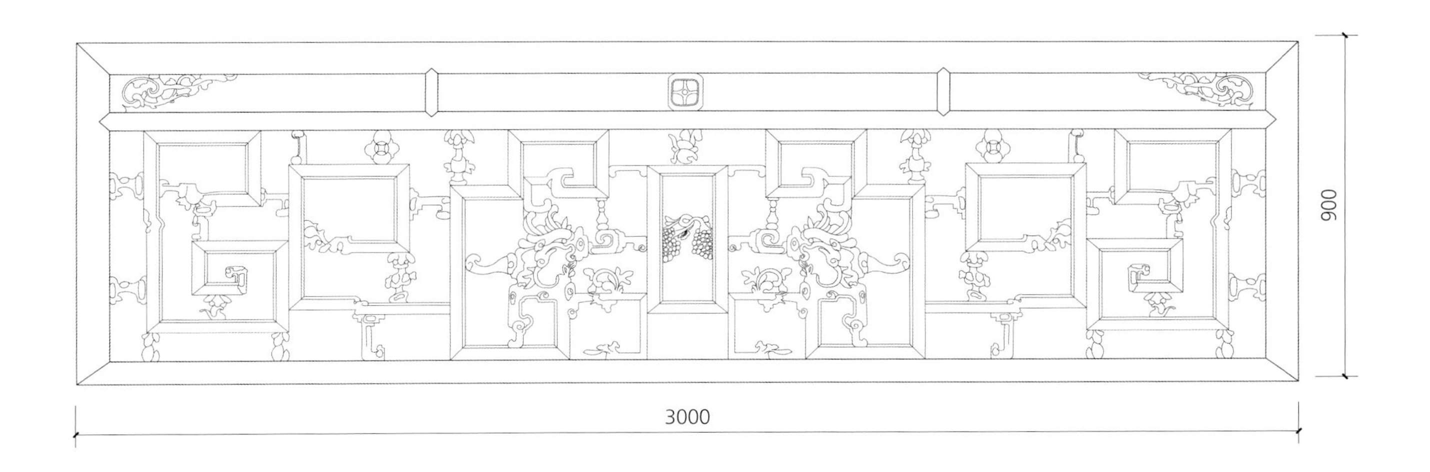

杨氏宅院挑楼栏杆饰样图

后记

1993年8月，受贵州省镇远县青龙洞文物保护管理所的邀请，重庆建筑工程学院建筑系的杨嵩林、张兴国、魏宏杨、谢礼国、郭良、李宝、李骏、胡世林、孙国春、李郁葱、邓舸、张克胜、刘铭等教师，带领建筑学、城市规划、风景园林、室内设计的学生100余人奔赴贵州镇远参加测绘工作。测绘工作的条件是较为困难的，测绘规模大，从事古建筑测绘的专业教师有限，设计教研室的年轻教师也勇于上阵，他们自身要强化古建筑测绘的专业知识，还要承担学生测绘实践的指导任务；当时的镇远，没有一个旅馆能同时接待150余人的食宿，师生们只有分住多处，且离测绘点有两三公里，每天四次来回步行十余公里，增加了测绘工作的劳动强度；青龙洞的古建筑以险峻环境为特色，给测绘工作带来技术和安全上的难度，尤其是对学生的人身安全保障，教师的责任重大。测绘工作能顺利完成，凝结着老师们的心血，时隔二十余年，有的老师已离开人世，但他们的工作业绩将永远记录在册。最为难忘的是，当年已八十高龄的叶启燊教授，除了负责测绘队伍出发前的技术培训外，还在测绘工作中期奔赴镇远现场，进行技术指导和检查工作。先辈学者从事古建筑研究的精神以及培养人才的高度责任感，值得我们继承和发扬。

二十年后的2013年，建筑系的师生对当年的测绘资料进行了复核整理工作，首先是将手绘蓝图进行计算机扫描复制，并修复补全因保存不当而损毁残缺的图纸，最后决定再次赴贵州镇远进行复核测绘。2014年8月，本书的编写教师张兴国、廖屿荻、汪智洋与历史研究工作室的徐辉、齐一聪、蒋力、赵强、范有恒、佘海超、王淑华、曾柳银、高鹏飞、范银典、李鹏飞、刘璐、陈果、袁晓菊、张霁、李晓卉等博士研究生和硕士研究生，利用暑期奔赴青龙洞现场进行复核测绘和补充测绘工作。重庆到镇远的路程虽然只有600余公里，却长途跋涉三天时间。本来预计火车15小时到达，到重庆火车站时，得知贵州路段山洪暴发，中断铁路运营的消息，临时决定分段改乘长途汽车；重庆到遵义段仅200公里的高速公路，又遇修路阻碍，行程七小时之多，第二天遵义到余庆一路暴雨不止，100余公里的路程奔波了一整天，直到第三天下午才抵达镇远。贵州镇远又遇洪水预警，青龙洞古建筑群因此全面关闭。要感谢镇远县文物管理局的支持，为测绘工作开启了方便之门。师生们不顾长途跋涉的辛劳，立即投入了复核测绘工作。在原有测绘图纸整理的基础上，借助精密的测绘仪器，对每个建筑的重要控制尺寸、重要构造节点都进行了详细的复核和校正，并对当时测绘不完整的部分进行了补充测绘。应镇远县文物管理局姜启银局长的要求，还增加了对令公庙古建筑的测绘，使得整个青龙洞古建筑群更加完善。为了更生动形象地展示青龙洞古建筑群，同时还增加了由张兴国提供的古建筑和摩崖题刻的摄影内容，希望与测绘图展示相结合，以满足读者不同的兴趣及需求。

1993年夏季，重庆建筑工程学院建筑学、城市规划、风景园林、室内设计专业二年级的学生李以森、宋旭、周桦、石玫、余念、周露、沈德泉、于群力、周宏莉、廖莎、张莉娟、宋黎明、刘江、王伟、杨永山、杨海涛、杜治斌、姚芳、向振宇、李开勇、李科、廖屿荻、唐海波、陈颖、赖裕强、杨怡、张嘉陵、刘莉、丁士洋、余昌海、蔡玲、邹志岚、张佩琪、陈斌、梁卫平、董旭红、杨潇、沈江涛、季凌、项力、付爽、曾晔、蒙学民、黄小寅、杨荣、胡晋南、付雅艺、杜源、张引、邓毅、姚冬远、王炜、唐棣、王浩、黄鹏翔、邓圣、黄宁、周均清、郭志方、胡利琼、罗可、赵提纲、王国栋、陈晓宇、刘国园、张鸿、沈薇、白鹏、郭青、孙勇青、杨卉、李宗显、邓永志、袁军、王纪武、程明华、汪勰、刘阳、陈业伟、朱露、王朝晖、黄晶、黄健、陈峭伟、林强、杨刚、谢琪、罗卿、刘豫、方晓灵、梁咏华、杨百川、胡菜青、左敏、谭雅娟、章俊蓉、程先斌、金元武、陈志毅、华强、邢漪、何黎生、许蓼斌、姜锐、任素华、熊永煌、曾晖、罗新生、罗强、程作道、莫彤、邓颖、高静、杨春惠、孙国炎、张波、李丽德、王金美、王晓云、孙雁、何军民、徐晴、高青、龚朝晖、易红、张晓云、田薇、徐丰、李学、唐锐、董梦熊、谢丽萍、林载舞、易光、张丽丽、熊朝晖、关升亮、徐福、唐景、聂丹、黄莉莉、付立华、高长永、包阔、梁丽滨、冯海鸥等一百多位，结合古建筑测绘实践教学任务，参加了青龙洞古建筑群的测绘工作。从现场测绘到后期图纸整理并绘制成蓝图，前后紧张工作四十余天，占用了整个暑期。这是一次有意义而值得留念的暑假，不但提高了专业绘图技能，更加深了对中国传统建筑文化的认识，也为古建筑保护作出了积极的贡献。不少同学克服了蚊虫叮咬致敏的不适，还有同学经历了水土不服的腹泻疾病……二十多年后回头看，本书的出版，是美好的回忆，也是特别的纪念。

张兴国

2015年春

图书在版编目（CIP）数据

镇远青龙洞古建筑群／张兴国，廖屿荻，汪智洋编著.— 重庆：重庆大学出版社，2015.3
（中国西南古建筑典例图文史料）
ISBN 978-7-5624-8784-5

Ⅰ.①镇… Ⅱ.①张… ②廖… ③汪… Ⅲ.①少数民族—民族建筑—古建筑—介绍—镇远县 Ⅳ.①TU-092.8

中国版本图书馆CIP数据核字（2015）第010296号

中国西南古建筑典例图文史料
Pictorial Historic Recordings of Representative
Ancient Architecture in Southwest China

镇远青龙洞古建筑群
Qing-long-dong Ancient Buildings of Zhenyuan

张兴国 廖屿荻 汪智洋 编著
策划编辑：林青山 张 婷
责任编辑：张 婷 版式设计：李南江 张 婷
责任校对：刘雯娜 责任印制：赵 晟
*
重庆大学出版社出版发行
出版人：邓晓益
社址：重庆市沙坪坝区大学城西路21号
邮编：401331
电话：（023）88617190 88617185（中小学）
传真：（023）88617186 88617166
网址：http：//www.cqup.com.cn
邮箱：fxk@cqup.com.cn（营销中心）
全国新华书店经销
重庆市金雅迪彩色印刷有限公司印刷
*
开本：787×1092 1/8 印张：33.5 字数：854千
2015年3月第1版 2015年3月第1次印刷
ISBN 978-7-5624-8784-5 定价：300.00元